계산기 활용

기초미적분학

전춘배 지음

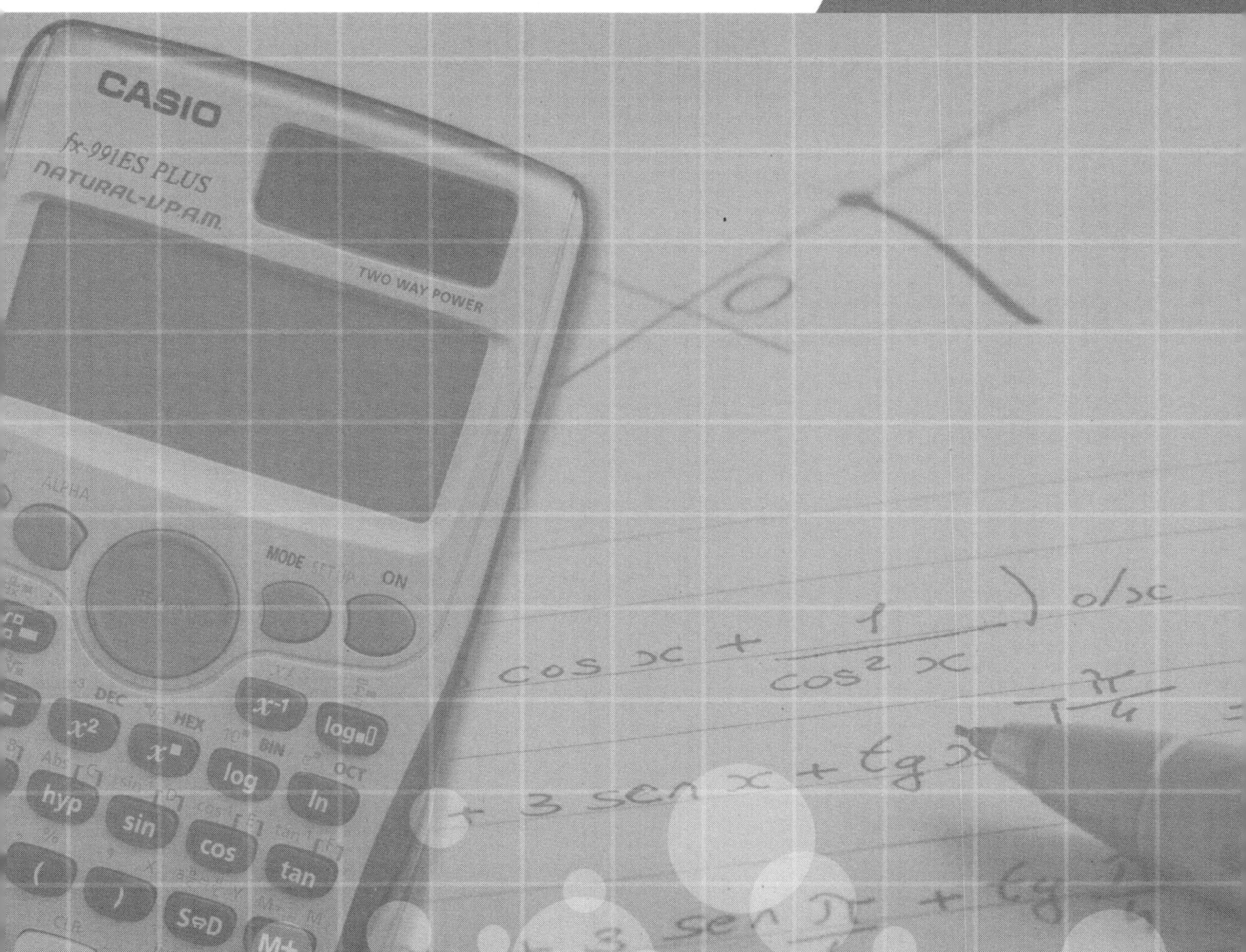

KM 경문사

머리말

수학은 모든 과학의 언어라고 합니다.* 수학을 통해 자연 현상의 여러 문제 상황을 기술하고, 수학적 지식과 해당 학문의 지식을 결합하여 해결하고 있습니다. 따라서 자연과학과 공학계열의 학생들에게는 수학에 대한 지식과 이해가 필수입니다.

이 책은 지금까지 배운 미적분학에 대한 지식이 부족하다거나 더 필요하다고 생각하는 대학 신입생들을 위해 마련하였습니다. 여러 가지 배경으로 인해 미적분학에 대해 불편함을 가지고 있는 자연·이공계열 학생들이 문제 해결을 통해 필수적인 기초미적분학의 내용을 익히고 이를 대학 전공과목에 활용하는데 도움이 되고자 하였습니다.

이 책의 특징은 기초미적분학의 내용들을 엄선하고 독자 스스로 빠르고 쉽게 학습할 수 있도록 배려한 것입니다. 선별된 핵심적이고 필수적인 내용은 간략히 소개하고, 해당 개념을 문제해결을 통해 확인할 수 있도록 연습문제와 확인문제를 제시하였습니다. 특히 연습문제와 유사한 확인문제를 통해서 수학의 기본 개념을 한 번 더 확인할 수 있도록 하였습니다. 또한 각 단원별로 공학용 계산기를 활용할 수 있는 문제들을 수록하여, 계산기의 도움을 받아 기초미적분학의 핵심 내용을 확인하고 더 깊게 이해할 수 있게 하였습니다. 기초미적분학 문제해결에 필요한 공학용 계산기 사용법은 책의 부록에서 상세하게 소개하였습니다.

수학을 공부하면서 이해가 안 되거나 어려운 부분이 있을 수 있습니다. 하지만 부족한 부분이 어딘지 파악하고 해당 내용과 문제를 반복하여 연습한다면 반드시 극복할 수 있다고 생각합니다. 부디 이 책으로 학습하여 수학에 대한 흥미와 자신감을 가지게 되었으면 좋겠습니다. 마지막으로 이 책을 출판할 수 있도록 많은 도움을 주신 경문사 편집부에 감사의 말씀을 전합니다.

2017년 7월

저자

---

* "Physics is the language of the universe, mathematics is the language of all sciences, and biology is the language of all living things." (John Richard Bond, University of Toronto, Canada)

학습자 참고사항

- **연습문제** : 기초미적분학의 필수 개념을 연습문제를 통해 확인하고 이해할 수 있습니다. 풀이와 정답을 수록하여 스스로 연습할 수 있도록 하였습니다.
- **확인문제** : 연습문제와 유사한 문제로 확인문제를 통해 학습한 개념의 이해 여부를 확인할 수 있습니다.
- **공학용 계산기 활용문제** : 계산기를 활용하여 수학 개념을 확인할 수 있는 문제들로 구성하였습니다. 공학용 계산기 사용법은 부록으로 제시하였으며, 소수로 표현된 정답은 소수점 이하 네 번째 자리에서 반올림한 값입니다.

교수자 참고사항

- **교재 구성** : 16주, 1주일 2시간 수업을 기준으로 중간고사, 기말고사를 감안하여 총 14개의 장으로 구성하였으며, 15주 강의 시 마지막 장인 행렬은 생략 가능합니다.
- **강의 구성** : 주당 2시간 수업 시, 1시간은 수학 개념과 이에 따른 연습문제를 다루고, 1시간은 확인문제를 해결하거나 공학용 계산기 활용 문제를 해결하며, 수업시간에 다루지 않은 문제들은 과제로 제시할 수 있습니다.
- **계산기 활용** : 공학용 계산기 활용문제는 따로 풀이를 제시하지는 않았지만 부록의 공학용 계산기 사용법을 참고할 수 있도록 하였습니다.

책의 개선 관련 안내

- 이 책의 오류 정정이나 개선 사항은 아래 홈페이지를 통해 안내해 드리겠습니다.

  http://sites.google.com/site/primarymathwithcal 또는 http://goo.gl/jJf8ji

차례

1 CHAPTER 삼각함수

학습 목표

(1) 호도법의 각과 60분법의 각을 서로 바꿀 수 있다.
(2) 부채꼴의 호의 길이와 넓이를 구할 수 있다.
(3) 주어진 각의 삼각함수의 값을 구할 수 있다.

1-1 60분법

- 60분법의 단위는 도(°)이며, 원의 둘레를 360등분할 때 그 한 호에 대한 중심각의 크기를 1도로 정한 것이다.
- 한 바퀴 도는 각의 크기는 360°이고, 평각의 크기는 180°이며 직각은 90°이다.

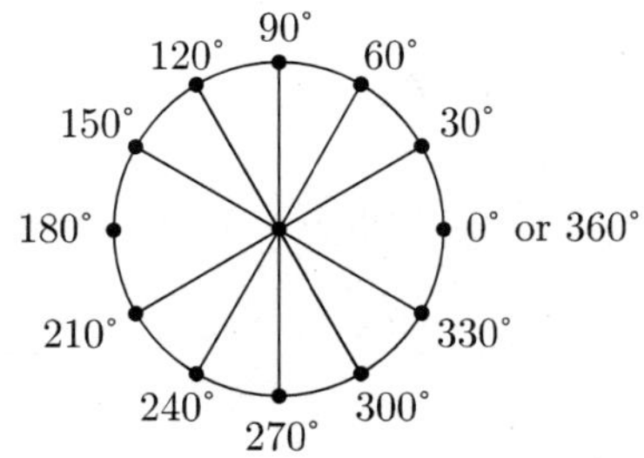

연습 1-1 다음 각도를 구하여라.

(1) 평각의 $\frac{1}{2}$배

(2) 직각의 $\frac{1}{3}$배

(3) 평각의 $\frac{5}{6}$배

(4) 직각의 3배

1-2 호도법

- 호도법이란 부채꼴에서 반지름에 대한 호의 길이의 비로 각의 크기를 나타내는 것으로 단위는 라디안(rad)이다.
- 부채꼴에서 반지름이 r이고 호의 길이가 l인 부채꼴의 중심각의 크기는 $\theta = \dfrac{l}{r}$라디안이다.

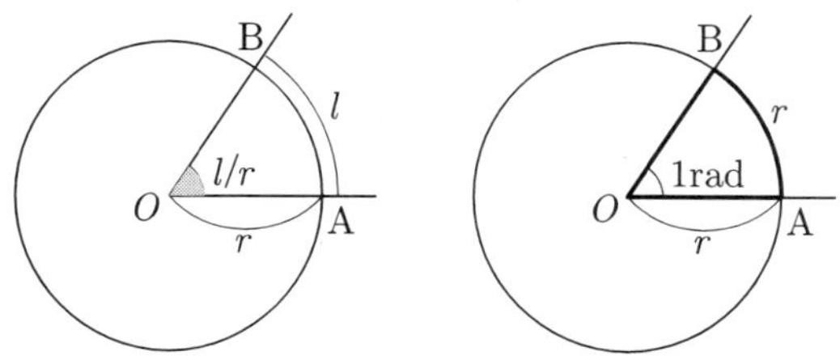

- 반지름이 1이고, 호의 길이도 1인 부채꼴의 각도는 1라디안이며 약 $57°$이다. 반지름이 1인 원의 둘레의 길이가 2π이므로 $360° = 2\pi$라디안이고 $180° = \pi$이다.

도	30	45	60	90	120	135	150	180
라디안	$\dfrac{\pi}{6}$	$\dfrac{\pi}{4}$	$\dfrac{\pi}{3}$	$\dfrac{\pi}{2}$	$\dfrac{2\pi}{3}$	$\dfrac{3\pi}{4}$	$\dfrac{5\pi}{6}$	π

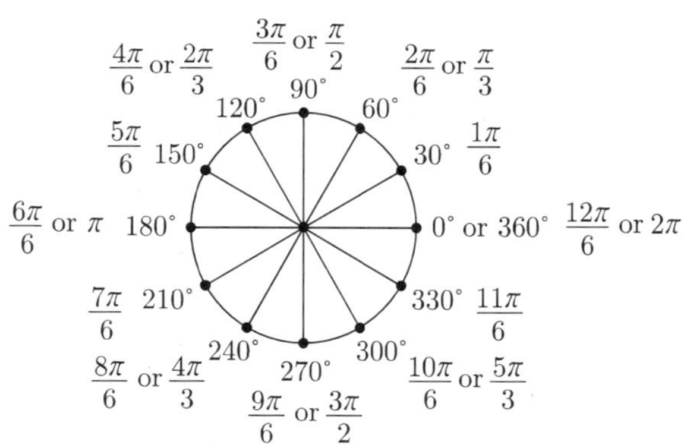

연습 1-2 도(°)로 표시된 각도는 라디안으로, 라디안으로 표시된 각도 도(°)로 바꾸어라.

(1) $50°$　　　(2) $130°$

(3) $\dfrac{3}{5}\pi$　　　(4) 3π

1-3 일반각의 표시

- 움직이는 축 $\overrightarrow{OP}$가 기준선인 x축 $\overrightarrow{OX}$에서 시작하여 원점 O를 중심으로 움직일 때, 반시계 방향이면 양(+)의 방향, 시계방향이면 음(−)의 방향으로 움직인다고 한다.
- $\angle POX$가 θ라 하면 $\overrightarrow{OP}$와 $\overrightarrow{OX}$가 이루는 각의 크기는 $360° \times n + \theta$ 또는 $2\pi n + \theta$이다. 여기서 n은 정수이며 $\overrightarrow{OP}$가 $\pm 360°$, $\pm 2\pi$만큼 회전한 회수이다.

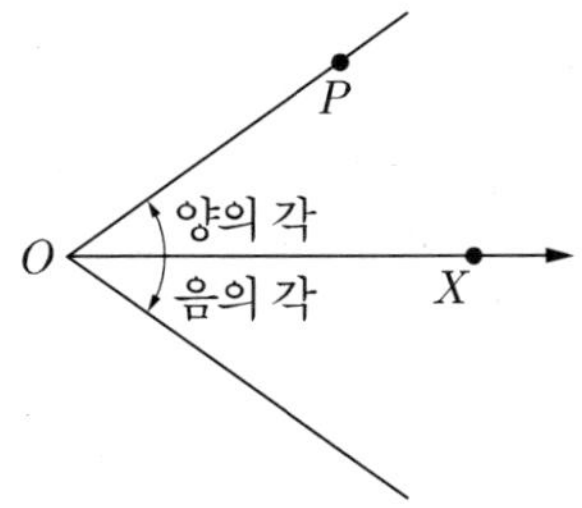

- 축 $\overrightarrow{OP}$의 위치에 따라 제1사분면의 각, 제2사분면의 각, 제3사분면의 각, 제4사분면의 각이라고 부른다.

연습 1-3 다음 각은 몇 사분면의 각인가?

(1) $\frac{19}{6}\pi$ (2) $-320°$

1-4 삼각함수의 정의

- 반지름이 r인 원 위의 점 $P(x, y)$와 원점을 잇는 동경이 이루는 각 θ에 대하여 sin, cos, tan를 각각 $\sin\theta = \dfrac{y}{r}$, $\cos\theta = \dfrac{x}{r}$, $\tan\theta = \dfrac{y}{x}$로 정의한다.

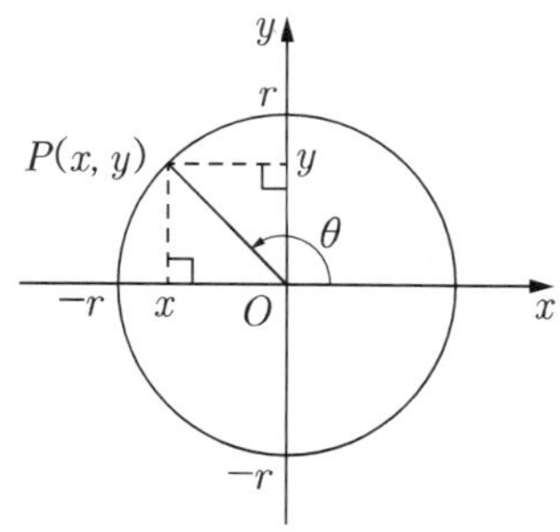

- 특수각의 삼각함수

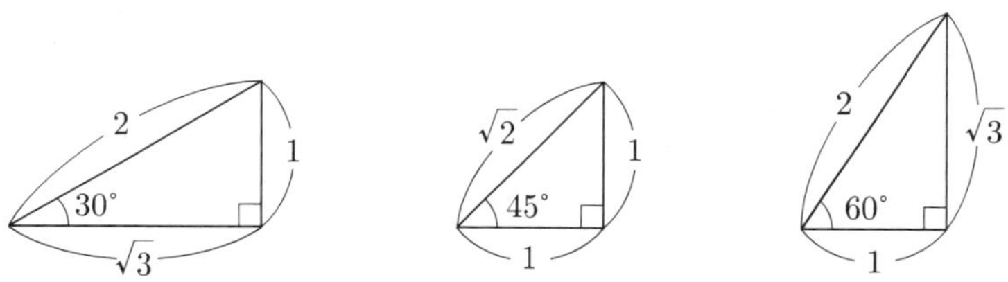

삼각함수 \ θ	0°	30°	45°	60°	90°
$\sin\theta$	0	$\dfrac{1}{2}$	$\dfrac{\sqrt{2}}{2}$	$\dfrac{\sqrt{3}}{2}$	1
$\cos\theta$	1	$\dfrac{\sqrt{3}}{2}$	$\dfrac{\sqrt{2}}{2}$	$\dfrac{1}{2}$	0
$\tan\theta$	0	$\dfrac{\sqrt{3}}{3}$	1	$\sqrt{3}$	없음 (∞)

연습 1-4 다음을 구하여라.

(1) $\sin 120°$

(2) $\cos\dfrac{5\pi}{6}$

(3) $\tan 225°$

1-5 삼각함수의 부호

사분면	좌표부호 (x, y)	$\sin\theta = \frac{y}{r}$	$\cos\theta = \frac{x}{r}$	$\tan\theta = \frac{y}{x}$
제1사분면	$(+, +)$	$+$	$+$	$+$
제2사분면	$(-, +)$	$+$	$-$	$-$
제3사분면	$(-, -)$	$-$	$-$	$+$
제4사분면	$(+, -)$	$-$	$+$	$-$

연습 1-5 다음 삼각함수의 값의 부호를 결정하여라.

(1) $\sin\frac{19\pi}{6}$

(2) $\cos(-520°)$

(3) $\tan\frac{7\pi}{3}$

1-6 삼각함수의 기본 공식

- $\tan\theta = \frac{\sin\theta}{\cos\theta}$
- $\sin^2\theta + \cos^2\theta = 1$
- $1 + \tan^2\theta = \frac{1}{\cos^2\theta}$

연습 1-6 다음을 증명하여라.

(1) $(\sin\theta + \cos\theta)^2 = 1 + 2\sin\theta\cos\theta$

(2) $(\sin\theta + \cos\theta)(\sin\theta - \cos\theta) = 1 - 2\cos^2\theta$

1-7 일반각의 삼각함수의 값

- 일반각의 삼각함수의 값을 구하는 경우
  (1) 주어진 일반각을 $90°n \pm \theta$ 또는 $\frac{\pi}{2}n \pm \theta$ 꼴로 변형한다.
  (2) n이 짝수이면 구하는 삼각함수는 그대로, n 이 홀수이면 $\sin \Leftrightarrow \cos$, $\cos \Leftrightarrow \sin$, $\tan \Leftrightarrow \frac{1}{\tan}$ 로 바꾼다.
- 각 θ의 삼각함수 값을 구한 뒤 부호는 원래 일반각이 놓인 사분면의 위치에 따라 정한다.

연습 1-7 다음을 구하여라.

(1) $\cos 120°$

(2) $\sin \frac{5\pi}{6}$

(3) $\tan 315°$

확인 문제를 풀어봅시다!

확인 1-1 다음 각도를 구하여라.

(1) 평각의 $\frac{1}{4}$배

(3) 평각의 $\frac{2}{3}$배

(2) 직각의 $\frac{3}{2}$배

(4) 직각의 $\frac{1}{2}$배

확인 1-2 도(°)로 표시된 각도는 라디안으로, 라디안으로 표시된 각도는 도(°)로 바꾸시오.

(1) $40°$

(2) $150°$

(3) $\frac{5}{3}\pi$

(4) 4π

확인 1-3 다음 각은 몇 사분면의 각인가?

(1) $120°$

(2) $-120°$

(3) $420°$

(4) $-420°$

확인 1-4 다음 각은 몇 사분면의 각인가?

(1) $\frac{8}{3}\pi$

(2) $-\frac{8}{3}\pi$

(4) $\frac{11}{6}\pi$

(4) $-\frac{11}{6}\pi$

확인 1-5 다음을 구하여라.

(1) $\cos 120°$

(2) $\sin\frac{5\pi}{6}$

(3) $\tan 135°$

(4) $\frac{1}{\tan 225°}$

확인 1-6 다음 삼각함수의 값의 부호를 결정하여라.

(1) $\cos\frac{19\pi}{6}$ (2) $\sin(-420°)$

(3) $\tan\frac{11\pi}{6}$

확인 1-7 다음을 증명하여라.

(1) $(\sin\theta-\cos\theta)^2=1-2\sin\theta\cos\theta$

(2) $\frac{\cos\theta}{1+\sin\theta}+\frac{1+\sin\theta}{\cos\theta}=\frac{2}{\cos\theta}$

확인 1-8 다음을 구하여라.

(1) $\cos 150°$ (2) $\sin\frac{7\pi}{3}$

(3) $\tan 150°$

계산기 활용 문제

문제 1-1 다음 60분법의 각은 호도법으로, 호도법의 각은 60분법으로 전환하여라.

(1) $48°$ (2) $525°$

(3) $-820°$ (4) $\frac{5\pi}{12}$

(5) $\frac{4\pi}{1.2}$ (6) $\frac{1}{2}$

문제 1-2 다음을 구하여라. 단, 각도의 단위는 도이다.

(1) $\sin(120)$ (2) $\cos(-225)$

(3) $\tan(-210)$

문제 1-3 다음을 구하여라.

(1) $\cos 390°$ (2) $\sin 870°$

(3) $\tan 585°$ (4) $\tan(-1185°)$

문제 1-4 다음 삼각함수의 값을 구하여라. 단, 각도의 단위는 라디안이다.

(1) $\sin\frac{11}{6}\pi$ (2) $\cos\left(-\frac{9}{4}\pi\right)$

(3) $\tan\frac{17}{4}\pi$

문제 1-5 다음 라디안으로 주어진 각도 θ에 대하여 $\sin\theta$, $\cos\theta$, $\tan\theta$의 부호를 말하여라.

(1) $\theta=\frac{5\pi}{3}$ (2) $\theta=-\frac{13}{5}\pi$

문제 1-6 다음을 계산하여라. 단, 각도의 단위는 도이다.

(1) $\sin(30)\cos(45) + \tan(30)\sin(60)$

(2) $\sin(15) + \sin(75) + \cos(75)$

문제 1-7 다음 삼각함수의 값을 구하여라.

(1) $\sin 15°$

(2) $\cos 15°$

(3) $\tan 15°$

문제 1-8 다음 식의 값을 구하여라.

(1) $\sin 15° \times \cos 75°$

(2) $\cos 15° \times \sin 75°$

(3) $\sin 80° - \sin 100°$

(4) $\cos 20° - \cos 40° - \cos 80°$

문제 1-9 다음 식의 값을 구하여라.

(1) $\sin 10° \sin 50° \sin 70°$

(2) $\cos 55° + \cos 65° + \cos 175°$

문제 1-10 다음을 계산하여라.

(1) $\cos 1770° \cdot \tan 1110° - \sin(1560°) \cdot \dfrac{1}{\tan(495°)}$

(2) $\dfrac{\sin 510° - \cos 480°}{\sin 120° - \cos 150°}$

(3) $\cot 10° + \tan 190° + \tan 100° + \tan 350°$(단, $\cot A = \dfrac{1}{\tan A}$임을 이용하여 $\cot 10° = \dfrac{1}{\tan 10°}$로 입력)

문제 1-11 다음을 구하여라. 단, 각의 단위는 도이다.

(1) $\sin^{-1}\left(\dfrac{1}{2}\right)$

(2) $\sin^{-1}\left(-\dfrac{1}{2}\right)$

(3) $\cos^{-1}\left(\frac{1}{2}\right)$

(4) $\cos^{-1}\left(-\frac{\sqrt{2}}{2}\right)$

(5) $\tan^{-1}(\sqrt{3})$

(6) $\tan^{-1}(-1)$

문제 1-12 다음을 계산하여라. 단, 각도의 단위는 도이다.

(1) $\sin^{-1}(0.7)+\cos^{-1}(0.4)$

(2) $1+\tan^{-1}(1.5)$

(3) $\sin^{-1}(0.2)+\cos^{-1}(0.8)+\tan^{-1}(0.5)$

2 CHAPTER 삼각함수의 그래프와 삼각방정식

학습 목표

(1) 삼각함수의 그래프를 그릴 수 있다.
(2) 삼각함수의 주기와 최대, 최소를 구할 수 있다.
(3) 그래프를 그려 간단한 삼각방정식을 풀 수 있다.

2-1 sin 함수의 그래프

• 반지름이 1인 원 위의 점 P와 원점을 잇는 직선이 x축과 이루는 각을 x라고 하면 $\sin x$는 P의 y좌표이다. 따라서 $y=\sin x$의 그래프는 다음과 같다.

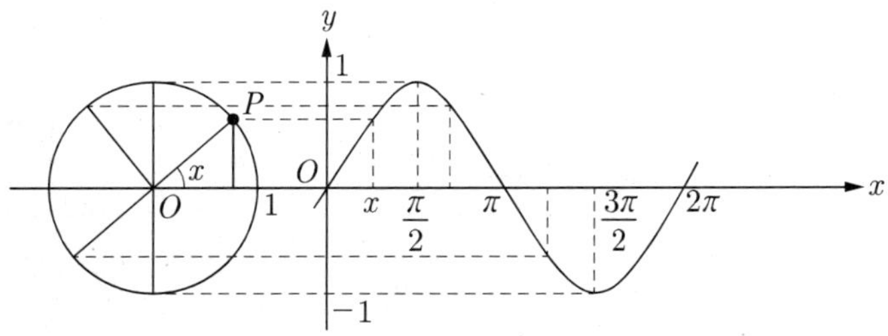

• $y=\sin x$의 최댓값은 1, 최솟값은 -1이며 $\sin 0=0$, $\sin\left(\frac{\pi}{2}\right)=1$, $\sin\pi=0$이다.

연습 2-1 다음 삼각함수의 그래프를 그리고 최댓값, 최솟값을 구하여라.

(1) $y=\sin x+1$

(2) $y=2\sin x$

2-2 cos 함수의 그래프

• 반지름이 1인 원 위의 점 P와 원점을 잇는 직선이 x축과 이루는 각을 x라고 하면 $\cos x$는 P의 x좌표이다. 따라서 $y=\cos x$의 그래프는 다음과 같다.

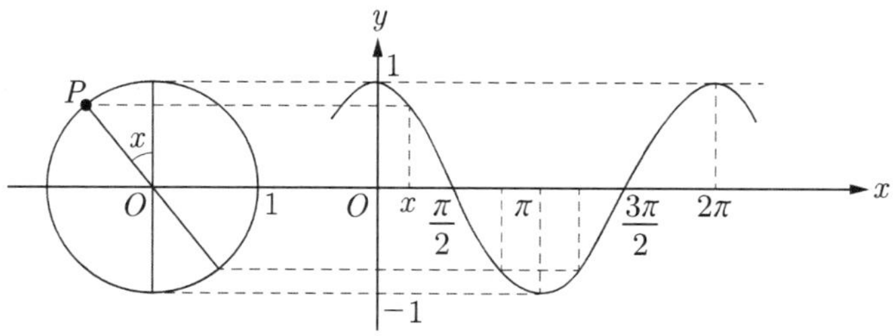

• $y=\cos x$의 최댓값은 1, 최솟값은 -1이며 $\cos 0=1$, $\cos\left(\frac{\pi}{2}\right)=0$, $\cos(\pi)=-1$이다.

연습 2-2 다음 삼각함수의 그래프를 그리고 최댓값, 최솟값을 구하여라.

(1) $y=\cos x-1$ (2) $y=-2\cos x$

2-3 tan 함수의 그래프

• 반지름이 1인 원 위의 점 P와 원점을 잇는 직선이 x축과 이루는 각을 x라고 하면 $\tan x$는 (1, 0)에서 원에 접하는 직선과 OP가 만나는 점 T의 y좌표이다. 따라서 $y=\tan x$의 그래프는 다음과 같다.

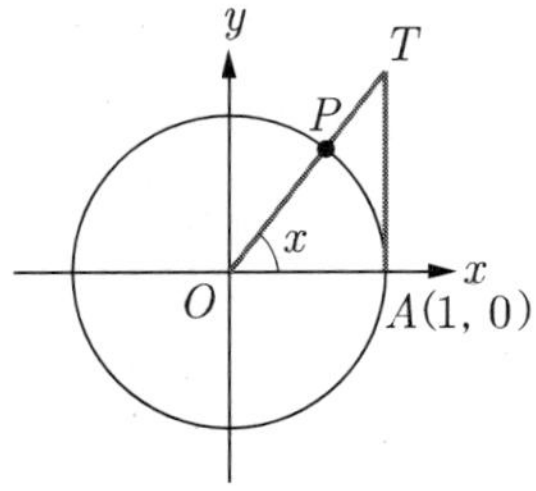

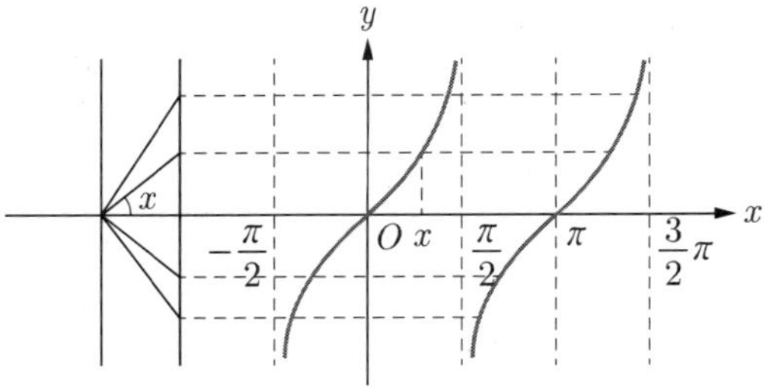

• $y=\tan x$의 최댓값, 최솟값은 없으며 $\tan 0=0$이고 $\tan\left(\frac{\pi}{2}\right)$는 정의되지 않는다. $\tan(\pi)=0$이다.

연습 2-3 다음 삼각함수의 그래프를 그리고 최댓값, 최솟값을 구하여라.

(1) $y=\tan x+1$　　(2) $y=-\tan x$

2-4 주기함수(1)

- 함수 f가 정의역의 모든 x에 대해 $f(x+p)=f(x)$를 만족하면, 즉 일정한 간격으로 같은 함숫값을 갖는 함수를 주기함수라 하고, 이 관계식을 만족하는 양수 p 중에서 가장 작은 p를 f의 주기라고 한다.
- $\sin x$와 $\cos x$의 주기는 2π이고 $\tan x$의 주기는 π이다.
- $y=f(x)$의 주기가 p이면 $y=af(\omega x)+b$의 주기는 $\frac{p}{|\omega|}$이다.

연습 2-4 $y=f(x)$의 주기가 6일 때, 다음 함수의 주기를 구하여라.

(1) $y=f(2x)$

(2) $y=2f(-3x)$

(3) $y=3f(4x)+1$

(4) $y=-2f(-x)-1$

2-5 주기함수(2)

- $y=a\sin(\omega x)+b$의 주기는 $\frac{2\pi}{|\omega|}$, 최댓값은 $|a|+b$, 최솟값은 $-|a|+b$이다.
- $y=a\cos(\omega x)+b$의 주기는 $\frac{2\pi}{|\omega|}$, 최댓값은 $|a|+b$, 최솟값은 $-|a|+b$이다.
- $y=a\tan(\omega x)+b$의 주기는 $\frac{\pi}{|\omega|}$이고 최댓값, 최솟값은 없다.

연습 2-5 다음 삼각함수의 주기와 최댓값, 최솟값을 구하여라.

(1) $y=2\sin(3x)+1$

(2) $y=-2\cos(4x)-1$

(3) $y=3\tan(2x)+1$

2-6 우함수와 기함수

- 함수 f가 정의역의 모든 x에 대해
  (1) $f(-x)=f(x)$, 즉 그래프가 y축 대칭인 함수를 우함수,
  (2) $f(-x)=-f(x)$, 즉 그래프가 원점 대칭인 함수를 기함수라고 한다.
- $\sin x$와 $\tan x$, x, x^3 등은 기함수, $\cos x$, x^2, x^4, 상수함수 등은 우함수이다.
- (기함수)±(기함수)=(기함수), (우함수)±(우함수)=(우함수)
- (우함수)×(우함수)=(우함수), (우함수)×(기함수)=(기함수), (기함수)×(기함수)=(우함수)

연습 2-6 다음 함수가 우함수인지, 기함수인지 판별하여라.

(1) $f(x)=2x^2+3$

(2) $f(x)=5x^3-x$

(3) $f(x)=x^3\sin x$

(4) $f(x)=x^3\cos x$

2-7 삼각방정식

• 삼각방정식은 삼각함수의 그래프의 대칭성과 주기성을 이용하여 푼다.

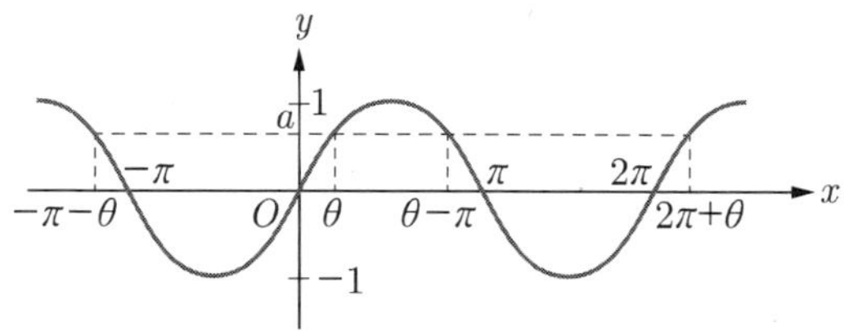

$\sin x = a$

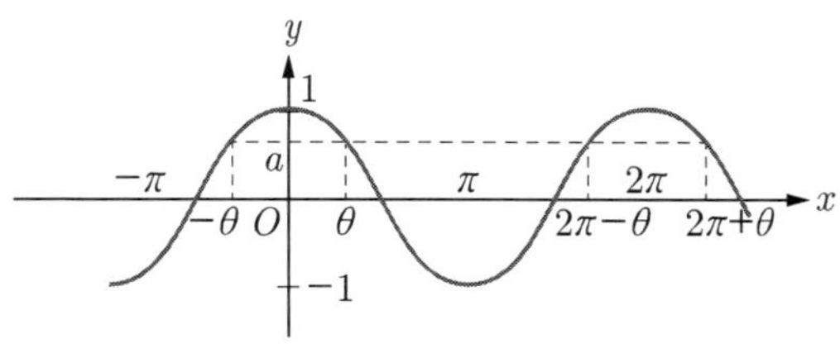

$\cos x = a$

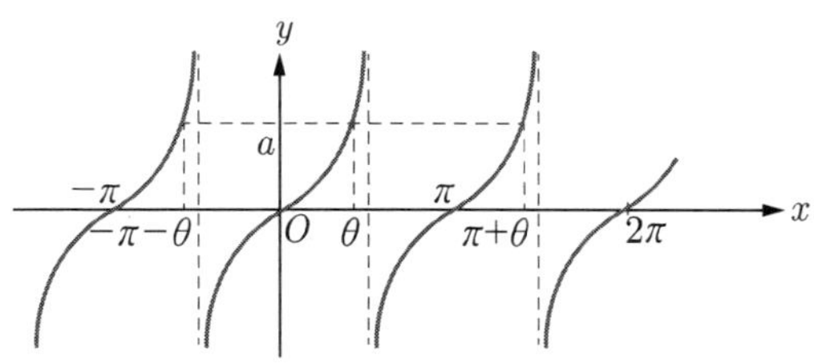

$\tan x = a$

연습 2-7 $0 \leq x < 360°$에서 다음 삼각방정식을 풀어라.

(1) $\sin x = \frac{1}{2}$ (2) $\cos x = -\frac{1}{2}$

(3) $\tan x = \sqrt{3}$

확인 문제를 풀어봅시다!

확인 2-1 다음 삼각함수의 그래프를 그리고 최댓값, 최솟값을 구하여라.

(1) $y=\sin x-1$

(2) $y=3\sin x$

확인 2-2 다음 삼각함수의 그래프를 그리고 최댓값, 최솟값을 구하여라.

(1) $y=2\cos x+2$

(2) $y=-3\cos x$

확인 2-3 다음 삼각함수의 그래프를 그리고 최댓값, 최솟값을 구하여라.

(1) $y=\tan x-1$

(2) $y=2\tan x$

확인 2-4 다음 삼각함수의 최댓값, 최솟값을 구하여라.

(1) $y=3\sin x-2$

(2) $y=-3\sin x-2$

(3) $y=2\cos x+3$

(4) $y=-2\cos x+3$

(5) $y=2\tan x+1$

(6) $y=-2\tan x+1$

확인 2-5 $y=f(x)$의 주기가 12일 때, 다음 함수의 주기를 구하여라.

(1) $y=f(2x)$

(2) $y=2f(-3x)$

(3) $y=3f(4x)+1$

(4) $y=-2f(-x)-1$

확인 2-6 다음 삼각함수의 주기와 최댓값, 최솟값을 구하여라.

(1) $y=3\sin(2x)+1$

(2) $y=3\sin(4x)-1$

(3) $y=-3\cos(2x)+1$

(4) $y=2\cos(3x)-1$

(5) $y=\tan(2x)+1$

(6) $y=-\tan(3x)-1$

확인 2-7 다음 함수가 우함수인지, 기함수인지 판별하여라.

(1) $f(x)=x^2+3$

(2) $f(x)=-x^3-5x$

(3) $f(x)=x^2\sin x$

(4) $f(x)=x^2\cos x$

(5) $f(x)=x\sin x$

확인 2-8 다음을 주어진 방향으로 평행이동한 함수의 관계식을 구하여라.

(1) $y=\sin x$, x축의 양의 방향으로 $30°$만큼

(2) $y=\cos x$, x축의 음의 방향으로 $\frac{\pi}{3}$만큼

(3) $y=\tan x$, x축의 양의 방향으로 $120°$만큼

(4) $y=\sin x$, x축의 양의 방향으로 $30°$만큼, y축의 양의 방향으로 2만큼

(5) $y=\cos x$, x축의 음의 방향으로 $\frac{\pi}{3}$만큼, y축의 음의 방향으로 2만큼

(6) $y=\tan x$, x축의 양의 방향으로 $120°$만큼, y축의 양의 방향으로 1만큼

확인 2-9 다음을 만족하는 일사분면의 각 θ(도)를 구하여라.

(1) $\sin\theta=\frac{\sqrt{3}}{2}$

(2) $\cos\theta=\frac{1}{2}$

(3) $\tan\theta=1$

확인 2-10 $0\le x<360°$에서 다음 삼각방정식을 풀어라.

(1) $\sin x=-\frac{\sqrt{3}}{2}$

(2) $\cos x=\frac{1}{2}$

(3) $\tan x=-1$

계산기 활용 문제

※ 각의 단위는 도로 하며 방정식의 초기값은 $x = 0°$을 기본으로 하고 $x = 0°$가 적당하지 않은 경우($\cos x$가 포함되어 계산 시간이 오래 걸리거나 매우 큰 해가 나오는 경우) $x = 90°$을 초기값으로 적용한 해를 구하여라.

문제 2-1 다음 방정식의 한 해를 구하여라.

(1) $\sin x = 0$

(2) $\cos x = 0$

(3) $\tan x = 0$

문제 2-2 다음 방정식의 한 해를 구하여라.

(1) $\sin x = 1$

(2) $\cos x = 1$

(3) $\tan x = 1$

문제 2-3 다음 방정식의 한 해를 구하여라.

(1) $\sin x = -1$

(2) $\cos x = -1$

(3) $\tan x = -1$

문제 2-4 다음 방정식의 한 해를 구하여라.

(1) $\sin x = \dfrac{1}{2}$

(2) $\cos x = \dfrac{1}{2}$

(3) $\tan x = \sqrt{3}$

문제 2-5 다음 방정식의 한 해를 구하여라.

(1) $2\sin x = \sqrt{3}$

(2) $1 + \dfrac{1}{\tan x} = 0$

(3) $\sqrt{3}\sin x = \cos x$

(4) $\dfrac{1}{\sin x} = -2$

문제 2-6 다음 방정식의 한 해를 구하여라.

(1) $\sin x = \cos x$

(2) $\sin x + \cos x = \dfrac{\sqrt{2}}{2}$

(3) $\sin^2 x - \cos^2 x = 0$

(4) $2\sin x \cos^2 x = -\dfrac{\sqrt{3}}{2}\cos x$

문제 2-7 다음 방정식의 한 해를 구하여라.

(1) $4\sin^2 x - 8\sin x + 3 = 0$

(2) $\cos^2 x - \dfrac{1}{2} = 0$

(3) $\tan^2 x + (\sqrt{3} - 1)\tan x - \sqrt{3} = 0$

(4) $2\sin^2\theta - \sin\theta - 1 = 0$

문제 2-8 다음 방정식의 한 해를 구하여라.

(1) $\sin 2x = \dfrac{1}{2}$

(2) $\cos 2x = \dfrac{1}{2}$

(3) $\tan 2x = \sqrt{3}$

문제 2-9 다음 방정식의 한 해를 구하여라.

(1) $\cos 2x + 1 = 0$

(2) $3\cos^2 x - \cos 2x = 1$

(3) $\sin x = \cos 2x$

(4) $\sin 2\theta + 2\sin\theta - 2\cos\theta = 2$

문제 2-10 다음 방정식의 한 해를 구하여라.

(1) $\sin^4 x - \dfrac{\sin^2 x}{2} = 0$ ($x = 0°$가 아닌 해)

(2) $\dfrac{1 + \cos x}{\cos x} = 3$

문제 2-11 다음 방정식의 한 해를 구하여라.

(1) $\cos x + \sqrt{\cos x} = 0$

(2) $\sqrt{\dfrac{1+2\sin x}{2}} = 1$

문제 2-12 다음을 구하여라. 단, 각의 단위는 도이다.

(1) $\tan\left(\sin^{-1}\dfrac{1}{2}\right)$

(2) $\sin\left(\cos^{-1}\dfrac{1}{2}\right)$

(3) $\sin^{-1}(\cos 30°)$

(4) $\cos^{-1}(\tan 135°)$

3 CHAPTER 삼각함수의 공식

학습 목표

(1) 삼각함수의 덧셈정리를 설명할 수 있다.
(2) 배각공식과 반각공식을 활용할 수 있다.
(3) 합차를 곱으로, 곱을 합차로 바꾸는 공식을 활용할 수 있다.

3-1 삼각함수의 기본 성질

- $\sin(-x) = -\sin x$ 기함수, $\cos(-x) = \cos x$ 우함수, $\tan(-x) = -\tan x$ 기함수

연습 3-1 다음을 구하여라.

(1) $\sin\left(-\frac{\pi}{4}\right)$

(2) $\cos(-60°)$

(3) $\tan\left(-\frac{\pi}{6}\right)$

3-2 삼각함수의 덧셈정리

- $\sin(A+B) = \sin A\cos B + \cos A\sin B$, $\sin(A-B) = \sin A\cos B - \cos A\sin B$
- $\cos(A+B) = \cos A\cos B - \sin A\sin B$, $\cos(A-B) = \cos A\cos B + \sin A\sin B$
- $\tan(A+B) = \frac{\tan A + \tan B}{1 - \tan A\tan B}$, $\tan(A-B) = \frac{\tan A - \tan B}{1 + \tan A\tan B}$

연습 3-2 다음을 $\sin x$, $\cos x$, $\tan x$를 포함한 식으로 나타내어라.

(1) $\sin\left(x + \frac{\pi}{3}\right)$

(2) $\cos\left(x + \frac{\pi}{6}\right)$

(3) $\tan\left(\frac{\pi}{4} - x\right)$

3-3 삼각함수의 합성

- (삼각함수의 합성) $a\sin x + b\cos x = r\sin(x+\alpha)$

  여기서 $r = \sqrt{a^2+b^2}$ 이고 $\sin\alpha = \dfrac{b}{r}$, $\cos\alpha = \dfrac{a}{r}$ 이다.

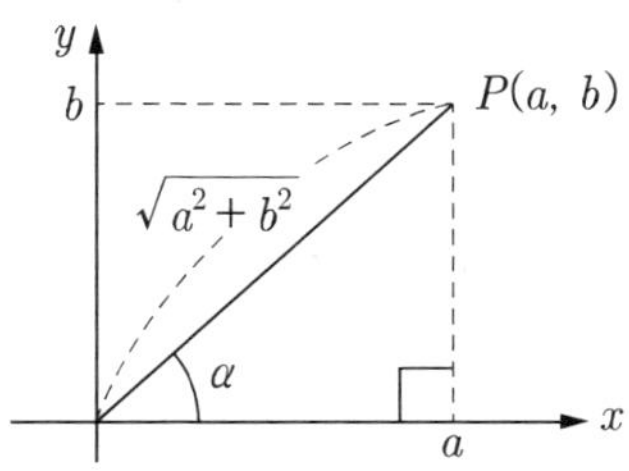

$$\cos\alpha = \frac{a}{\sqrt{a^2+b^2}},$$

$$\sin\alpha = \frac{b}{\sqrt{a^2+b^2}}$$

연습 3-3 다음을 $r\sin(x+\alpha)$의 형태로 합성하여라.

(1) $\sin x + \cos x$

(2) $-\sin x + \sqrt{3}\cos x$

3-4 배각공식

- $\sin(2x) = 2\sin x\cos x$
- $\cos(2x) = \cos^2 x - \sin^2 x = 1 - 2\sin^2 x = 2\cos^2 x - 1$
- $\tan(2x) = \dfrac{2\tan x}{1-\tan^2 x}$

연습 3-4 θ가 1사분면의 각이고 $\sin\theta = \dfrac{1}{2}$일 때, 다음을 구하여라.

(1) $\cos\theta$

(2) $\tan\theta$

(3) $\sin 2\theta$

(4) $\cos 2\theta$

(5) $\tan 2\theta$

3-5 반각공식

- $\sin^2\left(\frac{x}{2}\right) = \frac{1-\cos x}{2}$, $\sin^2 x = \frac{1-\cos(2x)}{2}$
- $\cos^2\left(\frac{x}{2}\right) = \frac{1+\cos x}{2}$, $\cos^2 x = \frac{1+\cos(2x)}{2}$
- $\tan^2\left(\frac{x}{2}\right) = \frac{1-\cos x}{1+\cos x}$, $\tan^2 x = \frac{1-\cos(2x)}{1+\cos(2x)}$

연습 3-5 다음을 구하여라.

(1) $\sin\left(\frac{\pi}{12}\right)$

(2) $\cos\left(\frac{\pi}{12}\right)$

(3) $\tan\left(\frac{\pi}{12}\right)$

3-6 곱을 합차로 바꾸는 공식

- $\sin x \cos y = \frac{1}{2}\{\sin(x+y)+\sin(x-y)\}$
- $\cos x \sin y = \frac{1}{2}\{\sin(x+y)-\sin(x-y)\}$
- $\cos x \cos y = \frac{1}{2}\{\cos(x+y)+\cos(x-y)\}$
- $\sin x \sin y = -\frac{1}{2}\{\cos(x+y)-\cos(x-y)\}$

연습 3-6 다음을 계산하여라.

(1) $\sin\frac{5\pi}{12}\cos\frac{\pi}{12}$

(2) $\cos\frac{5\pi}{12}\cos\frac{\pi}{12}$

3-7 합차를 곱으로 바꾸는 공식

- $\sin x + \sin y = 2\sin\left(\frac{x+y}{2}\right)\cos\left(\frac{x-y}{2}\right)$
- $\sin x - \sin y = 2\cos\left(\frac{x+y}{2}\right)\sin\left(\frac{x-y}{2}\right)$
- $\cos x + \cos y = 2\cos\left(\frac{x+y}{2}\right)\cos\left(\frac{x-y}{2}\right)$
- $\cos x - \cos y = -2\sin\left(\frac{x+y}{2}\right)\sin\left(\frac{x-y}{2}\right)$

연습 3-7 다음을 계산하여라.

(1) $\sin\frac{5\pi}{12} + \sin\frac{\pi}{12}$

(2) $\cos\frac{5\pi}{12} - \cos\frac{\pi}{12}$

3-8 사인법칙

- 삼각형 ABC의 외접원의 반지름을 R이라고 하면

$$\frac{a}{\sin A} = \frac{b}{\sin B} = \frac{c}{\sin C} = 2R$$

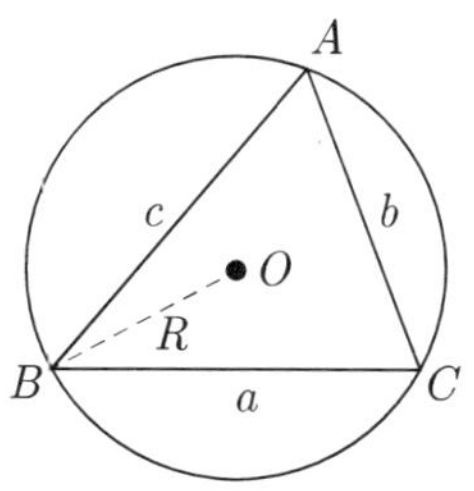

연습 3-8 삼각형 ABC에서 $A = \frac{\pi}{3}$, $R = 8$일 때, BC의 길이를 구하여라.

3-9 코사인법칙

- 제1코사인 법칙

(1) $a = b\cos C + c\cos B$

(2) $b = c\cos A + a\cos C$

(3) $c = a\cos B + b\cos A$

- 제2코사인 법칙

(1) $a^2 = b^2 + c^2 - 2bc\cos A$

(2) $b^2 = c^2 + a^2 - 2ca\cos B$

(3) $c^2 = a^2 + b^2 - 2ab\cos C$

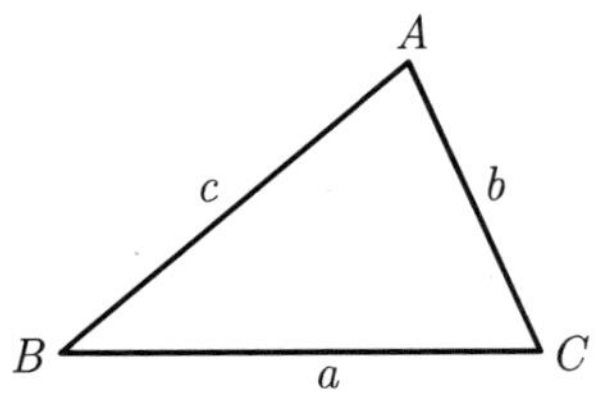

연습 3-9 삼각형 ABC에서 $A = \frac{\pi}{3}$, $b = 2$, $c = 3$일 때, a의 값을 구하여라.

확인 문제를 풀어봅시다!

확인 3-1 다음을 구하여라.

(1) $\sin\left(-\frac{\pi}{3}\right)$ (2) $\cos(-30°)$

(3) $\tan\left(-\frac{\pi}{4}\right)$

확인 3-2 다음을 $\sin x$, $\cos x$, $\tan x$를 포함한 식으로 나타내어라.

(1) $\sin\left(x-\frac{\pi}{3}\right)$ (2) $\cos\left(x-\frac{\pi}{6}\right)$

(3) $\tan\left(\frac{\pi}{4}+x\right)$

확인 3-3 다음을 $r\sin(x+\alpha)$의 형태로 합성하여라.

(1) $\sin x+\sqrt{3}\cos x$ (2) $\sin x-\cos x$

확인 3-4 x가 2사분면의 각이고 $\sin x=\frac{1}{2}$일 때, 다음을 구하여라.

(1) $\cos x$ (2) $\tan x$

(3) $\sin 2x$ (4) $\cos 2x$

(5) $\tan 2x$

확인 3-5 다음을 구하여라.

(1) $\sin\left(\frac{\pi}{12}\right)$ (2) $\cos\left(\frac{\pi}{12}\right)$

(3) $\tan\left(\frac{\pi}{12}\right)$

확인 3-6 다음을 계산하여라.

(1) $\cos\frac{5\pi}{12}\sin\frac{\pi}{12}$ (2) $\sin\frac{5\pi}{12}\sin\frac{\pi}{12}$

확인 3-7 다음을 계산하여라.

(1) $\sin\frac{\pi}{12}-\sin\frac{5\pi}{12}$ (2) $\cos\frac{\pi}{12}+\cos\frac{5\pi}{12}$

확인 3-8 삼각형 ABC에서 $A=\frac{\pi}{6}$, $R=10$일 때, BC의 길이를 구하여라.

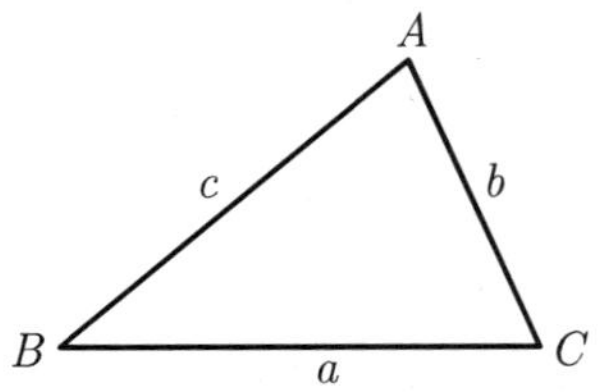

확인 3-9 삼각형 ABC에서 $A=\frac{\pi}{3}$, $b=3$, $c=4$일 때, a의 값을 구하여라.

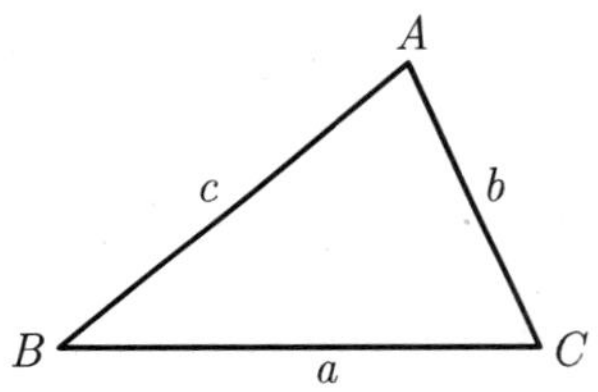

계산기 활용 문제

문제 3-1 다음을 계산하여라.

(1) $\sin\left(-\frac{7\pi}{3}\right)$

(2) $\cos(-135°)$

(3) $\tan\left(-\frac{3\pi}{4}\right)$

문제 3-2 다음을 계산하여라.

(1) $\sin\left(\frac{\pi}{3}+\frac{\pi}{4}\right)$

(2) $\cos\left(\frac{\pi}{3}-\frac{\pi}{4}\right)$

(3) $\tan\left(\frac{\pi}{3}+\frac{\pi}{4}\right)$

(4) $\tan\left(\frac{\pi}{3}-\frac{\pi}{4}\right)$

문제 3-3 다음을 계산하여라.

(1) $\sin\frac{7\pi}{4}-\cos\frac{7\pi}{4}$

(2) $\sin\frac{7\pi}{4}+\sqrt{3}\cos\frac{7\pi}{4}$

문제 3-4 다음을 구하여라.

(1) $\sin\left(\frac{\pi}{8}\right)$

(2) $\cos\left(\frac{\pi}{8}\right)$

(3) $\tan\left(\frac{\pi}{8}\right)$

문제 3-5 다음을 계산하여라.

(1) $\sin\frac{7\pi}{4}\cos\frac{\pi}{4}$

(2) $\cos\frac{7\pi}{4}\sin\frac{\pi}{4}$

(3) $\cos\frac{7\pi}{4}\cos\frac{\pi}{4}$

(4) $\sin\frac{7\pi}{4}\sin\frac{\pi}{4}$

문제 3-6 다음을 계산하여라.

(1) $\sin\frac{7\pi}{12}+\sin\frac{\pi}{12}$　　(2) $\sin\frac{7\pi}{12}-\sin\frac{\pi}{12}$

(3) $\cos\frac{7\pi}{12}+\cos\frac{\pi}{12}$　　(4) $\cos\frac{7\pi}{12}-\cos\frac{\pi}{12}$

문제 3-7 삼각형 ABC의 외접원의 반지름을 R이라고 하면 다음이 성립한다.

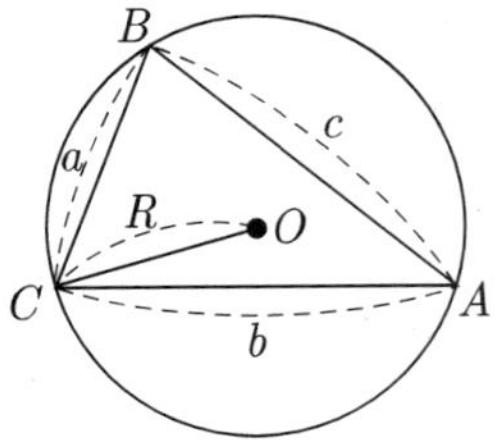

$$\frac{a}{\sin A}=\frac{b}{\sin B}=\frac{c}{\sin C}=2R$$

(1) $A=30°$, $R=4$일 때, BC의 길이 a를 구하여라.

(2) $A=75°$, $\overline{BC}=a=4$일 때, 외접원의 반지름 R을 구하여라.

문제 3-8 $\angle C=90°$인 직각삼각형에서 $\overline{AB}=5$, $\angle B=45°$일 때,

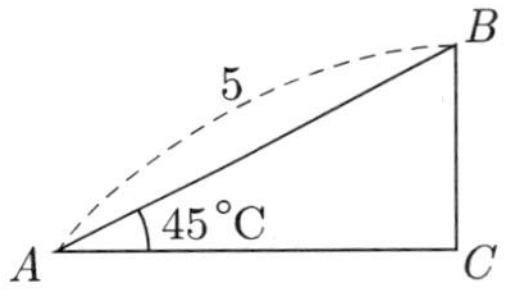

(1) AC의 길이를 구하여라.

(2) BC의 길이를 구하여라.

문제 3-9 삼각형 ABC의 b, c와 그 끼인각 A의 크기를 알 때, 이 삼각형의 넓이 S는 $S=\frac{1}{2}bc\sin A$이다. 다음 삼각형의 넓이를 구하여라.

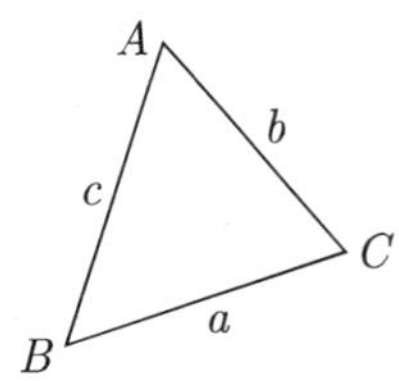

(1)

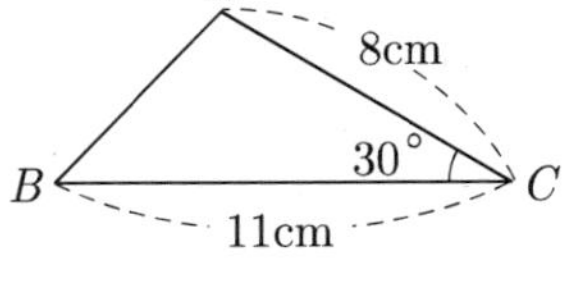

(2)

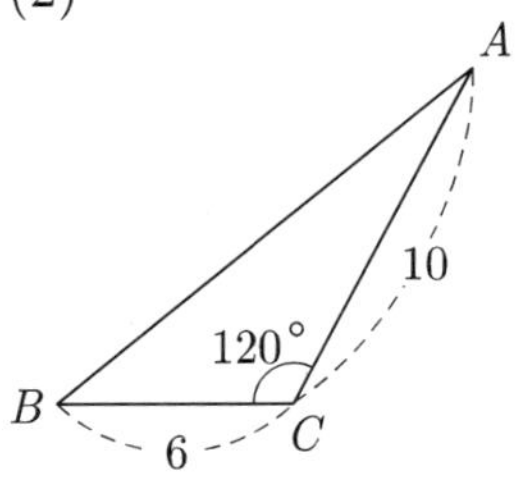

4 수열

CHAPTER

학습목표

(1) 등차수열의 공차를 구할 수 있다.
(2) 등비수열의 공비를 구할 수 있다.
(3) 등차수열과 등비수열의 합을 구할 수 있다.

4-1 수열의 정의

• 순서대로 나열한 수의 열 a_1, a_2, a_3, …, a_n, …을 수열이라고 하고 $\langle a_n \rangle$ 또는 $\{a_n\}$으로 나타낸다.

연습 4-1 다음 수열의 처음 5개 항을 나열하여라.

(1) $\langle 2n+1 \rangle$ (2) $\langle 3 \cdot 2^n \rangle$

4-2 수열의 일반항

• 수열 $\langle a_n \rangle$의 n번째 항 a_n을 수열의 일반항이라고 한다.

연습 4-2 다음 수열의 일반항을 n을 이용하여 나타내어라.

(1) 1, 3, 5, 7, 9, 11, ⋯ (2) 3, 9, 27, 81, 243, ⋯

4-3 등차수열의 정의

• 수열 a, $a+d$, $a+2d$, $a+3d$, ⋯을 초항이 a이고 공차가 d인 등차수열이라 한다.

연습 4-3 다음 등차수열의 초항부터 5항까지 나열하여라.

(1) 초항 1, 공차 2 (2) 초항 3, 공차 -2

4-4 등차수열의 일반항

- 초항이 a이고 공차가 d인 등차수열의 일반항은 $a_n = a + (n-1)d$이다.

연습 4-4 다음을 구하여라.

(1) 초항이 1이고 공차가 2인 등차수열의 일반항

(2) 초항이 3이고 공차가 -2인 등차수열의 제10항

4-5 합의 기호

- 수열 $a_1,\ a_2,\ a_3,\ \dots,\ a_n$의 모든 항을 더한 것을 합의 기호($\sum$, 시그마)를 사용하여 다음과 같이 나타낸다.

$$a_1 + a_2 + a_3 + \cdots + a_n = \sum_{k=1}^{n} a_k$$

연습 4-5-1 다음을 합의 기호($\sum$)를 사용하지 않고 나타내어라.

(1) $\sum_{k=1}^{9} k$

(2) $\sum_{k=2}^{5} (k^2 - 2)$

연습 4-5-2 다음을 합의 기호($\sum$)로 나타내어라.

(1) $1 + 2 + 3 + \cdots + 98 + 99 + 100$

(2) $2^2 + 3^2 + 4^2 + \cdots + 13^2 + 14^2 + 15^2$

4-6 합의 기호의 성질

- $\sum_{k=1}^{n}(a_k+b_k)=\sum_{k=1}^{n}a_k+\sum_{k=1}^{n}b_k$
- $\sum_{k=1}^{n}(a_k-b_k)=\sum_{k=1}^{n}a_k-\sum_{k=1}^{n}b_k$
- $\sum_{k=1}^{n}(ca_k)=c\sum_{k=1}^{n}a_k$
- $\sum_{k=1}^{n}(c)=cn$

연습 4-6 $\sum_{k=1}^{50}a_k=35$, $\sum_{k=1}^{50}b_k=27$일 때 다음을 구하여라.

(1) $\sum_{k=1}^{50}(2a_k-b_k)$

(2) $\sum_{k=1}^{50}(-3b_k+2)$

4-7 등차수열의 합

- 초항이 a이고 공차가 d인 등차수열 $\langle a_n \rangle$의 초항부터 n번째 항까지의 합 S_n은 다음과 같다.

$$S_n=\sum_{k=1}^{n}(a+(k-1)d)=\frac{n(a+a_n)}{2}=\frac{n(2a+(n-1)d)}{2}$$

연습 4-7 다음을 구하여라.

(1) 초항이 1이고 공차가 3인 등차수열의 S_{10}

(2) 초항이 1이고 공차가 1인 등차수열의 100번째 항까지의 합

4-8 등비수열의 정의

- 수열 a, ar, ar^2, $\cdots$을 초항이 a이고 공비가 r인 등비수열이라 한다.

연습 4-8 다음 등비수열의 초항부터 5항까지 나열하여라.

(1) 초항 1, 공비 2

(2) 초항 2, 공비 $\frac{1}{2}$

4-9 등비수열의 일반항

- 초항이 a이고 공비가 r인 등비수열의 일반항은 $a_n = ar^{n-1}$이다.

연습 4-9 다음을 구하여라.

(1) 초항이 1이고 공비가 2인 등비수열의 일반항

(2) 초항이 2이고 공비가 $\frac{1}{2}$인 등비수열의 제10항

4-10 등비수열의 합

• 초항이 a이고 공비가 r인 등비수열 $\langle a_n \rangle$의 초항부터 n번째 항까지의 합 S_n은 다음과 같다.

$$S_n = \sum_{k=1}^{n}(ar^{k-1}) = \frac{a(1-r^n)}{1-r} = \frac{a(r^n-1)}{r-1}$$

연습 4-10 다음을 구하여라.

(1) 초항이 1이고 공비가 2인 등비수열의 S_{10}

(2) 초항이 2이고 공비가 $\frac{1}{2}$인 등비수열의 10번째 항까지의 합

4-11 중요한 수열의 합

• $\sum_{k=1}^{n} k = \frac{n(n+1)}{2}$

• $\sum_{k=1}^{n} k^2 = \frac{n(n+1)(2n+1)}{6}$

• $\sum_{k=1}^{n} k^3 = \left\{\frac{n(n+1)}{2}\right\}^2$

연습 4-11 다음을 구하여라.

(1) $\sum_{k=1}^{100} k$

(2) $\sum_{k=1}^{10} k^2$

(3) $\sum_{k=1}^{5} k^3$

확인 문제를 풀어봅시다!

확인 4-1 다음 수열의 처음 5개 항을 나열하여라.

(1) $\langle -2n+1 \rangle$ (2) $\langle 2 \cdot 3^n \rangle$

(3) $\left\langle \dfrac{n}{n+1} \right\rangle$

확인 4-2 다음 등차수열의 초항부터 제5항까지 나열하여라.

(1) 초항 1, 공차 1 (2) 초항 3, 공차 -3

(3) 초항 -5, 공차 2

확인 4-3 다음 수열의 일반항을 n을 이용하여 나타내어라.

(1) 2, 4, 6, 8, 10, 12, $\cdots$ (2) 1, 4, 7, 10, 13, 16, $\cdots$

확인 4-4 다음을 구하여라.

(1) 초항이 -5이고 공차가 2인 등차수열의 일반항

(2) 초항이 -5이고 공차가 2인 등차수열의 제15항

확인 4-5 다음 등비수열의 초항부터 5항까지 나열하여라.

(1) 초항 3, 공비 2 (2) 초항 2, 공비 -1

(3) 초항 2, 공비 $\dfrac{1}{2}$

확인 4-6 다음 수열의 일반항을 n을 이용하여 나타내어라.

(1) 2, 4, 8, 16, 32, 64, $\cdots$ (2) $\dfrac{1}{3}$, $\dfrac{1}{9}$, $\dfrac{1}{27}$, $\dfrac{1}{81}$, $\dfrac{1}{243}$, $\cdots$

확인 4-7 다음을 구하여라.

(1) 초항이 3이고 공비가 2인 등비수열의 일반항

(2) 초항이 3이고 공차가 2인 등비수열의 제5항

(3) 초항이 2이고 공비가 $\frac{1}{2}$인 등비수열의 일반항

(4) 초항이 2이고 공비가 $\frac{1}{2}$인 등비수열의 제5항

확인 4-8 다음을 합의 기호($\sum$)를 사용하지 않고 나타내어라.

(1) $\sum_{k=1}^{10} k$

(2) $\sum_{k=3}^{9} (5-k)$

(2) $\sum_{k=1}^{5} (k+2)$

(3) $\sum_{k=1}^{8} k^2$

확인 4-9 다음을 합의 기호($\sum$)로 나타내어라.

(1) $1+2+3+\cdots+49+50$

(2) $2+4+6+8+\cdots+48+50$

(3) $1+3+5+7+\cdots+37+39$

(4) $2+4+8+\cdots+512+1024$

확인 4-10 $\sum_{k=1}^{100} a_k = 15$, $\sum_{k=1}^{100} b_k = 5$일 때 다음을 구하여라.

(1) $\sum_{k=1}^{100} (a_k - b_k)$

(2) $\sum_{k=1}^{100} (-2a_k + 1)$

확인 4-11 다음을 구하여라.

(1) 초항이 1이고 공차가 2인 등차수열의 S_5

(2) 초항이 10이고 공차가 -2인 등차수열의 10번째 항까지의 합

확인 4-12 다음을 구하여라.

(1) 초항이 1이고 공비가 2인 등비수열의 S_5

(2) 초항이 2이고 공비가 -1인 등비수열의 10번째 항까지의 합

확인 4-13 다음을 구하여라.

(1) $\sum_{k=1}^{5} k$

(2) $\sum_{k=1}^{5} k^2$

(3) $\sum_{k=1}^{5} k^3$

계산기 활용 문제

문제 4-1 다음 수열의 처음 6개 항을 나열하여라.

(1) $\langle 2n^2 - 3n + 5 \rangle$　　(2) $\langle 12 \times (2)^n \rangle$

문제 4-2 다음을 구하여라.

(1) 초항이 1이고 공차가 32인 등차수열의 일반항

(2) 초항이 1이고 공차가 32인 등차수열의 제15항

문제 4-3 제1항이 a_1이고 공차가 d인 등차수열의 제2020항을 구하여라.

(1) $a_1 = 4,\ d = 3$　　(2) $a_1 = 2017,\ d = -2$

문제 4-4 다음을 구하여라.

(1) 초항이 2이고 공비가 3인 등비수열의 일반항

(2) 초항이 2이고 공비가 3인 등비수열의 제15항

(3) 초항이 30이고 공비가 $\frac{1}{2}$인 등비수열의 일반항

(4) 초항이 30이고 공비가 $\frac{1}{2}$인 등비수열의 제15항

문제 4-5 다음을 계산하여라.

(1) $\sum_{k=1}^{20} k$　　(2) $\sum_{k=1}^{20} (5-k)$

(2) $\sum_{k=1}^{20} (k+2)$　　(3) $\sum_{k=1}^{20} (k^2)$

문제 4-6 다음을 계산하여라.

(1) $1+2+3+\cdots+49+50$

(2) $2+4+6+8+\cdots+48+50$

(3) $1+3+5+7+\cdots+37+39$

(4) $2+4+8+\cdots+512+1024$

문제 4-7 다음을 구하여라.

(1) $\sum_{k=1}^{200} k$

(2) $\sum_{k=1}^{200} k^2$

(3) $\sum_{k=1}^{200} k^3$

문제 4-8 다음을 구하여라.

(1) 초항이 -26이고 공차가 4인 등차수열의 S_{15}

(2) 초항이 26이고 공차가 -3인 등차수열의 20번째 항까지의 합

문제 4-9 다음을 구하여라.

(1) 초항이 120이고 공비가 0.2인 등비수열의 S_{15}

(2) 초항이 2이고 공비가 -1인 등차수열의 1001번째 항까지의 합

문제 4-10 다음 수열의 합을 구하여라.

(1) $\frac{3}{1\cdot 2}+\frac{4}{2\cdot 3}+\frac{5}{3\cdot 4}+\frac{6}{4\cdot 5}+\cdots+\frac{12}{10\cdot 11}$

(2) $3+6+12+24+\cdots+\frac{3}{2}\times 2^{25}$

(3) $\frac{2}{1!}+\frac{4}{2!}+\frac{8}{3!}+\frac{16}{4!}+\frac{32}{5!}$

(4) $1+\frac{2}{3}+\frac{3}{3^2}+\frac{4}{3^3}+\cdots+\frac{10}{3^9}$을 구하여라.

문제 4-11 다음을 구하여라.

(1) $\displaystyle\sum_{k=1}^{10}(3k-2)^2$

(2) $\displaystyle\sum_{k=1}^{10}\frac{k(k+1)}{2}$

(3) $\displaystyle\sum_{k=1}^{10}\frac{2}{k(k+1)}$

문제 4-12 다음을 구하여라.

(1) $\displaystyle\sum_{n=1}^{15}\frac{1}{\sqrt{n}+\sqrt{n+1}}$

(2) $\displaystyle\sum_{n=1}^{20}\left\{\frac{1}{\sqrt{5}}\left(\frac{1+\sqrt{5}}{2}\right)^n-\frac{1}{\sqrt{5}}\left(\frac{1-\sqrt{5}}{2}\right)^n\right\}$

5 CHAPTER 수열의 극한

학습 목표

(1) 수열의 수렴과 발산을 설명할 수 있다.
(2) 수렴하는 수열의 극한을 계산할 수 있다.
(3) 등비수열의 극한을 구할 수 있다.

5-1 수열의 극한, 수렴

- 수열 $\langle a_n \rangle$에서 n이 커질 때 a_n이 일정한 수 A에 가까워지면 수열 $\langle a_n \rangle$은 A로 수렴한다라 하고, A를 $\langle a_n \rangle$의 극한이라 하며 $\lim_{n \to \infty} a_n = A$로 쓴다.

연습 5-1 일반항이 다음과 같은 수열의 극한을 추정하여라.

(1) $a_n = \dfrac{1}{n}$

(2) $a_n = \dfrac{n}{n+1}$

5-2 수열의 발산

- 수열이 일정한 수에 수렴하지 않을 때 발산한다고 하며 다음 세 가지 경우가 있다.
  (1) $1,\ 2,\ 3,\ \cdots,\ n,\ \cdots$과 같이 양의 무한대($\infty$)로 발산
  (2) $-2,\ -4,\ -8,\ \cdots,\ -2n,\ \cdots$과 같이 음의 무한대($-\infty$)로 발산
  (3) $1,\ -1,\ 1,\ -1,\ \cdots,\ (-1)^n,\ \cdots$과 같이 진동

연습 5-2 일반항이 다음과 같은 수열의 극한을 구하여라.

(1) $a_n = 1+n$

(2) $a_n = 1-2n$

5-3 수렴하는 수열의 성질

• 수열 $\langle a_n \rangle$과 $\langle b_n \rangle$이 수렴하고 $\lim_{n\to\infty} a_n = A$, $\lim_{n\to\infty} b_n = B$일 때, 다음이 성립한다.

(1) $\lim_{n\to\infty} ka_n = k\lim_{n\to\infty} a_n = kA$

(2) $\lim_{n\to\infty} (a_n \pm b_n) = \lim_{n\to\infty} a_n \pm \lim_{n\to\infty} b_n = A \pm B$

(3) $\lim_{n\to\infty} (a_n b_n) = (\lim_{n\to\infty} a_n)(\lim_{n\to\infty} b_n) = AB$

(4) $\lim_{n\to\infty} \left(\frac{a_n}{b_n}\right) = \frac{\lim_{n\to\infty} a_n}{\lim_{n\to\infty} b_n} = \frac{A}{B} \, (B \neq 0)$

• $\lim_{n\to\infty} k = k$, $\lim_{n\to\infty} \frac{1}{n} = \lim_{n\to\infty} \frac{1}{n^2} = \cdots = 0 \left(\frac{1}{\infty} = 0\right)$

연습 5-3 다음 극한을 구하여라.

(1) $\lim_{n\to\infty} \frac{2n+1}{n-2}$

(2) $\lim_{n\to\infty} \frac{-3n^2+1}{n^2+2n-3}$

5-4 유리수열의 극한 (1)

• 분모 분자가 다항식인 일반항을 갖는 유리수열의 극한은 다음과 같이 구한다.

(1) (분자의 차수) = (분모의 차수) : 극한은 최고차항의 계수비

연습 5-4 다음 극한을 구하여라.

(1) $\lim_{n\to\infty} \frac{-3n+1}{2n-2}$

(2) $\lim_{n\to\infty} \frac{-6n^2+1}{-2n^2+2n-3}$

5-5 유리수열의 극한 (2)

- 분모 분자가 다항식인 일반항을 갖는 유리수열의 극한은 다음과 같이 구한다.
  (2) (분자의 차수) < (분모의 차수) : 극한은 0
  (3) (분자의 차수) > (분모의 차수) : 극한은 없다(양의 무한대(최고차항의 계수비가 양수) 또는 음의 무한대(최고차항의 계수비가 음수))

연습 5-5 다음 극한을 구하여라.

(1) $\lim_{n\to\infty}\frac{2n+3}{1+n^2}$　　(2) $\lim_{n\to\infty}\frac{-2n^2+1}{n}$

5-6 무리수열의 극한

- 일반항이 근호를 포함하는 경우 다음을 이용하여 분자 또는 분모를 유리화하여 극한을 구한다.
  (1) $(\sqrt{A}+B)(\sqrt{A}-B)=A-B^2$
  (2) $(\sqrt{A}+\sqrt{B})(\sqrt{A}-\sqrt{B})=A-B$

연습 5-6 다음 극한을 구하여라.

(1) $\lim_{n\to\infty}(\sqrt{n+1}-\sqrt{n})$　　(2) $\lim_{n\to\infty}(\sqrt{n^2+n}-n)$

5-7 수열의 극한과 부등식

- 수열 $\langle a_n \rangle$과 $\langle b_n \rangle$이 수렴하고 $\lim_{n\to\infty} a_n = A$, $\lim_{n\to\infty} b_n = B$일 때, 다음이 성립한다.

  (1) $a_n < b_n$이면 $A \le B$

  (2) $a_n \le c_n < b_n$이고 $A = B$이면 $\lim_{n\to\infty} c_n = A$

연습 5-7 일반항이 다음과 같은 수열의 극한을 구하여라. (단, 각의 단위는 라디안이다.)

(1) $a_n = \dfrac{1}{n}\sin n$

(2) $a_n = \dfrac{1}{n^2}\cos n$

5-8 등비수열의 극한

- 무한등비수열 $r,\ r^2,\ r^3,\ \cdots,\ r^n,\ \cdots$의 극한은 다음과 같다.

  (1) $-1 < r < 1$일 때, $\lim_{n\to\infty} r^n = 0$

  (2) $r = 1$일 때, $\lim_{n\to\infty} r^n = 1$

  (3) $r > 1$일 때, $\lim_{n\to\infty} r^n = \infty$

  (4) $r \leqq -1$일 때, $\lim_{n\to\infty} r^n$은 진동하며 발산

연습 5-8 다음 극한을 구하여라.

(1) $\lim_{n\to\infty} \dfrac{2^n}{3^n}$

(2) $\lim_{n\to\infty} \dfrac{3^n - 2^n}{3^n + 2^n}$

5-9 무리수 e의 정의

- 일반항이 $a_n = \left(1+\frac{1}{n}\right)^n$인 수열 $\langle a_n \rangle$은 수렴하며 그 극한을 e라고 한다.

  (즉, $\lim_{n\to\infty}\left(1+\frac{1}{n}\right)^n = e \approx 2.718281828$)

연습 5-9 일반항이 다음과 같은 수열의 극한을 구하여라.

(1) $a_n = 2\left(1+\frac{1}{n}\right)^n$

(2) $a_n = \left(1+\frac{2}{n}\right)^n$

확인 문제를 풀어봅시다!

확인 5-1 일반항이 다음과 같은 수열의 극한을 구하여라.

(1) $a_n = \dfrac{2}{n}$

(2) $a_n = 1 + \dfrac{1}{n}$

(3) $a_n = 1 - \dfrac{1}{n}$

(4) $a_n = 2 + \dfrac{2}{n}$

확인 5-2 일반항이 다음과 같은 수열의 극한을 구하여라.

(1) $a_n = \dfrac{n}{n-1}$

(2) $a_n = \dfrac{2n}{n-1}$

(3) $a_n = \dfrac{3n}{n-1}$

(4) $a_n = \dfrac{-2n+1}{n-1}$

확인 5-3 일반항이 다음과 같은 수열의 극한을 구하여라.

(1) $a_n = \dfrac{n}{2n-1}$

(2) $a_n = \dfrac{2n}{2n-1}$

(3) $a_n = \dfrac{3n}{2n-1}$

(4) $a_n = \dfrac{-2n+1}{2n-1}$

확인 5-4 일반항이 다음과 같은 수열의 극한을 구하여라.

(1) $a_n = 1 + 2n$

(2) $a_n = n + \dfrac{1}{n}$

(2) $a_n = 1 - n$

(4) $a_n = 1 - n^2$

확인 5-5 다음 극한을 구하여라.

(1) $\lim\limits_{n\to\infty} \dfrac{2n-1}{n}$

(2) $\lim\limits_{n\to\infty} \dfrac{2n^2+n}{1-n^2}$

(3) $\lim\limits_{n\to\infty} \dfrac{4n^2-2n+1}{2n^2-3n+10}$

(4) $\lim\limits_{n\to\infty} \dfrac{-3n^3+1}{2n^3+2n-3}$

확인 5-6 다음 극한을 구하여라.

(1) $\lim_{n\to\infty}\frac{2n+1}{n^2}$

(2) $\lim_{n\to\infty}\frac{2n+4}{1-n^2}$

(3) $\lim_{n\to\infty}\frac{3n^2-n+2}{2n^3+2n-5}$

(4) $\lim_{n\to\infty}\frac{-n^2+1}{n^3+n-1}$

확인 5-7 다음 극한을 구하여라.

(1) $\lim_{n\to\infty}\frac{2n^2+1}{n}$

(2) $\lim_{n\to\infty}\frac{2n^2+2n+1}{1-n}$

(3) $\lim_{n\to\infty}\frac{3n^3-n^2+2n-4}{2n^2+2n-5}$

(4) $\lim_{n\to\infty}\frac{-n^3+1}{n^2+n-1}$

확인 5-8 다음 극한을 구하여라.

(1) $\lim_{n\to\infty}(\sqrt{n+2}-\sqrt{n})$

(2) $\lim_{n\to\infty}(\sqrt{n^2+1}-n)$

(3) $\lim_{n\to\infty}(\sqrt{n^2+2n}-n)$

(4) $\lim_{n\to\infty}(\sqrt{n^2-3n}-n)$

확인 5-9 일반항이 다음과 같은 수열의 극한을 구하여라. (단, 각의 단위는 라디안이다.)

(1) $a_n=\frac{1}{n}\cos n$

(2) $a_n=\frac{1}{n^2}\sin n$

(3) $a_n=\frac{2}{n}\sin n$

(4) $a_n=1-\frac{1}{n}\cos n$

확인 5-10 다음 극한을 구하여라.

(1) $\lim_{n\to\infty}\frac{2^n}{5^n}$

(2) $\lim_{n\to\infty}\frac{(-1)^n}{3^n}$

(3) $\lim_{n\to\infty}\frac{3^n+2^n}{3^n-2^n}$

(4) $\lim_{n\to\infty}\frac{5^n}{1+3^n}$

(5) $\lim_{n\to\infty}\frac{3^{n+1}+4^{n+1}}{3^n+4^n}$

확인 5-11 일반항이 다음과 같은 수열의 극한을 구하여라.

(1) $a_n = \left(1+\dfrac{1}{n}\right)^{2n}$

(2) $a_n = 3\left(1+\dfrac{1}{n}\right)^{2n}$

(3) $a_n = \left(1+\dfrac{3}{n}\right)^{n}$

(4) $a_n = -2\left(1+\dfrac{3}{n}\right)^{n}$

계산기 활용 문제

※ $\lim_{n\to\infty} a_n$의 극한은 10^{10}번째 항, 즉 $a_{10000000000}$으로 추정한다. a_n에 지수항이 있는 경우 10^2번째 항, 즉 a_{100}으로 추정한다.

문제 5-1 다음 수열의 극한을 추정하여라.

(1) $a_n = \dfrac{2n^2 - 3n + 8}{-3n^2 + 5}$ (2) $a_n = \dfrac{\sqrt{3n^2 + 6n}}{5 - 2n}$

문제 5-2 다음 수열의 극한을 추정하여라.

(1) $a_n = \dfrac{n^6 - x^4 + n^2 + 1}{7n^6 - 4n^2 + 10}$ (2) $a_n = \dfrac{2n + 8}{\sqrt{3n^2 + 4}}$

문제 5-3 다음 극한을 추정하여라.

(1) $\lim_{n\to\infty} \dfrac{8n}{\sqrt{n} + n}$ (2) $\lim_{n\to\infty} \dfrac{3n}{\sqrt{n^2 + n}}$

(3) $\lim_{n\to\infty} (\sqrt{n^2 + 2n - 1} - n)$ (4) $\lim_{n\to\infty} \dfrac{\sqrt{n^2 + n} - n}{2}$

(5) $\lim_{n\to\infty} \dfrac{\sqrt{6n^2 + 3}}{\sqrt{2n^2 + n} + n}$ (6) $\lim_{n\to\infty} \dfrac{\sqrt{n+1} - \sqrt{n}}{\sqrt{n+3} - \sqrt{n}}$

문제 5-4 다음 극한을 추정하여라.

(1) $\lim_{n\to\infty} \left(1 + \dfrac{2}{n}\right)^{2n}$ (2) $\lim_{n\to\infty} \left(1 - \dfrac{1}{n}\right)^{2n}$

(3) $\lim_{n\to\infty} (1 + n)^{\frac{1}{n}}$ (4) $\lim_{n\to\infty} (1 + 3n)^{\frac{2}{n}}$

문제 5-5 다음 극한을 추정하여라. (단, 각의 단위는 라디안이다.)

(1) $\lim_{n \to \infty} 2n \ln\left(1 + \frac{1}{n}\right)$

(2) $\lim_{n \to \infty} n \sin\left(\frac{1}{n}\right)$

(3) $\lim_{n \to \infty} \left(1 - \frac{\sin n}{1+n^2}\right)$ (100000번째 항으로 추정)

(4) $\lim_{n \to \infty} \left(2 - \frac{1}{n+1} \cos \frac{n\pi}{3}\right)$ (100000번째 항으로 추정)

문제 5-6 다음 수열의 극한을 추정하여라.

(1) $a_n = \dfrac{5^n}{5^n + 3^n}$

(2) $a_n = \dfrac{3^n - 5^n}{3^n + 5^n}$

(3) $a_n = \dfrac{5^{n+1} + 3^{n+1}}{5^n + 3^n}$

(4) $a_n = \dfrac{2 \cdot 3^n}{2^{n+1} - 3^n}$

문제 5-7 다음 극한을 추정하여라. (10^{10}번째 항으로 추정)

(1) $\lim_{n \to \infty} \left\{10^{2\log n - \log(2n^2+1)}\right\}$

(2) $\lim_{n \to \infty} \left\{\log_2(2n^2+1) - \log_2(n^2-1)\right\}$

문제 5-8 다음 극한을 추정하여라.

(1) $\lim_{n \to \infty} e^{\frac{2}{1+2n}}$ (10^{10}번째 항으로 추정)

(2) $\lim_{n \to \infty} \dfrac{4e^{4n} + 2e^{-3n}}{7e^{4n} + 6e^{-3n}}$ (10번째 항으로 추정)

문제 5-9 다음 극한을 추정하여라. (단, 각의 단위는 라디안이다.)

(1) $\lim_{n \to \infty} \tan^{-1}(n^2 - n)$

(2) $\lim_{n \to \infty} \tan^{-1}\left(\frac{n^2}{n^2+1}\right)$

문제 5-10 다음 극한을 추정하여라. (단, 각의 단위는 라디안이다.)

(1) $\lim_{n \to \infty} n \sin\left(\frac{2}{n}\right)$

(2) $\lim_{n \to \infty} n \sin\left(\frac{3}{n}\right)$

(3) $\lim_{n \to \infty} 3n \tan\left(\frac{-2}{n}\right)$

(4) $\lim_{n \to \infty} \frac{n}{2} \tan\left(\frac{5}{3n}\right)$

6 CHAPTER 무한급수

학습 목표

(1) 유리수열과 무리수열의 합을 구할 수 있다.
(2) 무한급수의 합을 구할 수 있다.
(3) 무한등비급수의 합을 구할 수 있다.

6-1 부분분수

• 분자가 1이고 분모가 두 식의 곱으로 된 분수는 다음과 같이 두 분수의 차로 표시할 수 있는데 이렇게 표시하는 것을 부분분수로 분해한다고 한다.

$$\frac{1}{AB}=\frac{1}{B-A}\left(\frac{1}{A}-\frac{1}{B}\right)$$

연습 6-1 다음을 부분분수로 분해하여라.

(1) $\frac{1}{k(k+1)}$

(2) $\frac{1}{(k+1)(k+3)}$

(3) $\frac{1}{(k+4)(k+2)}$

6-2 유리수열의 합

• 일반항이 분수로 된 유리수열의 합은 일반항을 부분분수로 분해하여 이웃하는 항의 합이 0이 됨을 이용하여 계산한다.

연습 6-2 다음을 구하여라.

(1) $\sum_{k=1}^{10}\frac{1}{k(k+1)}$

(2) $\sum_{k=1}^{10}\frac{1}{(k+1)(k+3)}$

6-3 무리수열의 합

• 일반항이 무리수로 된 무리수열의 합은 더하는 항을 나열하고 이웃하는 항의 합이 0이 됨을 이용하여 계산한다.

연습 6-3 다음을 구하여라.

(1) $\sum_{k=1}^{10}(\sqrt{k+1}-\sqrt{k})$

(2) $\sum_{k=1}^{10}(\sqrt{2k-1}-\sqrt{2k+1})$

6-4 무한급수의 정의

• 수열 $\langle a_n \rangle$의 각 항을 더한 $a_1+a_2+\cdots+a_n+\cdots$을 무한급수 또는 급수라고 한다. 이 급수를 $\sum_{n=1}^{\infty}a_n$으로 나타낸다. 급수 $\sum_{n=1}^{\infty}a_n$에서 처음 n개의 항의 합 $S_n=a_1+a_2+\cdots+a_n$ $=\sum_{k=1}^{n}a_k$를 이 급수의 n 부분합이라고 한다.

연습 6-4 다음 무한급수의 n 부분합을 구하여라.

(1) $\sum_{n=1}^{\infty}\frac{1}{n(n+1)}$

(2) $\sum_{n=1}^{\infty}(\sqrt{n+1}-\sqrt{n})$

6-5 무한급수의 수렴과 발산

• 무한급수 $\sum_{n=1}^{\infty} a_n$의 부분합 S_n의 수열 $\langle S_n \rangle$가 일정한 값 S로 수렴하면 무한급수 $\sum_{n=1}^{\infty} a_n$가 S에 수렴한다라 하고 $\sum_{n=1}^{\infty} a_n = S$로 나타낸다. 즉, $\sum_{n=1}^{\infty} a_n = \lim_{n\to\infty} S_n$이며 S를 $\sum_{n=1}^{\infty} a_n$의 합이라고도 부른다. 부분합 수열 $\langle S_n \rangle$이 발산하면 $\sum_{n=1}^{\infty} a_n$도 발산한다고 한다.

연습 6-5 다음 무한급수의 수렴, 발산을 조사하여라.

(1) $\sum_{n=1}^{\infty} \frac{1}{n(n+1)}$

(2) $\sum_{n=1}^{\infty} (\sqrt{n+1} - \sqrt{n})$

6-6 무한등비급수의 합

• 무한등비급수 $\sum_{n=1}^{\infty} ar^{n-1}$의 합은 다음과 같다.

$$\sum_{n=1}^{\infty} ar^{n-1} = \begin{cases} \frac{a}{1-r}, & -1 < r < 1 \\ \text{발산}, & r \leq -1 \text{ 또는 } r \geq 1 \end{cases}$$

연습 6-6 다음 무한등비급수의 합을 구하여라.

(1) $\sum_{n=1}^{\infty} \left(\frac{2}{3}\right)^n$

(2) $\sqrt{2} - 2 + 2\sqrt{2} - 4 + \cdots$

6-7 무한급수의 성질

• 두 무한급수 $\sum_{n=1}^{\infty} a_n$, $\sum_{n=1}^{\infty} b_n$이 수렴하면 다음 성질이 성립한다.

(1) $\sum_{n=1}^{\infty} (a_n + b_n) = \sum_{n=1}^{\infty} a_n + \sum_{n=1}^{\infty} b_n$

(2) $\sum_{n=1}^{\infty} (a_n - b_n) = \sum_{n=1}^{\infty} a_n - \sum_{n=1}^{\infty} b_n$

(3) $\sum_{n=1}^{\infty} ca_n = c\sum_{n=1}^{\infty} a_n$, c는 상수

연습 6-7 다음 무한급수의 합을 구하여라.

(1) $\sum_{n=1}^{\infty} \frac{2^n - 3^n}{4^n}$

(2) $\sum_{n=1}^{\infty} \frac{1+2 \cdot 3^n}{4^n}$

확인 문제를 풀어봅시다!

확인 6-1 다음을 부분분수로 분해하여라.

(1) $\dfrac{1}{2\cdot 3}$

(2) $\dfrac{1}{2\cdot 4}$

(3) $\dfrac{1}{2\cdot 5}$

(4) $\dfrac{1}{2\cdot 6}$

확인 6-2 다음을 부분분수로 분해하여라.

(1) $\dfrac{1}{13\cdot 15}$

(2) $\dfrac{1}{17\cdot 20}$

(3) $\dfrac{1}{13\cdot 17}$

(4) $\dfrac{1}{15\cdot 21}$

확인 6-3 다음을 부분분수로 분해하여라.

(1) $\dfrac{1}{(k+1)(k+2)}$

(2) $\dfrac{2}{k(k+1)}$

(3) $\dfrac{1}{(2n-1)(2n+1)}$

(4) $\dfrac{2}{(2n+1)(2n+3)}$

확인 6-4 다음을 구하여라.

(1) $\displaystyle\sum_{k=1}^{10}\frac{1}{(k+1)(k+2)}$

(2) $\displaystyle\sum_{k=1}^{10}\frac{2}{k(k+1)}$

(3) $\displaystyle\sum_{n=1}^{10}\frac{1}{(2n-1)(2n+1)}$

(4) $\displaystyle\sum_{n=1}^{10}\frac{2}{(2n+1)(2n+3)}$

확인 6-5 다음을 구하여라.

(1) $\displaystyle\sum_{k=1}^{15}(\sqrt{k+1}-\sqrt{k})$

(2) $\displaystyle\sum_{k=1}^{15}(\sqrt{k}-\sqrt{k+1})$

(3) $\displaystyle\sum_{k=1}^{10}(\sqrt{2k-1}-\sqrt{2k+1})$

(4) $\displaystyle\sum_{k=1}^{10}(\sqrt{2k+1}-\sqrt{2k-1})$

확인 6-6 다음 무한급수의 n 부분합을 구하여라.

(1) $\sum_{n=1}^{\infty} \frac{1}{(n+1)(n+2)}$ (2) $\sum_{n=1}^{\infty} \frac{1}{(2n-1)(2n+1)}$

(3) $\sum_{n=1}^{\infty} (\sqrt{n}-\sqrt{n+1})$ (4) $\sum_{n=1}^{\infty} (\sqrt{2n-1}-\sqrt{2n+1})$

확인 6-7 다음 무한급수의 수렴, 발산을 조사하여라.

(1) $\sum_{n=1}^{\infty} \frac{1}{(n+1)(n+2)}$ (2) $\sum_{n=1}^{\infty} \frac{1}{(2n-1)(2n+1)}$

(3) $\sum_{n=1}^{\infty} (\sqrt{n}-\sqrt{n+1})$ (4) $\sum_{n=1}^{\infty} (\sqrt{2n-1}-\sqrt{2n+1})$

확인 6-8 다음 무한등비급수의 합을 구하여라.

(1) $\sum_{n=1}^{\infty} \left(\frac{1}{2}\right)^n$ (2) $\sum_{n=1}^{\infty} 5\left(\frac{1}{3}\right)^n$

(3) $\sum_{n=1}^{\infty} \left(-\frac{2}{3}\right)^n$ (4) $\sum_{n=1}^{\infty} 2\left(-\frac{2}{5}\right)^n$

확인 6-9 다음 무한급수의 수렴, 발산을 조사하여라.

(1) $1-2+4-8+16-32+\cdots$ (2) $1-\frac{1}{2}+\frac{1}{4}-\frac{1}{8}+\frac{1}{16}-\frac{1}{32}+\cdots$

(3) $\frac{1}{2}+\frac{1}{4}+\frac{1}{8}+\frac{1}{16}+\frac{1}{32}+\cdots$ (4) $\sqrt{2}+2+2\sqrt{2}+4+\cdots$

확인 6-10 다음 무한급수의 합을 구하여라.

(1) $\sum_{n=1}^{\infty} \frac{1+3^n}{5^n}$ (2) $\sum_{n=1}^{\infty} \frac{1-3^n}{5^n}$

(3) $\sum_{n=1}^{\infty} \frac{(-1)^n+3^n}{4^n}$ (4) $\sum_{n=1}^{\infty} \frac{(-1)^n-3^n}{4^n}$

계산기 활용 문제

※ 무한급수의 합을 S_n으로 추정할 때, 계산 시간이 다소 길어질 수 있다.

문제 6-1 다음 무한급수의 S_{100}, S_{200}을 각각 구하고 그 합을 S_{400}으로 추정하여라.

(1) $\displaystyle\sum_{k=1}^{\infty}\frac{1}{k(k+2)}$ (2) $\displaystyle\sum_{k=1}^{\infty}\frac{1}{(k+1)(k+3)}$

(3) $\displaystyle\sum_{k=1}^{\infty}\frac{1}{(2k+1)(2k+3)}$ (4) $\displaystyle\sum_{k=1}^{\infty}\frac{1}{(2k-1)(2k+1)}$

문제 6-2 다음 무한급수의 S_{100}, S_{200}을 각각 구하고 그 합을 추정하여라.

(1) $\displaystyle\sum_{k=1}^{\infty}(\sqrt{k+1}-\sqrt{k})$ (2) $\displaystyle\sum_{k=1}^{\infty}(\sqrt{k}-\sqrt{k+1})$

(3) $\displaystyle\sum_{k=1}^{\infty}(\sqrt{2k-1}-\sqrt{2k+1})$ (4) $\displaystyle\sum_{k=1}^{\infty}(\sqrt{2k+1}-\sqrt{2k-1})$

문제 6-3 다음 무한등비급수의 S_{20}, S_{30}을 각각 구하고 그 합을 S_{50}으로 추정하여라.

(1) $\displaystyle\sum_{n=1}^{\infty}\left(\frac{2}{3}\right)^n$ (2) $\displaystyle\sum_{n=1}^{\infty}5\left(\frac{3}{5}\right)^n$

(3) $\displaystyle\sum_{n=1}^{\infty}\left(-\frac{2}{3}\right)^n$ (4) $\displaystyle\sum_{n=1}^{\infty}2\left(-\frac{3}{5}\right)^n$

문제 6-4 다음 무한급수의 S_{20}, S_{30}을 각각 구하고 그 합을 S_{50}으로 추정하여라.

(1) $\displaystyle\sum_{n=1}^{\infty}\frac{1+3^n}{7^n}$ (2) $\displaystyle\sum_{n=1}^{\infty}\frac{1-3^n}{7^n}$

(3) $\displaystyle\sum_{n=1}^{\infty}\frac{(-1)^n+3^n}{7^n}$ (4) $\displaystyle\sum_{n=1}^{\infty}\frac{(-1)^n-3^n}{7^n}$

문제 6-5 다음 무한급수의 S_{100}, S_{200}을 각각 구하고 그 합을 S_{400}으로 추정하여라.

(1) $\sum_{n=1}^{\infty} \frac{1}{n^2+1}$ (2) $\sum_{n=1}^{\infty} \frac{(-1)^{n+1}}{n}$

문제 6-6 다음 무한급수의 S_{20}, S_{30}을 각각 구하고 그 합을 S_{50}으로 추정하여라.

(1) $\sum_{n=1}^{\infty} 3^{2+n} \times 2^{1-3n}$ (2) $\sum_{n=1}^{\infty} \frac{2^{n+1}}{3^{n-2}}$

문제 6-7 다음 무한급수의 S_{20}, S_{30}을 각각 구하고 그 합을 S_{50}으로 추정하여라.

(1) $\sum_{n=1}^{\infty} 2\left(\frac{1}{\sqrt{3}}\right)^{n-1}$ (2) $\sum_{n=1}^{\infty} \left(\frac{1}{\sqrt{3}+1}\right)^{2n}$

문제 6-8 다음 무한급수의 S_{20}, S_{30}을 각각 구하고 그 합을 S_{50}으로 추정하여라. (단, 각의 단위는 라디안이다.)

(1) $\sum_{n=1}^{\infty} \left(\frac{1}{2}\right)^n \sin\frac{n\pi}{2}$ (2) $\sum_{n=1}^{\infty} \left(-\frac{2}{3}\right)^n \sin\frac{n\pi}{2}$

(3) $\sum_{n=1}^{\infty} \left(\frac{1}{3}\right)^n \cos\frac{n\pi}{2}$ (4) $\sum_{n=1}^{\infty} \left(-\frac{1}{3}\right)^n \sin\left(\frac{\pi}{6}+n\pi\right)$

문제 6-9 다음 무한급수의S_{20}, S_{30}을 각각 구하고 그 합을 S_{50}으로 추정하여라.

$$8\times\frac{1}{\sqrt{2}}+8\times\left(\frac{1}{\sqrt{2}}\right)^2+8\times\left(\frac{1}{\sqrt{2}}\right)^3+\cdots$$

문제 6-10 다음 무한급수의 S_{100}, S_{200}을 각각 구하고 그 합을 추정하여라.

$$\frac{1}{\sqrt{2}+1}+\frac{1}{\sqrt{3}+\sqrt{2}}+\frac{1}{\sqrt{4}+\sqrt{3}}+\cdots$$

7 CHAPTER 함수의 극한과 연속

학습 목표

(1) 함수의 극한을 구할 수 있다.
(2) 연속함수의 극한을 구할 수 있다.
(3) 중간값 정리를 설명할 수 있다.

7-1 함수의 극한

• 함수 $f(x)$에서 x가 a에 한없이 가까워질 때$(x \neq a)$, $f(x)$의 값이 일정한 값 L에 한없이 가까워지면 함수 $f(x)$는 L에 수렴한다라 하고 다음과 같이 나타낸다.

$$\lim_{x \to a} f(x) = L \text{ 또는 } x \to a\text{일 때, } f(x) \to L$$

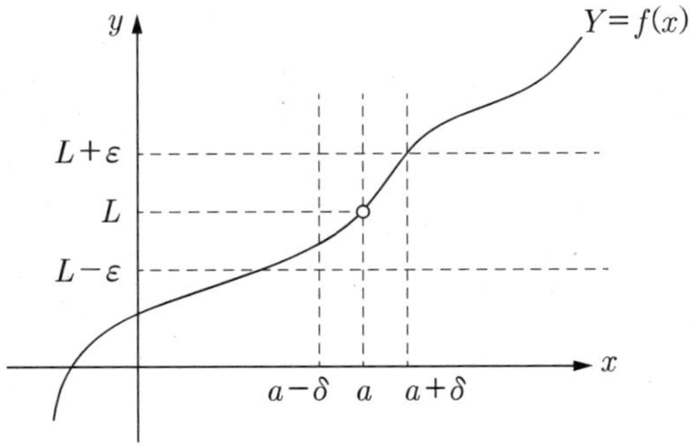

• 이때, A를 $f(x)$의 $x=a$에서의 극한값 또는 극한이라 하며 수렴하지 않으면 발산한다.

연습 7-1 다음을 구하여라.

(1) $\lim_{x \to 2}(x+2)$

(2) $\lim_{x \to 9}(2+\sqrt{x})$

(2) $\lim_{x \to 0}\left(\frac{1}{x^2}\right)$

7-2 좌극한과 우극한

- 함수 $f(x)$에서 x가 a보다 큰 값을 가지며 한없이 a에 가까워질 때($x \neq a$), $f(x)$의 값이 일정한 값 L에 한없이 가까워지면 L을 $x=a$에서 $f(x)$의 우극한이라 하고 다음과 같이 나타낸다.

$$\lim_{x \to a^+} f(x) = L \text{ 또는 } x \to a^+ \text{일 때, } f(x) \to L$$

- 함수 $f(x)$에서 x가 a보다 작은 값을 가지며 한없이 a에 가까워질 때($x \neq a$), $f(x)$의 값이 일정한 값 L에 한없이 가까워지면 L을 $x=a$에서 $f(x)$의 좌극한이라 하고 다음과 같이 나타낸다.

$$\lim_{x \to a^-} f(x) = L \text{ 또는 } x \to a^- \text{일 때, } f(x) \to L$$

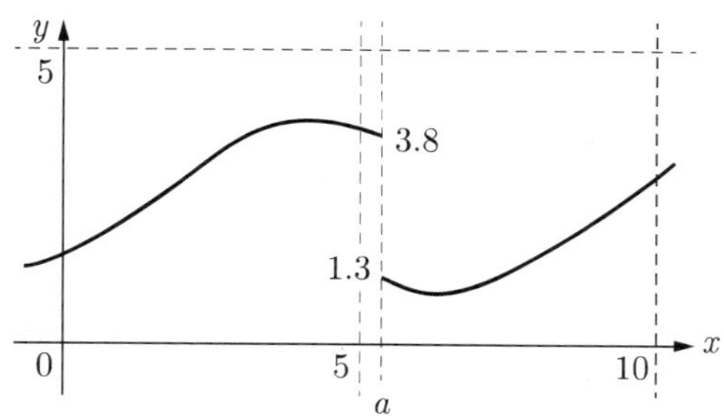

$$\lim_{x \to a^-} f(x) = 3.8 \quad \lim_{x \to a^+} f(x) = 1.3$$

- 함수 $f(x)$가 $x=a$에서 L에 수렴하기 위한 필요충분조건은 $\lim_{x \to a^+} f(x) = L = \lim_{x \to a^-} f(x)$, 즉 좌극한과 우극한이 같을 때이다.

연습 7-2 다음 극한을 구하여라.

(1) $\lim_{x \to 0^+} \frac{|x|}{x}$

(2) $\lim_{x \to 0^-} \frac{|x|}{x}$

(3) $\lim_{x \to 0} \frac{|x|}{x}$

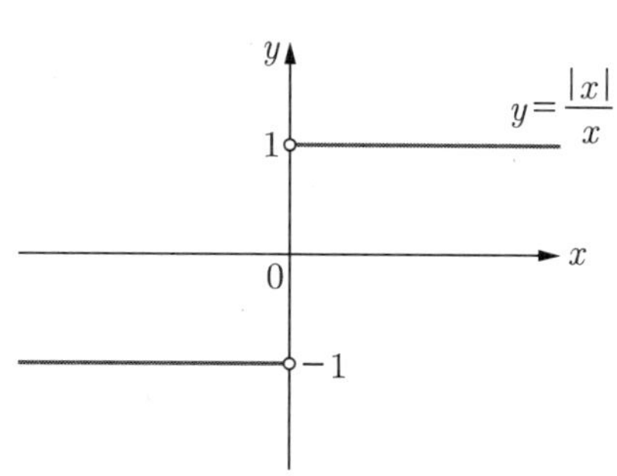

7-3 함수의 극한 정리

- 함수 $y=f(x)$와 $y=g(x)$가 $x\to a$일 때 모두 수렴하면 다음 함수들도 수렴한다.
  (1) $\lim\limits_{x\to a}\{f(x)+g(x)\}=\lim\limits_{x\to a}f(x)+\lim\limits_{x\to a}g(x)$
  (2) $\lim\limits_{x\to a}cf(x)=c\lim\limits_{x\to a}f(x)$ (c는 상수)
  (3) $\lim\limits_{x\to a}f(x)g(x)=\lim\limits_{x\to a}f(x)\cdot\lim\limits_{x\to a}g(x)$
  (4) $\lim\limits_{x\to a}\dfrac{f(x)}{g(x)}=\dfrac{\lim\limits_{x\to a}f(x)}{\lim\limits_{x\to a}g(x)}$ $\left(\lim\limits_{x\to a}g(x)\neq 0\right)$

연습 7-3 다음 극한을 구하여라.

(1) $\lim\limits_{x\to 1}(x^2+3x)$

(2) $\lim\limits_{x\to 1}(x+1)(x^2+x+1)$

(3) $\lim\limits_{x\to 1}\dfrac{x-1}{x^2-1}$

7-4 연속함수

- 함수 $f(x)$가 다음 세 조건을 만족하면 $x=a$에서 연속이라고 한다.
  (1) $f(a)$가 존재한다.
  (2) $\lim_{x \to a} f(x)$가 존재한다.
  (3) $\lim_{x \to a} f(x) = f(a)$이다.
- 함수 $f(x)$가 위 세가지 조건 중 어느 하나라도 만족하지 않으면 $x=a$에서 불연속이라고 한다.
- 구간 위의 모든 점에서 연속인 함수를 그 구간에서 연속이라고 한다.

연습 7-4 다음 함수 $f(x)$의 주어진 값, 구간에서 연속성을 조사하여라.

(1) $x=-4$ (2) $x=1$

(3) $x=4$ (4) $x=6$

(5) $[-1,\ 2]$ (6) $(-2,\ 1)$

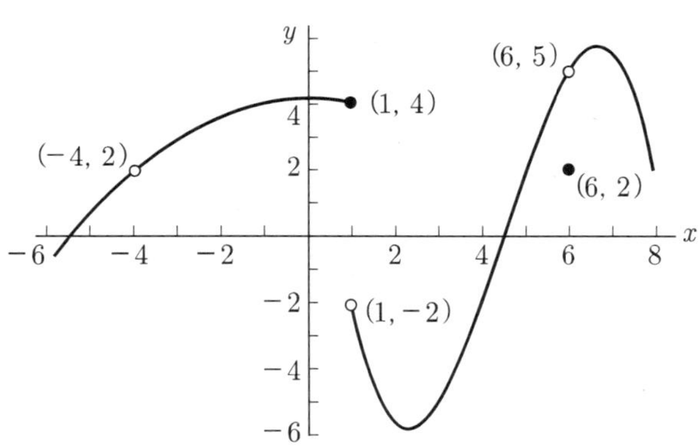

7-5 여러 가지 함수의 연속성

- 다항함수 $f(x) = a_n x^n + \cdots + a_1 x + a_0$: R에서 연속
- 분수함수 $\dfrac{f(x)}{g(x)}$: $f(x)$와 $g(x)$가 연속일 때, $g(x) \neq 0$인 x의 범위에서 연속
- 무리함수 $\sqrt{f(x)}$: $f(x)$가 연속일 때, $f(x) \geq 0$인 x의 범위에서 연속
- 지수함수 $a^x (a > 0,\ a \neq 1)$: R에서 연속
- 로그함수 $\log_a x (a > 0,\ a \neq 1)$: $x > 0$일 때 연속
- 삼각함수 $\sin x$, $\cos x$: R에서 연속

  $\tan x$: $x \neq n\pi + \dfrac{\pi}{2}$ (n은 정수)인 x의 범위에서 연속

연습 7-5 $f(x) = \begin{cases} ax+1, & x \leq 2 \\ -ax^2+2, & x > 2 \end{cases}$가 모든 x에 대해 연속이 되기 위한 a의 값을 구하여라.

7-6 연속함수의 성질

- 함수 $y = f(x)$와 $y = g(x)$가 $x = a$ 또는 구간 $[a,\ b]$에서 연속이면 다음 각 함수도 $x = a$ 또는 구간 $[a,\ b]$에서 연속이다.

  (1) $f(x) \pm g(x)$

  (2) $cf(x)$ (c는 상수)

  (3) $f(x) \cdot g(x)$

  (4) $\dfrac{f(x)}{g(x)}$ (단, $g(x) \neq 0$)

  (5) $(f \circ g)(x)$

연습 7-6 극한 $\lim_{x \to 1} \cos(2^{2x-1} \cdot \pi)$를 구하여라.

7-7 중간값의 정리

• 함수 $f(x)$가 $[a,\ b]$에서 연속이고 $f(a) \neq f(b)$이면 $f(a)$와 $f(b)$ 사이의 임의의 값 k에 대해 $f(c)=k$인 c가 $(a,\ b)$에 존재한다.

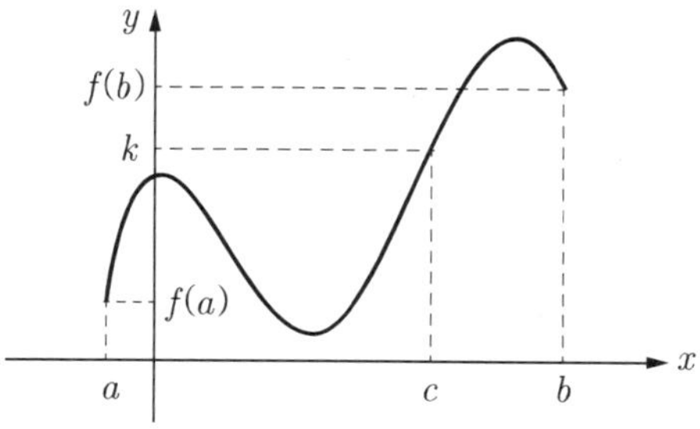

연습 7-7 $f(x)=x^2-2x-2$은 구간 $(1,\ 3)$에서 함숫값이 0이 되는 점이 있음을 증명하여라. 즉 방정식 $x^2-2x-2=0$이 구간 $(1,\ 3)$에서 해를 가짐을 보여라.

7-8 최대최소 정리

• 함수 $f(x)$가 폐구간 $[a,\ b]$에서 연속이면 $f(x)$는 $[a,\ b]$에서 반드시 최댓값과 최솟값을 갖는다.

• 주어진 폐구간에서 연속함수의 그래프를 그려 가장 큰 값이 최대, 가장 작은 값이 최소이다.

연습 7-8 $f(x)=x^2$의 구간 $[-2,\ 3]$에서의 최댓값, 최솟값을 구하여라.

확인 문제를 풀어봅시다!

확인 7-1 다음 극한을 구하여라.

(1) $\lim_{x \to 2}(x^2+2)$

(2) $\lim_{x \to 4}(3-\sqrt{x})$

(2) $\lim_{x \to 0}\left(\frac{3}{x^2}\right)$

확인 7-2 다음 극한을 구하여라.

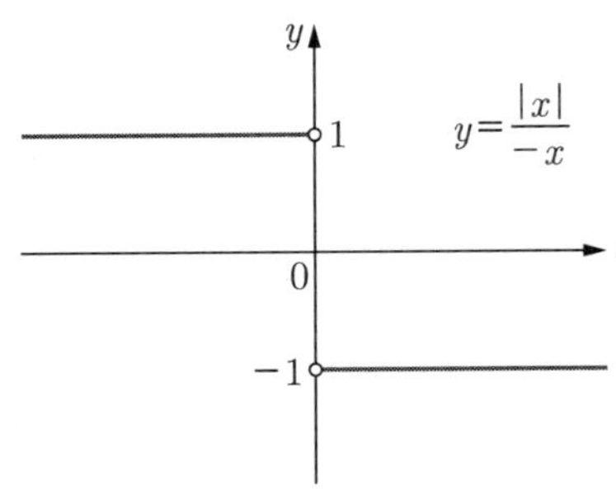

(1) $\lim_{x \to 0^+}\frac{|x|}{-x}$

(2) $\lim_{x \to 0^-}\frac{|x|}{-x}$

(3) $\lim_{x \to 0}\frac{|x|}{-x}$

확인 7-3 다음 극한을 구하여라.

(1) $\lim_{x \to -1}(x^2-3x)$

(2) $\lim_{x \to -1}(x+1)(x^2+x+1)$

(3) $\lim_{x \to -1}\frac{x+1}{x^2-1}$

확인 7-4 다음 함수 $f(x)$의 주어진 점에서 연속성을 조사하여라.

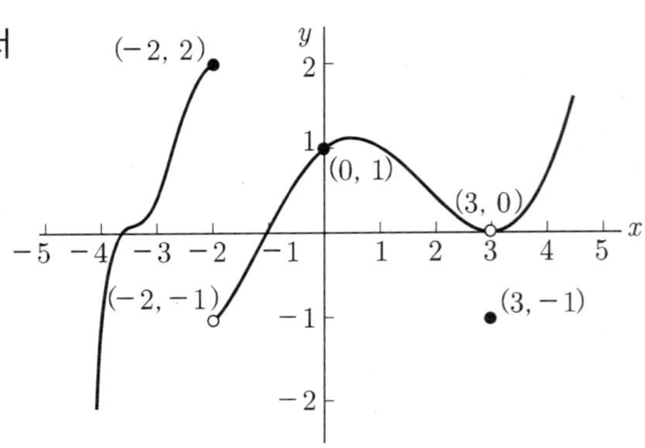

(1) $x=-2$

(2) $x=0$

(3) $x=3$

(4) $[-3,\ 3]$

(5) $[1,\ 3)$

확인 7-5 $f(x)=\begin{cases} ax+1, & x \le 1 \\ -ax^2+2, & x>1 \end{cases}$가 모든 x에 대해 연속이 되기 위한 a의 값을 구하여라.

확인 7-6 다음 극한을 구하여라.

(1) $\lim\limits_{x\to 1}\sin(2^{2x-1}\cdot\pi)$

(2) $\lim\limits_{x\to 1}\cos\left(\dfrac{(3x+1)\pi}{2}\right)$

(3) $\lim\limits_{x\to 1}e^{\frac{3x-1}{x+1}}$

(4) $\lim\limits_{x\to 1}\log(2^{x^2-1})$

확인 7-7 $f(x)=x^2+x-3$은 구간 $(0,\ 2)$에서 함숫값이 0이 되는 점이 있음을 증명하여라. 즉 방정식 $x^2+x-3=0$이 구간 $(0,\ 2)$에서 해를 가짐을 보여라.

확인 7-8 $f(x)=-x^2$의 구간 $[-3,\ 2]$에서의 최댓값, 최솟값을 구하여라.

계산기 활용 문제

※ $\lim_{x \to a} f(x)$를 추정할 때 $f(x)$가 $x=a$에서 연속이 아닌 경우 $a \pm 0.0000000001$에서의 함숫값으로 극한값을 추정해본다. 예를 들어 $x=1$에서의 극한은 $x=0.9999999999$, $x=1.0000000001$에서의 값으로 각각 우극한과 좌극한을 추정한다.

문제 7-1 다음 함수의 극한을 구하여라.

(1) $\lim_{x \to 1} (x^2 - 4x + 5)$

(2) $\lim_{x \to 1} \frac{4 - 5x + x^2}{2 - x}$

(3) $\lim_{x \to 1} \frac{\sqrt{x+1} - 1}{x}$

(4) $\lim_{x \to 1} \frac{e^x - 1}{x}$

문제 7-2 다음 함수의 극한을 추정하여라.

(1) $\lim_{x \to 1} \frac{1 - x^2}{1 - x}$

(2) $\lim_{x \to 3} \frac{x^2 - 9}{x - 3}$

(3) $\lim_{x \to 1} \frac{x^3 - x^2 - x + 1}{x^2 - 1}$

(4) $\lim_{x \to 2} \frac{x^2 + x - 6}{4 - x^2}$

문제 7-3 다음 함수의 극한을 추정하여라.

(1) $\lim_{x \to 0} \frac{\sqrt{x+9} - 3}{x}$

(2) $\lim_{x \to 2} \frac{\sqrt{x+2} - 2}{x - 2}$

(3) $\lim_{x \to 0} \frac{\sqrt{x+4} - 2}{\sqrt{x+1} - 1}$

(4) $\lim_{x \to 1} \left(\frac{x}{\sqrt{1+x}} - \frac{x}{\sqrt{x}} \right)$

문제 7-4 다음 함수의 극한을 추정하여라. 단, (4)에서 각도의 단위는 라디안으로 설정하여라.

(1) $\lim_{x \to 1} \frac{1 - x^3}{1 - x}$

(2) $\lim_{x \to 2} \frac{x^3 - x^2 - 4x + 4}{x^2 - 4}$

(3) $\lim_{x \to 1} \frac{\sqrt{x+3} - 2}{x - 1}$

(4) $\lim_{x \to 1} \frac{\sin(x-1)}{x - 1}$

문제 7-5 다음 함수의 극한을 추정하여라.

(1) $\lim_{x \to 0} \frac{e^x - 1}{x}$ (2) $\lim_{x \to 0} \frac{e^{3x} - 1}{4x}$

(3) $\lim_{x \to 0} \frac{\ln(1+x)}{x}$ (4) $\lim_{x \to 0} \frac{\ln(1+2x)}{5x}$

문제 7-6 다음 함수의 극한을 추정하여라. 단, 각도의 단위는 라디안으로 설정하여라.

(1) $\lim_{x \to 0} \frac{\sin x}{x}$ (2) $\lim_{x \to 0} \frac{\sin 3x}{2x}$

(3) $\lim_{x \to 0} \frac{\tan x}{x}$ (4) $\lim_{x \to 0} \frac{\tan x}{\sin 2x}$

문제 7-7 다음 함수의 극한을 추정하여라. 단, 각도의 단위는 라디안으로 설정하여라.

(1) $\lim_{x \to 0} \frac{\sin x}{2x^2 - x}$ (2) $\lim_{x \to 0} \frac{x + \sin x}{x}$

(3) $\lim_{x \to 0} \frac{1 - \cos x}{x^2}$ (4) $\lim_{x \to 0} \frac{\sqrt{1 + \cos x}}{2}$

문제 7-8 다음 함수의 극한을 추정하여라. 단, (3), (4)에서 각도의 단위는 라디안으로 설정하여라.

(1) $\lim_{x \to 0} \frac{e^{3x} - 1}{2x}$ (2) $\lim_{x \to 0} \frac{e^{3x} - 1}{e^{2x} - 1}$

(3) $\lim_{x \to 0} \frac{e^x - 1}{\sin x}$ (4) $\lim_{x \to 0} \frac{e^{\sin x} - 1}{x}$

문제 7-9 다음 함수의 극한을 추정하여라.

(1) $\lim_{x \to 0} \frac{\ln(1+2x)}{5x}$ (2) $\lim_{x \to 0} \frac{\ln(1-2x)}{5x}$

(3) $\lim_{x \to 0} \frac{\ln(1+3x)}{2x}$ (4) $\lim_{x \to 0} \frac{\ln(1+3x)}{\ln(1+5x)}$

8 미분계수와 도함수

CHAPTER

학습 목표

(1) 평균변화율과 순간변화율을 구할 수 있다.
(2) 도함수를 구할 수 있다.
(3) 평균값의 정리를 설명할 수 있다.

8-1 평균변화율

• 함수 $y=f(x)$에 대해 x의 증가량 Δx에 대한 y의 증가량 Δy의 비율

$$\frac{\Delta y}{\Delta x}=\frac{f(b)-f(a)}{b-a}=\frac{f(a+\Delta x)-f(a)}{\Delta x}$$
$$=\frac{f(a+h)-f(a)}{h}$$

을 구간 $[a,b]$에서 $y=f(x)$의 평균변화율이라고 한다.

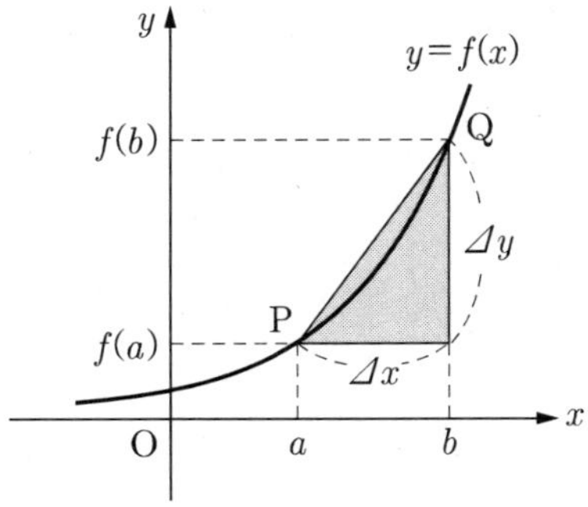

• 평균변화율은 기하학적으로 위의 그림에서 PQ의 기울기를 의미한다.

연습 8-1 다음 함수의 주어진 구간에서의 평균변화율을 구하여라.

(1) $f(x)=2x+3$, $[1,\ 3]$

(2) $g(x)=x^2-2x$, $[1,\ 2]$

8-2 순간변화율, 미분계수

• 함수 $y=f(x)$에 대해 x가 a에서 $a+\Delta x$까지 변할 때의 평균변화율의 $\Delta x \to 0$일 때의 극한값

$$\lim_{\Delta x\to 0}\frac{\Delta y}{\Delta x}=\lim_{\Delta x\to 0}\frac{f(a+\Delta x)-f(a)}{\Delta x}$$
$$=\lim_{h\to 0}\frac{f(a+h)-f(a)}{h}$$
$$=\lim_{b\to a}\frac{f(b)-f(a)}{b-a}$$

을 $x=a$에서 $y=f(x)$의 순간변화율 또는 미분계수라고 하고 $f'(a)$로 나타낸다. 즉,

$$f'(a)=\lim_{h\to 0}\frac{f(a+h)-f(a)}{h}$$

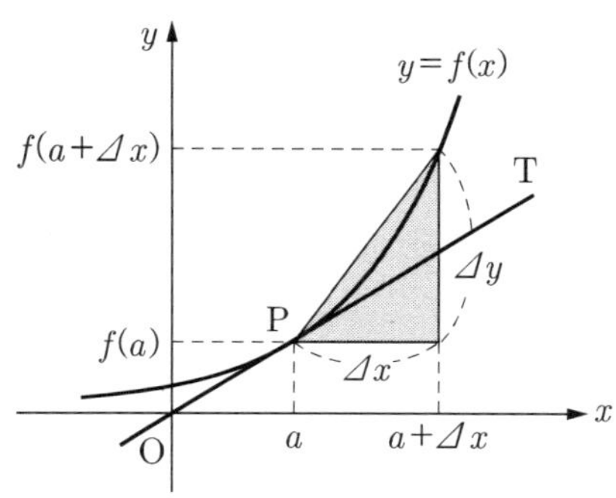

• $f'(a)$가 존재하면 $f(x)$는 $x=a$에서 미분가능하다고 한다.

• $f'(a)$는 $y'|_{x=a}$, $f'(x)|_{x=a}$, $\left.\frac{dy}{dx}\right|_{x=a}$ 등으로도 나타낸다.

• 순간변화율은 기하학적으로 위의 그림에서 P에서의 접선 T의 기울기를 의미한다.

연습 8-2 함수 $f(x)=x^2$의 $x=2$에서의 미분계수를 구하여라.

8-3 도함수의 정의

- $y=f(x)$가 미분가능할 때, x에 대해 $f'(x)$를 대응시키는 함수를 $y=f(x)$의 도함수라 하고 y', $f'(x)$, $\dfrac{dy}{dx}$, $\dfrac{d}{dx}f(x)$ 등으로 나타낸다. 즉

$$f'(x)=\lim_{h\to 0}\frac{f(x+h)-f(x)}{h}=\lim_{b\to x}\frac{f(b)-f(x)}{b-x}$$

- $f(x)$의 도함수 $f'(x)$를 구하는 것을 미분한다 하고 그 계산법을 미분법이라 한다.

연습 8-3 다음 함수의 도함수를 구하여라.

(1) $f(x)=3x+1$

(2) $f(x)=x^2$

8-4 도함수의 기본 성질

- $f(x)$와 $g(x)$의 도함수가 존재하면 다음이 성립한다.
  (1) $(c)'=0$ (c는 상수)
  (2) $(x^n)'=nx^{n-1}$
  (3) $(cf(x))'=cf'(x)$ (c는 상수)
  (4) $(f(x)\pm g(x))'=f'(x)\pm g'(x)$
  (5) $(f(x)g(x))'=f'(x)g(x)+f(x)g'(x)$
  (6) $\left(\dfrac{f(x)}{g(x)}\right)'=\dfrac{f'(x)g(x)-f(x)g'(x)}{g^2(x)}$ $(g(x)\neq 0)$

연습 8-4 다음 함수를 미분하여라.

(1) $f(x)=3^{-1}$

(2) $g(x)=x^7$

(3) $h(x)=x^{15}$

(4) $i(x)=x^{2017}$

(5) $j(x)=x^2+2x$

(6) $k(x)=\dfrac{1}{3}x^3-x^2$

(7) $l(x)=(x^2+x)(x^2-2x+3)$

(8) $m(x)=\dfrac{x^2+1}{3x-1}$

8-5 합성함수의 미분법

- $f(g(x))$가 미분가능하면 $f(g(x))' = f'(g(x))g'(x)$
- $f(x)$가 미분가능하면 $(\{f(x)\}^n)' = n\{f(x)\}^{n-1} \cdot f'(x)$
- $(\sqrt{f(x)})' = \left((f(x))^{\frac{1}{2}}\right)' = \frac{1}{2}f(x)^{-\frac{1}{2}} \cdot f'(x) = \frac{f'(x)}{2\sqrt{f(x)}}$

연습 8-5 다음 함수를 미분하여라.

(1) $y = (3x-2)^3$

(2) $y = (x^2+3x)^3$

(3) $y = \sqrt{x^2+x}$

8-6 접선의 방정식

- 곡선 $y = f(x)$ 위의 한 점 $P(a,\ f(a))$에서의 접선의 방정식은 $y = f'(a)(x-a) + f(a)$ 이다.

연습 8-6 다음 곡선의 주어진 점 위에서의 접선의 방정식을 구하여라.

(1) $y = x^2 - 3x,\ (2,\ -2)$

(2) $y = \frac{1}{x},\ \left(2,\ \frac{1}{2}\right)$

8-7 평균값의 정리

• 함수 $f(x)$가 $[a,\ b]$에서 연속이고 개구간 $(a,\ b)$에서 미분가능하면 $\dfrac{f(b)-f(a)}{b-a}=f'(c)$인 c가 $(a,\ b)$에 존재한다.

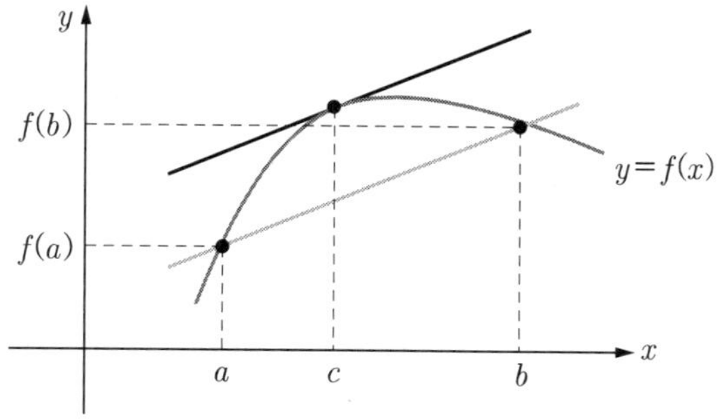

연습 8-7 다음 함수의 주어진 구간에 대해 평균값의 정리를 만족하는 실수 c를 구하여라.

(1) $f(x)=x^2-3x,\ [1,\ 2]$

(2) $f(x)=x^2-2x+5.\ [-1,\ 2]$

확인 문제를 풀어봅시다!

확인 8-1 다음 함수의 주어진 구간에서의 평균변화율을 구하여라.

(1) $f(x)=-2x+3$, $[1, 2]$　　(2) $g(x)=x^2+2x$, $[0, 3]$

확인 8-2 다음 함수의 주어진 값에서의 미분계수를 구하여라.

(1) $f(x)=x^2$, $x=1$　　(2) $f(x)=-x^2+x$, $x=1$

확인 8-3 다음 함수의 도함수를 도함수의 정의에 의해 구하여라.

(1) $f(x)=2x-3$　　(2) $f(x)=2x^2$

확인 8-4 다음 함수를 미분하여라.

(1) $f(x)=1000$　　(2) $f(x)=3^5$

(3) $f(x)=2019\times 2020$　　(4) $f(x)=C$, C는 상수

확인 8-5 다음 함수의 도함수를 구하여라.

(1) $f(x)=x^9$　　(3) $f(x)=x^{12}$

(3) $f(x)=-3x^9$　　(4) $f(x)=3x^{12}$

확인 8-6 다음 함수의 도함수를 구하여라.

(1) $f(x)=x^2-2x+3$　　(2) $f(x)=2x^3-3x^2+5x$

확인 8-7 다음 함수의 도함수를 구하여라.

(1) $f(x) = (x+1)(x^2+3x+1)$ (2) $f(x) = (x^2+1)(x^3+8)$

확인 8-8 다음 함수의 도함수를 구하여라.

(1) $f(x) = \dfrac{x^2+1}{x+1}$ (2) $f(x) = \dfrac{x^2+2x+1}{x^2}$

확인 8-9 다음 함수를 미분하여라.

(1) $y = (2x-3)^3$ (2) $y = (-x^2+2x)^3$

(3) $y = \sqrt{2x+3}$ (4) $y = \sqrt{2-x^2}$

확인 8-10 다음 곡선의 주어진 점 위에서의 접선의 방정식을 구하여라.

(1) $y = x^2 - 2x + 3$, $(2,\ 3)$ (2) $y = (2x-1)^3$, $(1,\ 1)$

확인 8-11 다음 함수의 주어진 구간에 대해 평균값의 정리를 만족하는 실수 c를 구하여라.

(1) $f(x) = x^2 - 3x$, $[0,\ 1]$ (2)$f(x) = x^2 - 2x + 5$, $[0,\ 1]$

계산기 활용 문제

문제 8-1 함수 $f(x) = x^2 + 5x$의 다음 구간에서의 평균변화율을 구하여라.

(1) $[1,\ 3]$ (2) $[2,\ 5]$

문제 8-2 $f(x) = x^3 - 2.7x$의 다음 구간에서의 평균변화율을 구하여라.

(1) $[-1,\ 2]$ (2) $[3,\ 9]$

문제 8-3 다음 함수의 주어진 구간에서의 평균변화율을 구하여라.

(1) $f(x) = x^3 - 3x^2 - 8,\ [1,\ 5]$ (2) $f(x) = \dfrac{x+1}{x^2 - 2x},\ [1,\ 3]$

(3) $f(x) = \sqrt{x^2 + 2x},\ [2,\ 4]$

문제 8-4 다음 함수의 $x = 5$에서의 미분계수를 구하여라.

(1) $f(x) = x^3 - 3x^2 - 8$ (2) $f(x) = \dfrac{x+3}{x^2 - x}$

(3) $f(x) = \sqrt{x^2 + x}$

문제 8-5 다음 함수의 $x = 2$에서의 미분계수를 구하여라.

(1) $f(x) = (2x^2 - x + 1)^2$ (2) $f(x) = \dfrac{x^2 - 2x}{x + 1}$

(3) $f(x) = \dfrac{5}{x^2} - \dfrac{1}{\sqrt{x^5}}$

문제 8-6 다음 함수의 $x = 8$에서의 미분계수를 구하여라.

(1) $f(x) = x^3 - 2x^2 + 4x - 8$ (2) $f(x) = \dfrac{x+1}{x^2 + x}$

(3) $f(x) = \sqrt{x^2 + 2x} - \sqrt{x}$

문제 8-7 다음 함수의 $x=\frac{1}{2}$에서의 미분계수를 구하여라.

(1) $f(x)=x^2-2x+3$ (2) $f(x)=2x^3-3x^2+5x$

문제 8-8 다음 함수의 $x=-\frac{1}{2}$에서의 미분계수를 구하여라.

(1) $f(x)=(x^2+1)(x^2+2x+1)$ (2) $f(x)=(x^4+1)(x^3+8)$

문제 8-9 다음 함수의 $x=3.5$에서의 미분계수를 구하여라.

(1) $f(x)=\dfrac{x^2+1}{x+1}$ (2) $f(x)=\dfrac{x^2-2x+1}{x^2+2x}$

문제 8-10 다음 함수의 $x=5$에서의 미분계수를 구하여라.

(1) $y=(2x^2-2x+1)^3$ (2) $y=(-x^4+3x^3-3x+2)^3$

문제 8-11 다음 곡선의 주어진 값에서의 접선의 방정식을 구하여라.

(1) $f(x)=\dfrac{x^2-2x}{x+1},\ x=2$ (2) $f(x)=\dfrac{x^2-3x+1}{x+2},\ x=0$

9 CHAPTER 지수, 로그, 삼각함수의 도함수

학습 목표

(1) 삼각함수를 미분할 수 있다.
(2) 지수, 로그함수를 미분할 수 있다.
(3) 로그미분법을 이용해 미분할 수 있다.

9-1 삼각함수의 역수

- $\dfrac{1}{\sin x} = \operatorname{cosec} x$ 또는 $\csc x$ (코시컨트)
- $\dfrac{1}{\cos x} = \sec x$ (시컨트)
- $\dfrac{1}{\tan x} = \cot x$ (코탄젠트)

연습 9-1 다음을 구하여라.

(1) $\operatorname{cosec}\left(\dfrac{\pi}{3}\right)$

(2) $\sec\left(\dfrac{\pi}{3}\right)$

(3) $\cot\left(-\dfrac{\pi}{4}\right)$

9-2 삼각함수의 미분법

- x가 라디안의 각도일 때

$$(\sin x)' = \cos x,\ (\cos x)' = -\sin x$$
$$(\tan x)' = \sec^2 x,\ (\cot x)' = -\operatorname{cosec}^2 x$$
$$(\sec x)' = \sec x \tan x,\ (\operatorname{cosec} x)' = -\operatorname{cosec} x \cot x$$

연습 9-2 다음을 미분하여라.

(1) $y = \sin(2x+1)$

(2) $y = \cos(3x+1)$

(3) $y = \tan(-4x)$

(4) $y = \sec(5x)$

9-3 자연로그

- $e=\lim_{n\to\infty}\left(1+\frac{1}{n}\right)^n \approx 2.71828182846$이며 자연상수라고 한다.
- 밑이 e인 로그 $\log_e x$를 자연로그라고 하고 $\ln x$로 나타낸다.
- $\ln e=1$

연습 9-3 다음을 간단히 하여라.

(1) $\ln\sqrt{e}$

(2) $\ln\frac{1}{e}$

(3) $\ln e^e$

(4) $\ln(e^3\cdot e^5)$

9-4 지수함수의 미분

- $(a^x)'=a^x\cdot\ln a\ \ (a>0,\ a\neq 1)$
- $(e^x)'=e^x$
- $(a^{f(x)})'=a^{f(x)}\cdot\ln a\cdot f'(x)$
- $(e^{f(x)})'=e^{f(x)}\cdot f'(x)$

연습 9-4 다음을 미분하여라.

(1) $y=3^x-e^x$

(2) $y=xe^x$

(3) $y=2^{3x+1}$

(4) $y=xe^{2x}$

9-5 로그함수의 미분

- $(\log_a x)' = \dfrac{1}{x} \cdot \dfrac{1}{\ln a}$
- $(\ln x)' = \dfrac{1}{x}$
- $(\log_a f(x))' = \dfrac{f'(x)}{f(x)} \cdot \dfrac{1}{\ln a}$
- $(\ln f(x))' = \dfrac{f'(x)}{f(x)}$

연습 9-5 다음을 미분하여라.

(1) $y = \log_2(3x+2)$

(2) $y = \ln(5x+2)$

(3) $y = \ln(x^2+1)$

(4) $y = x^3 \ln x$

9-6 로그미분법

- 로그는 곱셈을 덧셈으로, 나눗셈을 뺄셈으로 바꾸어 주며, 이 성질을 미분법에 적용한 것을 로그미분법이라고 한다.
- x^x와 같이 지수에 변수가 있거나 곱셈이나 나눗셈으로 연결된 복잡한 함수의 미분은 로그미분법을 사용한다.
- $y = \dfrac{f(x)g(x)}{h(x)} \Leftrightarrow \ln y = \ln\left(\dfrac{f(x)g(x)}{h(x)}\right)$

$$\Leftrightarrow \ln y = \ln f(x) + \ln g(x) - \ln h(x)$$

$$\Rightarrow \frac{y'}{y} = \frac{f'(x)}{f(x)} + \frac{g'(x)}{g(x)} - \frac{h'(x)}{h(x)} \quad \text{(로그미분법)}$$

$$\Leftrightarrow y' = y\left(\frac{f'(x)}{f(x)} + \frac{g'(x)}{g(x)} - \frac{h'(x)}{h(x)}\right)$$

$$\Leftrightarrow y' = \frac{f(x)g(x)}{h(x)}\left(\frac{f'(x)}{f(x)} + \frac{g'(x)}{g(x)} - \frac{h'(x)}{h(x)}\right)$$

연습 9-6

(1) $y = x^x$을 미분하여라.

(2) $y = (2x+1)^{\sin x}$을 미분하여라.

9-7 쌍곡선함수

- $\sinh x = \frac{e^x - e^{-x}}{2}$ (쌍곡사인함수)
- $\cosh x = \frac{e^x + e^{-x}}{2}$ (쌍곡코사인함수)
- $\tanh x = \frac{\sinh x}{\cosh x} = \frac{e^x - e^{-x}}{e^x + e^{-x}}$ (쌍곡탄젠트함수)
- $(\sinh x)' = \cosh x,\ (\cosh x)' = \sinh x,\ (\tanh x)' = \mathrm{sech}^2 x$

연습 9-7 다음 함수를 미분하여라.

(1) $y = \sinh(3x) + \cosh(2x)$ (2) $y = e^x \tanh x$

9-8 (참고) 부정꼴과 로피탈의 정리

- (1) $\lim_{x\to a} f(x) = 0$이고 $\lim_{x\to a} g(x) = 0$이면 $\lim_{x\to a}\frac{f(x)}{g(x)}$을 $\frac{0}{0}$ 부정꼴이라 한다.

  (2) $\lim_{x\to a} f(x) = \pm\infty$이고 $\lim_{x\to a} g(x) = \pm\infty$이면 $\lim_{x\to a}\frac{f(x)}{g(x)}$을 $\frac{\infty}{\infty}$ 부정꼴이라 한다.
- (로피탈의 정리) $f(x)$와 $g(x)$가 미분가능하고 a 근처에서 $g'(x) \neq 0$이라 가정하자. $\lim_{x\to a}\frac{f(x)}{g(x)}$가 $\frac{0}{0}$ 또는 $\frac{\infty}{\infty}$ 부정꼴이고 $\lim_{x\to a}\frac{f'(x)}{g'(x)}$이 존재하면 $\lim_{x\to a}\frac{f(x)}{g(x)} = \lim_{x\to a}\frac{f'(x)}{g'(x)}$ 이다.

연습 9-8 다음 극한을 구하여라.

(1) $\lim_{x\to 3}\frac{x-3}{x^2-4x+3}$ (2) $\lim_{x\to 2}\frac{\sqrt{x+2}-2}{x-2}$

확인 문제를 풀어봅시다!

확인 9-1 다음을 구하여라.

(1) $\operatorname{cosec}\left(\frac{\pi}{4}\right)$ (2) $\sec\left(\frac{\pi}{6}\right)$

(3) $\cot\left(-\frac{\pi}{6}\right)$

확인 9-2 다음을 구하여라.

(1) $\operatorname{cosec}\left(\frac{\pi}{6}\right)$ (2) $\sec\left(\frac{\pi}{4}\right)$

(3) $\cot\left(-\frac{\pi}{3}\right)$

확인 9-3 다음을 미분하여라.

(1) $y=\sin(-2x+1)$ (2) $y=\cos(-3x+1)$

(3) $y=\tan(2x)$

확인 9-4 다음을 미분하여라.

(1) $y=\sec(3x+2)$ (2) $y=\operatorname{cosec}(4x+2)$

(3) $y=\cot(5x-3)$

확인 9-5 다음을 간단히 하여라.

(1) $\ln\sqrt{e}-\ln\frac{1}{e}$ (2) $\ln e^3+\ln e^5-\ln\sqrt{e}$

확인 9-6 다음을 미분하여라.

(1) $y=3^x+e^x$

(2) $y=x^2e^x$

(3) $y=3^{2x+1}$

(4) $y=(2x+1)e^{2x}$

확인 9-7 다음을 미분하여라.

(1) $y=\log_3(3x+2)$

(2) $y=\ln(-2x+3)$

(3) $y=\ln(x^2-1)$

(4) $y=x^2\ln x$

확인 9-8 다음을 미분하여라.

(1) $y=(2x+1)^x$을 미분하여라.

(2) $y=(2x+1)^{\cos x}$을 미분하여라.

확인 9-9 다음 함수를 미분하여라.

(1) $y=\sinh(2x)-\cosh(3x)$

(2) $y=e^x\tanh(2x)$

확인 9-10 다음 극한을 구하여라.

(1) $\lim_{x\to1}\frac{x-1}{x^2-4x+3}$

(2) $\lim_{x\to1}\frac{\sqrt{x+3}-2}{x-1}$

계산기 활용 문제

문제 9-1 다음을 계산하여라.

(1) $e^{-\ln 3}$

(2) $5\ln 2+2\ln 3-3\ln 4$

(3) $\ln 2+\ln 2^2+\ln 2^3-\ln 2^6$

(4) $\ln(5^4-4)-\ln(5^2+4)$

문제 9-2 다음 방정식의 한 해를 구하여라. (초기값은 0으로 하여라.)

(1) $e^{x+1}=3$

(2) $e^{2x}-e^{3x}+1=0$

(3) $\ln 3+\ln(2x-1)=\ln 4$

(4) $(\ln x)^2+\ln x-2=0$

문제 9-3 다음 함수의 $x=2$에서의 미분계수를 구하여라.

(1) $f(x)=e^{1-x^2}$

(2) $f(x)=\sqrt{1+2e^{3x}}$

(3) $f(x)=\dfrac{e^x+1}{e^x}$

문제 9-4 다음 함수의 $x=\dfrac{1}{2}$에서의 미분계수를 구하여라.

(1) $f(x)=x^2e^x$

(2) $f(x)=e^x\sqrt{1+e^x}$

(3) $f(x)=\dfrac{e^{\sqrt{x}}}{\sqrt{x}}$

문제 9-5 다음 함수의 $x=2$에서의 미분계수를 구하여라.

(1) $f(x)=\ln(x^2+2x)$

(2) $f(x)=\dfrac{\log x}{x}$

(3) $f(x)=(\ln x)^x$

문제 9-6 다음 함수의 $x = 1.5$에서의 미분계수를 구하여라.

(1) $f(x) = \dfrac{x^2}{\ln(x^2 + 2x)}$ (2) $f(x) = \log_2(x^4 - x)$

(3) $f(x) = (x)^{\ln x}$

문제 9-7 다음 함수의 $x = \pi$에서의 미분계수를 구하여라. 단, 각의 단위는 라디안이다.

(1) $f(x) = x\sin x$ (2) $f(x) = x^2\cos x$

(3) $f(x) = e^x\sin x$

문제 9-8 다음 함수의 $x = \dfrac{\pi}{2}$에서의 미분계수를 구하여라. 단, 각의 단위는 라디안이다.

(1) $f(x) = x\cos x$ (2) $f(x) = x^2\sin\left(\dfrac{1}{x}\right)$

(3) $f(x) = e^{\sin x}$

문제 9-9 다음 함수의 $x = 2$에서의 미분계수를 구하여라.

(1) $f(x) = 3^{1-x^2}$ (2) $f(x) = \dfrac{1+e^x}{1-e^x}$

(3) $f(x) = \dfrac{e^x - e^{-x}}{e^x + e^{-x}}$

문제 9-10 다음 함수의 $x = 2$에서의 미분계수를 구하여라.

(1) $f(x) = x\ln(x^2)$ (2) $f(x) = \dfrac{\log x}{x}$

(3) $f(x) = x^{\sqrt{x}}$

문제 9-11 다음 함수의 $x = 1$에서의 미분계수를 구하여라.

(1) $f(x) = \dfrac{x^2}{\ln(x^2 + 2x)}$ (2) $f(x) = \dfrac{(x+1)^2}{(x^2+1)^3}$

(3) $f(x) = (x)^{\ln x}$

10 CHAPTER 부정적분과 정적분

학습 목표

(1) 부정적분을 구할 수 있다.
(2) 정적분을 구할 수 있다.
(3) 우함수와 기함수의 성질을 활용하여 정적분을 계산할 수 있다.

10-1 부정적분

- 함수 $F(x)$의 도함수가 $f(x)$이면 $F(x)$를 $f(x)$의 부정적분 또는 원시함수라고 하고 $F(x)=\int f(x)dx$로 나타낸다.
- $F(x)$가 $f(x)$의 한 부정적분일 때, $f(x)$의 임의의 부정적분은 $\int f(x)dx = F(x)+C$로 나타낸다. 이 때, C를 적분상수라고 한다.
- $f(x)$의 부정적분을 구하는 것을 적분한다고 한다.

연습 10-1 다음 부정적분을 구하여라.

(1) $\int 2xdx$　　(2) $\int (3x^2+2x)dx$

10-2 x^n의 부정적분

- $\int x^n dx = \frac{1}{n+1}x^{n+1}+C \ (n \neq -1)$
- $\int kdx = kx + C$, k는 상수

연습 10-2 다음 부정적분을 구하여라.

(1) $\int 5dx$　　(2) $\int -3dx$

(3) $\int x^4 dx$　　(4) $\int x^7 dx$

10-3 부정적분의 성질

- 두 함수 f, g의 부정적분이 존재하면 다음이 성립한다.
  (1) $\int cf(x)dx = c\int f(x)dx$, c는 상수
  (2) $\int (f(x) \pm g(x))dx = \int f(x)dx \pm \int g(x)dx$

연습 10-3 다음을 계산하여라.

(1) $\int (2x+3)dx$

(2) $\int (5x^3 - 3x^2 + x + 1)dx$

10-4 정적분의 정의와 기본 정리

• 함수 $f(x)$가 구간 $[a,\ b]$에서 연속일 때, 구간 $[a,\ b]$에서 $f(x)$의 정적분을

$$\int_a^b f(x)dx = \lim_{n\to\infty}\sum_{k=0}^{n-1} f\left(a+\frac{b-a}{n}k\right)\frac{b-a}{n}$$

$$= \lim_{n\to\infty}\sum_{k=1}^{n} f\left(a+\frac{b-a}{n}k\right)\frac{b-a}{n}$$

으로 정의하고 a를 정적분의 아래끝, b를 정적분의 위끝이라고 한다.

• $\int_a^b f(x)dx$는 곡선 $y=f(x)$와 $x=a$, $x=b$, x축으로 둘러싸인 영역의 부호를 갖는 넓이이며, x축 위의 넓이는 양수이고 x축 밑의 넓이는 음수가 된다.

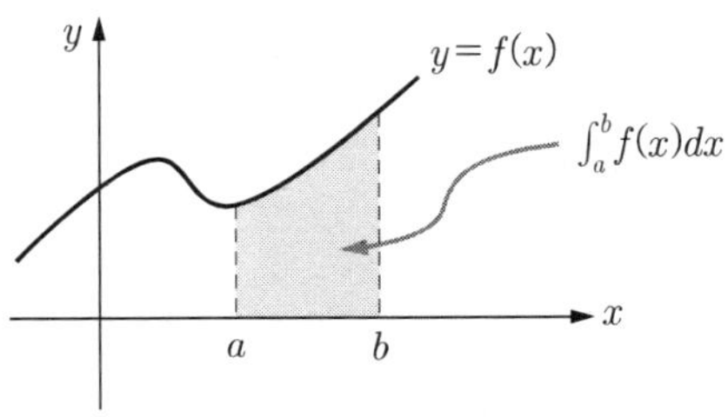

• (미적분학의 기본 정리) $f(x)$가 구간 $[a,\ b]$에서 연속이고 $F'(x)=f(x)$이면 $\int_a^b f(x)dx = [F(x)]_a^b = F(b)-F(a)$이다.

연습 10-4 다음 정적분을 구하여라.

(1) $\int_0^1 x^2 dx$ (2) $\int_1^2 (4x^3-2x)dx$

10-5 정적분의 기본 성질

- $\int_a^a f(x)dx=0$
- $\int_a^b f(x)dx=-\int_b^a f(x)dx$
- $\int_a^b kf(x)dx=k\int_b^a f(x)dx$ (단, k는 상수)
- $\int_a^b \{f(x)\pm g(x)\}dx=\int_a^b f(x)dx\pm\int_a^b g(x)dx$
- $\int_a^b f(x)dx=\int_a^c f(x)dx+\int_c^b f(x)dx$ (단, c는 임의의 실수)

연습 10-5 정적분 $\int_1^2 (1-3x^2)dx+\int_2^3 (1-3x^2)dx$의 값을 구하여라.

10-6 우함수와 기함수의 정적분

- $f(x)$가 우함수이면 $\int_{-a}^a f(x)dx=2\int_0^a f(x)dx$
- $f(x)$가 기함수이면 $\int_{-a}^a f(x)dx=0$

연습 10-6 다음 정적분을 구하여라.

(1) $\int_{-1}^1 (4x^3+3x^2-7x+2)dx$ (2) $\int_{-2}^2 \sin x dx$

10-7 $(ax+b)^n$의 부정적분

- $\int (ax+b)^n dx = \frac{1}{a(n+1)}(ax+b)^{n+1} + C$

연습 10-7 다음 부정적분을 구하여라.

(1) $\int (2x-3)^4 dx$

(2) $\int (3x-2)^7 dx$

10-8 $\sqrt[n]{x^m}$와 $\frac{1}{x^n}$의 부정적분

- $\int \sqrt[n]{x^m}\, dx = \int x^{\frac{m}{n}} dx = \frac{1}{\frac{m}{n}+1} x^{\frac{m}{n}+1} + C$

$$= \frac{1}{\frac{m+n}{n}} x^{\frac{m+n}{n}} + C = \frac{n}{m+n} x^{\frac{m+n}{n}} + C$$

- $\int \frac{1}{x^n} dx = \int x^{-n} dx = \frac{1}{-n+1} x^{-n+1} + C \ (n \neq 1)$
- $\int \frac{1}{x} dx = \ln x + C$

연습 10-8 다음 부정적분을 구하여라.

(1) $\int \sqrt{x}\, dx$

(2) $\int \sqrt[3]{x}\, dx$

(3) $\int \sqrt[4]{x^3}\, dx$

(4) $\int \frac{1}{x^3} dx$

(5) $\int \frac{2}{x} dx$

확인 문제를 풀어봅시다!

확인 10-1 다음 부정적분을 구하여라.

(1) $\int 7dx$ (2) $\int -7dx$

(3) $\int 2020dx$ (4) $\int -2020dx$

확인 10-2 다음 부정적분을 구하여라.

(1) $\int x^3dx$ (2) $\int x^5dx$

(3) $\int x^{100}dx$ (4) $\int x^{2018}dx$

확인 10-3 다음을 계산하여라.

(1) $\int (2x-3)dx$ (2) $\int (x^2+2x+1)dx$

(3) $\int (8x^3+6x^2-2x+1)dx$ (4) $\int (x+1)(x-1)dx$

확인 10-4 다음 부정적분을 계산하여라.

(1) $\int 2dt$ (2) $\int (w^2+2w-1)dw$

확인 10-5 다음 정적분을 구하여라.

(1) $\int_0^2 x^2dx$ (2) $\int_1^2 (-4x^3+2x)dx$

(3) $\int_{-1}^2 (4x-2)dx$ (4) $\int_1^2 (x^2-2x+1)dx$

확인 10-6 다음을 계산하여라.

(1) $\int_1^2 (1-x^2)dx + \int_2^3 (1-x^2)dx$

(2) $\int_0^1 (x^3-2x+1)dx - \int_0^1 (x^3-2x-1)dx$

(3) $\int_5^5 (8x^3+6x^2-2x+1)dx$

(4) $\int_7^7 (\sin x + \cos x + \tan x)dx$

확인 10-7 다음 정적분을 구하여라.

(1) $\int_{-1}^{1} (8x^3-3x^2+7x-2)dx$

(2) $\int_{-2}^{2} 3x^2 dx$

(3) $\int_{-\pi}^{\pi} \sin x dx$

(4) $\int_{-0.5}^{0.5} \tan x dx$

확인 10-8 다음 부정적분을 구하여라.

(1) $\int (3x-2)^3 dx$

(2) $\int (-2x+3)^5 dx$

확인 10-9 다음 부정적분을 구하여라.

(1) $\int \left(\frac{2}{x^2} - \frac{4}{x^3}\right)dx$

(2) $\int \left(\sqrt{x} + \frac{1}{x^2}\right)dx$

(3) $\int \left(\frac{1}{x} + \frac{1}{x^2}\right)dx$

계산기 활용 문제

문제 10-1 다음 정적분을 구하여라.

(1) $\int_0^2 (x^2+1)dx$

(2) $\int_2^0 (x^2+1)dx$

(3) $\int_0^2 (5x^2+5)dx$

(4) $\int_0^2 (y^2+1)dy$

문제 10-2 다음 정적분을 구하여라.

(1) $\int_1^5 (x^2+2x+2)dx$

(2) $\int_1^2 \frac{1}{x^5}dx$

(3) $\int_0^2 x\sqrt{x}\,dx$

(4) $\int_1^5 \frac{1}{x^2\sqrt{x}}dx$

문제 10-3 다음 정적분을 구하여라.

(1) $\int_1^3 \frac{1}{x}(x-x^3)dx$

(2) $\int_0^1 x(\sqrt{x}-x)dx$

(3) $\int_{-1}^1 (x+1)^4 dx$

(4) $\int_{-1}^1 \sqrt{x^2-2x+2}\,dx$

문제 10-4 다음 정적분을 구하여라.

(1) $\int_{-2}^5 (x^3-5x-7)dx$

(2) $\int_1^3 |x^2-x-2|dx$

(3) $\int_1^5 \frac{1}{x}dx$

(4) $\int_{-2}^2 \sqrt{4-x^2}\,dx$

문제 10-5 다음 정적분을 구하여라.

(1) $\int_0^1 (2x-3)(3x^2-1)^3 dx$

(2) $\int_0^1 5(x-4)\sqrt[3]{x^2-8x}\,dx$

문제 10-6 다음 넓이를 구하여라.

(1) $y=x^2$의 그래프와 $x=0$, $x=1$, x축으로 둘러싸인 영역의 넓이

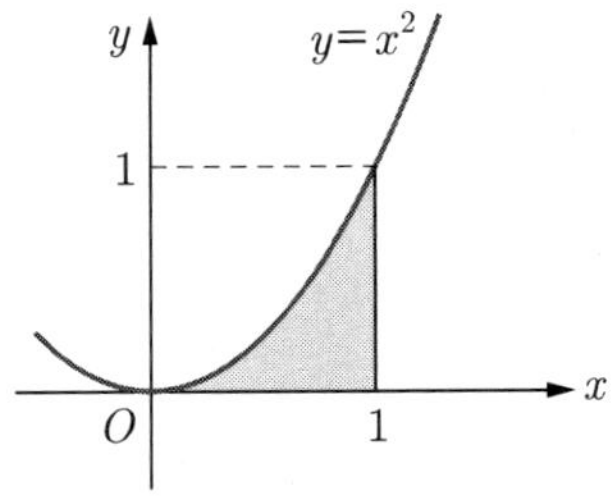

(2) $y=\sqrt{x}$ 의 그래프와 $x=0$, $x=1$, x축으로 둘러싸인 영역의 넓이

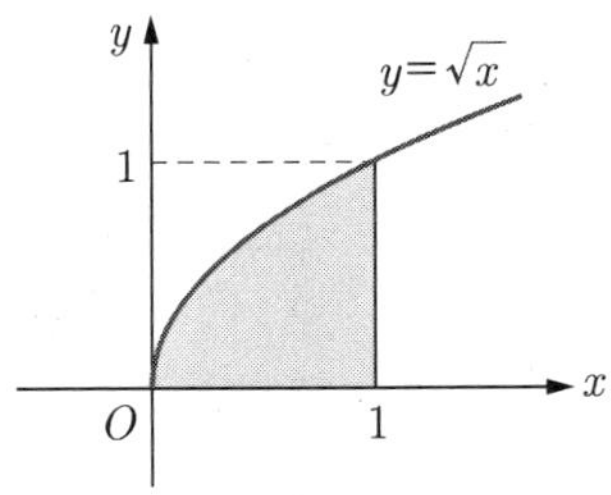

(3) $y=\dfrac{1}{x}$의 그래프와 $x=1$, $x=2$, x축으로 둘러싸인 영역의 넓이

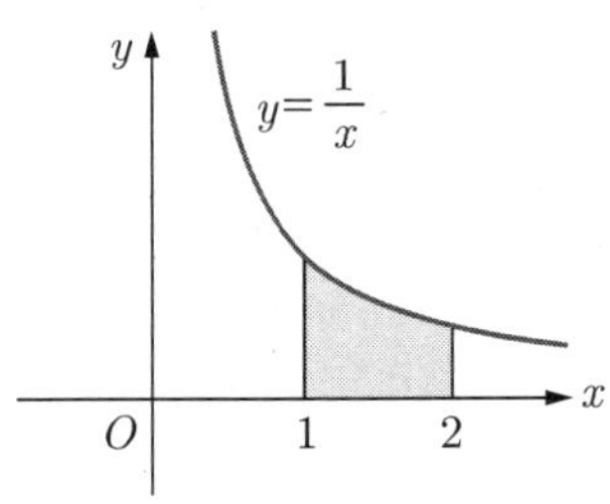

(4) $y=\dfrac{x}{1+x}$의 그래프와 $x=0$, $x=1$, x축으로 둘러싸인 영역의 넓이

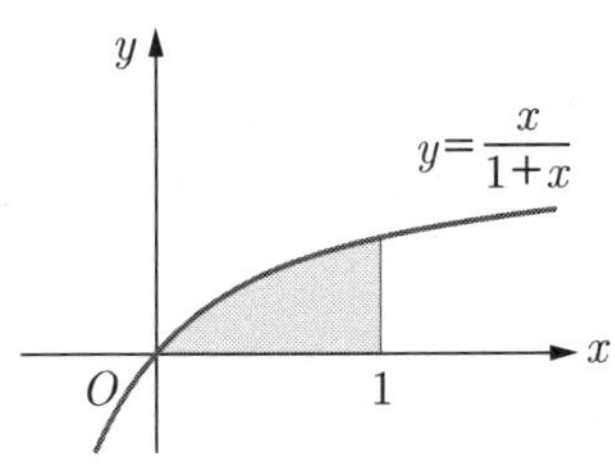

11 CHAPTER 여러 가지 함수의 적분

학습 목표

(1) 삼각함수와 로그함수를 적분할 수 있다.
(2) 치환적분법을 사용하여 적분할 수 있다.
(3) 부분적분법을 사용하여 적분할 수 있다.

11-1 부정적분의 기본 공식

- $\int k dx = kx + C$ (k는 상수)
- $\int x^n dx = \frac{1}{n+1}x^{n+1} + C$ $(n \neq -1)$
- $\int (ax+b)^n dx = \frac{1}{a(n+1)}(ax+b)^{n+1} + C$ $(n \neq -1)$
- $\int \frac{1}{x} dx = \ln x + C$
- $\int \sqrt{x}\, dx = \int x^{\frac{1}{2}} dx = \frac{2}{3}x^{\frac{3}{2}} + C = \frac{2}{3}\sqrt{x^3} + C$
- $\int \sqrt[p]{x^q}\, dx = \int x^{\frac{q}{p}} dx = \frac{p}{p+q}x^{\frac{p+q}{p}} + C = \frac{p}{p+q}\sqrt[p]{x^{p+q}} + C$

연습 11-1 다음 부정적분을 구하여라.

(1) $\int_0^1 (x^2 + 2x - 3)dx$

(2) $\int (2x-3)^5 dx$

(3) $\int \left(x + \frac{1}{x}\right)dx$

(4) $\int \sqrt{x^3}\, dx$

11-2 삼각함수의 적분

- $\int \sin x dx = -\cos x + C$
- $\int \cos x dx = \sin x + C$
- $\int \sec^2 x dx = \tan x + C$
- $\int \operatorname{cosec}^2 x dx = -\cot x + C$
- $\int \sec x \tan x dx = \sec x + C$
- $\int \operatorname{cosec} x \cot x dx = -\operatorname{cosec} x + C$
- $\int \tan x dx = -\ln(\cos x) + C$ (치환적분법으로 증명)

연습 11-2 다음 부정적분을 구하여라.

(1) $\int (2\sin x + \cos x) dx$

(2) $\int (-\sin x + 5\cos x + x - 3) dx$

(3) $\int (\sec^2 x + \sec x \tan x) dx$

11-3 지수함수의 적분

- $\int e^x dx = e^x + C$
- $\int a^x dx = \dfrac{a^x}{\ln a} + C$

연습 11-3 다음을 계산하여라.

(1) $\int_0^1 e^x dx$

(2) $\int (5e^x - x) dx$

(3) $\int (3^x - x^3) dx$

11-4 치환적분법

- $\int f(g(x))g'(x)dx = \int f(t)dt$ (단, $g(x) = t$)
- $\int \{f(x)\}^n f'(x)dx = \frac{1}{n+1}\{f(x)\}^{n+1} + C$
- $\int_{g(a)}^{g(b)} f(g(x))g'(x)dx = \int_a^b f(t)dt$ (단, $g(x) = t$)

연습 11-4 다음을 구하여라.

(1) $\int ((x^2+1)^5 \cdot 2x)dx$

(2) $\int \sin^3 x \cos x dx$

(3) $\int_0^1 2x(x^2+1)^5 dx$

11-5 치환적분법에 의한 적분공식

- $\int (ax+b)^n dx = \frac{1}{a(n+1)}(ax+b)^{n+1} + C$
- $\int \sin(ax+b)dx = -\frac{1}{a}\cos(ax+b) + C$
- $\int \cos(ax+b)dx = \frac{1}{a}\sin(ax+b) + C$
- $\int \frac{f'(x)}{f(x)}dx = \ln(f(x)) + C$
- $\int \tan x dx = \int \frac{\sin x}{\cos x}dx = -\ln(\cos x) + C$
- $\int \cot x dx = \int \frac{\cos x}{\sin x}dx = \ln(\sin x) + C$

연습 11-5 다음을 구하여라.

(1) $\int (3x^2-2x)^5(6x-2)dx$

(2) $\int (2x-3)^5 dx$

(3) $\int \sin(2x-3)dx$

(4) $\int \cos(2x-3)dx$

(5) $\int \frac{\cos x}{\sin x}dx$

(6) $\int \frac{\sin x}{\cos x}dx$

11-6 부분적분법

- $\int f'(x)g(x)dx = f(x)g(x) - \int f(x)g'(x)dx$
- $\int_a^b f'(x)g(x)dx = [f(x)g(x)]_a^b - \int_a^b f(x)g'(x)dx$

연습 11-6 다음을 부분적분법으로 계산하여라.

(1) $\int x\cos x dx$ (2) $\int x\sin x dx$

11-7 로그함수의 적분

- $\int \ln x dx = x\ln x - x + C$

연습 11-7 $\int \ln x dx = x\ln x - x + C$를 증명하여라.

11-8 함수의 평균

- 구간 $[a, b]$에서 함수 $f(x)$의 평균은 $\frac{1}{b-a}\int_a^b f(x)dx$이다.

연습 11-8 구간 $[0, 2]$에서 다음 함수의 평균을 구하여라.

(1) $f(x) = 3x^2$ (2) $f(x) = (2x-3)^2$

확인 문제를 풀어봅시다!

확인 11-1 다음 부정적분을 구하여라.

(1) $\int (x^2 - 2x + 4)dx$

(2) $\int (-x^3 - 5x^2 + 2)dx$

(3) $\int (3x+2)^4 dx$

(4) $\int_0^1 (-2x+5)^3 dx$

(5) $\int \left(x^2 + x + \frac{1}{x}\right)dx$

(6) $\int \left(x - \frac{1}{x} + \frac{1}{x^2}\right)dx$

(7) $\int \sqrt{x} + \sqrt{x^3}\, dx$

(8) $\int_0^1 \sqrt[4]{x^3}\, dx$

확인 11-2 다음 부정적분을 구하여라.

(1) $\int (\sin x + \cos x)dx$

(2) $\int (\cos x - \sin x)dx$

(3) $\int (3\sin x + 4\cos x)dx$

(4) $\int (7\sin x - 4\cos x)dx$

(5) $\int (5\sec^2 x - 2\sec x \tan x)dx$

(6) $\int (\sec x)(\sec x + \tan x)dx$

확인 11-3 다음을 계산하여라.

(1) $\int_1^2 e^x dx$

(2) $\int 4e^x dx$

(3) $\int 3^x dx$

(4) $\int 10^x dx$

(5) $\int (2^x + x^2)dx$

(6) $\int (2^x + 3^x)dx$

확인 11-4 다음을 계산하여라.

(1) $\int ((x^2+x)^5 \cdot (2x+1))dx$

(2) $\int \cos^3 x(-\sin x)dx$

(3) $\int_{1}^{2} 2x(x^2-1)^5 dx$

확인 11-5 다음을 구하여라.

(1) $\int (2x+1)^3 \cdot 2dx$

(2) $\int (2x+1)^3 dx$

(3) $\int \sin(3x+1)dx$

(4) $\int \cos(3x+1)dx$

(5) $\int \frac{\sec^2 x}{\tan x} dx$

(6) $\int \frac{2x}{1+x^2} dx$

확인 11-6 $\int xe^x dx$을 부분적분법으로 계산하여라.

확인 11-7 $\int x\ln x dx = \frac{x^2}{2}\ln x - \frac{x^2}{4} + C$임을 증명하여라.

확인 11-8 구간 $[0,\ 2]$에서 다음 함수의 평균을 구하여라.

(1) $f(x) = x^2 + 2x$

(2) $f(x) = (2x+1)^2$

계산기 활용 문제

문제 11-1 다음을 계산하여라.

(1) $\int_1^3 8dx$

(2) $\int_0^1 5x^2 dx$

(3) $\int_0^3 (x^2+4)dx$

(4) $\int_0^3 (x^2-2x+4)dx$

문제 11-2 다음을 계산하여라.

(1) $\int_0^5 (-x^3-5x^2+2)dx$

(2) $\int_1^2 (3x+2)^4 dx$

(3) $\int_1^2 \left(x^2+2x+\frac{1}{x}\right)dx$

(4) $\int_0^{\sqrt{2}} \sqrt{2-x^2}\,dx$

문제 11-3 다음을 계산하여라.

(1) $\int_0^{\pi} \sin x dx$

(2) $\int_0^{\frac{\pi}{4}} \cos x dx$

(3) $\int_0^{\frac{\pi}{4}} \tan x dx$

(4) $\int_0^{\frac{\pi}{3}} \sec^2 x dx$

문제 11-4 다음을 계산하여라.

(1) $\int_0^1 2^x dx$

(2) $\int_0^1 3^x dx$

(3) $\int_0^1 e^x dx$

(4) $\int_0^1 (e^x+e^{-x})dx$

문제 11-5 다음을 계산하여라.

(1) $\int_0^{\frac{\pi}{2}} \cos x \sin x dx$ (2) $\int_0^{\frac{\pi}{4}} \tan x \sec^2 x dx$

(3) $\int_0^{\frac{\pi}{2}} \sqrt{\sin x + 1} \cos x dx$ (4) $\int_{-2}^{0} (x+2)\sqrt{x+3}\, dx$

문제 11-6 다음을 계산하여라.

(1) $\int_{-3}^{3} x^2 \cos x dx$ (2) $\int_0^{\pi} x \sin x dx$

(3) $\int_0^1 x^2 e^x dx$ (4) $\int_1^e \ln x dx$

문제 11-7 다음을 계산하여라.

(1) $\int_0^4 |x^2 - x| dx$ (2) $\int_0^2 |\sqrt{x} - x| dx$

(3) $\int_0^{\pi} |\sin x - \cos x| dx$ (4) $\int_0^{\pi} 2\pi |\sin^2 x - \cos^2 x| dx$

문제 11-8 다음 주어진 구간에서 함수의 평균을 구하여라.

(1) $f(x) = x^2 e^{-x}$, $[0,\ 2]$ (2) $f(x) = \dfrac{1}{\sqrt{x^2+1}}$, $\left[0,\ \dfrac{\pi}{4}\right]$

12 복소수

CHAPTER

학습 목표

(1) 복소수의 정의를 설명할 수 있다.
(2) 복소수의 사칙연산을 할 수 있다.
(3) 복소수의 극형식과 오일러의 정리를 설명할 수 있다.

12-1 복소수의 정의

- 제곱해서 -1이 되는 수, 즉 $\sqrt{-1}$을 i로 표시하고 허수단위라 부른다.
- $i^2=-1,\ i^3=i^2\times i=-i,\ i^4=i^2\times i^2=1$
- $\sqrt{-a}=\sqrt{a}\sqrt{-1}=\sqrt{a}\,i \quad (a\geq 0)$

연습 12-1 다음을 계산하여라.

(1) $(2i)^2$

(2) $(-i)^2$

(3) $(\sqrt{3}\,i)^2$

(4) $\sqrt{-9}$

12-2 복소수

- 실수 $a,\ b$에 대해서 $z=a+bi$ 형태의 수를 복소수라 하고, a를 z의 실수부($\mathrm{Re}\,z$), b를 z의 허수부($\mathrm{Im}z$)라 한다.
- 복소수 $z=a+bi$의 허수부분의 부호를 바꾼 복소수 $a-bi$를 z의 켤레복소수라 하고 $\overline{z}$로 쓴다.
- $z=a+bi$이면 $z\overline{z}=a^2+b^2$

연습 12-2 다음 복소수의 실수부와 허수부를 구분하고 켤레복소수를 구하여라.

(1) $6+8i$

(2) $-2i$

(3) $-\sqrt{3}\,i+\sqrt{2}$

12-3 복소수의 절댓값(크기)

- $|a+bi| = \sqrt{a^2+b^2}$
- z와 w가 복소수일 때, $|zw| = |z||w|$, $\left|\dfrac{z}{w}\right| = \dfrac{|z|}{|w|}$
- $|z|^2 = z\overline{z}$

연습 12-3 다음 복소수의 절댓값을 구하여라.

(1) $6+8i$

(2) $-2i$

(3) $-\sqrt{3}\,i+\sqrt{2}$

12-4 복소수의 상등, 사칙연산

- 복소수 $z=a+bi$, $w=c+di$에 대해

  (1) $a+bi=c+di \iff a=c,\ b=d$

  (2) $z \pm w = (a \pm c)+(b \pm d)i$

  (3) $zw = (ac-bd)+(ad+bc)i$

  (4) $\dfrac{z}{w} = \dfrac{z\overline{w}}{w\overline{w}} = \dfrac{z\overline{w}}{|w|^2} = \dfrac{(ac+bd)+(-ad+bc)i}{c^2+d^2}$

연습 12-4 다음을 계산하여라.

(1) $(-2+3i)+(3-2i)$

(2) $(-2+3i)-(3-2i)$

(3) $(2-i)(2+2i)$

(4) $\dfrac{1+i}{2-i}$

12-5 복소평면

- 복소수 $z=a+bi$ 를 평면상의 점 $(a,\ b)$에 대응하여 생각하는 평면을 복소평면이라 한다. 이때, x축을 실수축, y축을 허수축이라 부른다.

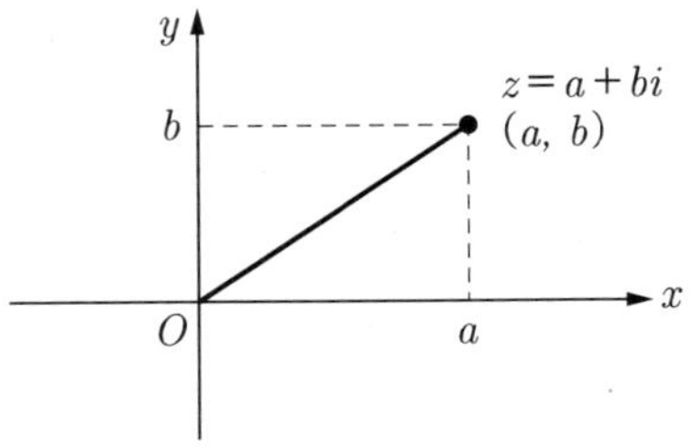

- 복소평면에서 복소수 $z=a+bi$와 원점과의 거리는 $|z|$, 즉 복소수의 절댓값(크기)이다.

연습 12-5 복소평면 위에 다음 복소수에 대응하는 점을 표시하고 원점과의 거리를 구하여라.

(1) $-2+3i$

(2) $-1-2i$

12-6 복소수의 극형식

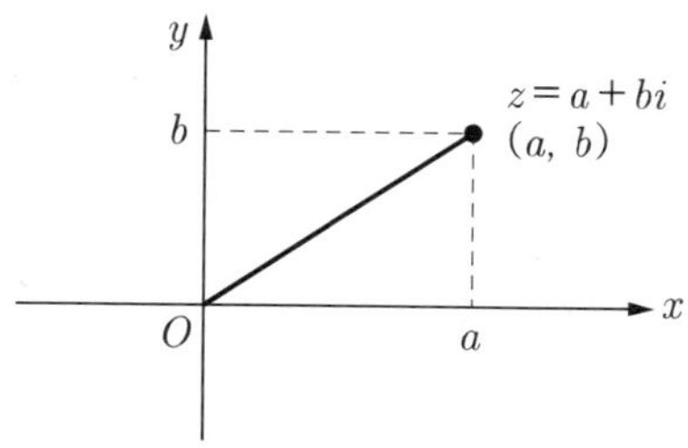

- 복소평면에서 원점과 z가 이루는 각 θ를 z의 편각이라 하고 $\arg(z)$로 나타낸다.
- $z = a + bi$, $\theta = \arg(z)$라 하면 $\cos\theta = \dfrac{a}{|z|}$, $\sin\theta = \dfrac{b}{|z|}$, $\tan\theta = \dfrac{b}{a}$
- $z = a + bi$에서 $r = |z|$, $\theta = \arg(z)$라 할 때, (r, θ)를 z의 극좌표라 하고 $z = r(\cos\theta + i\sin\theta)$를 z의 극형식이라 한다. $z = a + bi$는 z의 직교좌표형식이라 한다.
- 공학용 계산기에서 $r(\cos\theta + i\sin\theta)$는 $r\angle\theta$로 입력한다.

연습 12-6

(1) 복소수 $1 + \sqrt{3}i$의 절댓값과 편각을 구하고 극형식으로 나나태어라.

(2) 절댓값이 4이고 편각이 $60°$인 복소수를 직교좌표형식으로 나타내어라.

12-7 복소수의 곱셈과 나눗셈

- 복소수의 곱셈과 나눗셈에서 다음이 성립한다.
  (1) $|zw| = |z||w|$, $\arg(zw) = \arg(z) + \arg(w)$
  (2) $\left|\dfrac{z}{w}\right| = \dfrac{|z|}{|w|}$, $\arg\left(\dfrac{z}{w}\right) = \arg(z) - \arg(w)$
- $z = r_1(\cos\theta_1 + i\sin\theta_1)$, $w = r_2(\cos\theta_2 + i\sin\theta_2)$에서
  (1) $zw = r_1 r_2(\cos(\theta_1 + \theta_2) + i\sin(\theta_1 + \theta_2))$
  (2) $\dfrac{z}{w} = \dfrac{r_1}{r_2}(\cos(\theta_1 - \theta_2) + i\sin(\theta_1 - \theta_2))$

연습 12-7 다음을 극형식으로 나타내어라.

(1) $2(\cos 60° + i\sin 60°) \times 3(\cos(-30)° + i\sin(-30)°)$

(2) $2(\cos 60° + i\sin 60°) \div 3(\cos(-30)° + i\sin(-30)°)$

12-8 오일러의 정리

- (오일러의 정리) $e^{i\theta} = \cos\theta + i\sin\theta$, $|e^{i\theta}| = 1$
- $re^{i\theta} = r(\cos\theta + i\sin\theta)$
- $(r_1 e^{i\theta_1})(r_2 e^{i\theta_2}) = r_1 r_2 e^{i(\theta_1 + \theta_2)}$, $\dfrac{r_1 e^{i\theta_1}}{r_2 e^{i\theta_2}} = \dfrac{r_1}{r_2} e^{i(\theta_1 - \theta_2)}$

연습 12-8 다음을 계산하여라.

(1) $4e^{i45°} \times 2e^{i15°}$

(2) $4e^{i45°} \div 2e^{i15°}$

12-9 드 무아브르의 정리

- (드 무아브르의 정리) $(\cos\theta + i\sin\theta)^n = \cos n\theta + i\sin n\theta$
- $(r(\cos\theta + i\sin\theta))^n = r^n(\cos n\theta + i\sin n\theta)$

연습 12-9 다음을 계산하여라.

(1) $\left(\cos\frac{\pi}{3} + i\sin\frac{\pi}{3}\right)^3$

(2) $\left(2\left(\cos\frac{\pi}{12} + i\sin\frac{\pi}{12}\right)\right)^6$

확인 문제를 풀어봅시다!

확인 12-1 다음을 계산하여라.

(1) $(-3i)^2$　　(2) $(3i)^2$

(3) $(\sqrt{3}i)^2$　　(4) $(\sqrt{-9})^2$

확인 12-2 다음 복소수의 실수부와 허수부를 구분하고 켤레복소수를 구하여라.

(1) $3-2i$　　(2) $2i$

(3) $-\sqrt{2}i-\sqrt{3}$

확인 12-3 다음 복소수의 절댓값을 구하여라.

(1) $3-2i$　　(2) $2i$

(3) $-\sqrt{2}i+\sqrt{3}$

확인 12-4 다음을 계산하여라.

(1) $(-2-3i)+(-3+2i)$　　(2) $(-2-3i)-(-3+2i)$

(3) $(1+i)(1-i)$　　(4) $\dfrac{1-i}{2+i}$

확인 12-5 복소평면 위에 다음 복소수에 대응하는 점을 표시하고 원점과의 거리를 구하여라.

(1) $-2-3i$　　(2) $1-2i$

(3) $3+4i$

확인 12-6 다음을 구하여라.

(1) 복소수 $3+\sqrt{3}i$의 절댓값과 편각을 구하고 극형식으로 나타내어라.

(2) 절댓값이 2 이고 편각이 $45°$인 복소수를 직교좌표형식으로 나타내어라.

확인 12-7 다음을 구하여라.

(1) $3(\cos 120° + i\sin 120°) \times 2(\cos 60° + i\sin 60°)$

(2) $3(\cos 120° + i\sin 120°) \div 2(\cos 60° + i\sin 60°)$

확인 12-8 다음을 계산하여라.

(1) $6e^{i30°} \times 2e^{i60°}$

(2) $6e^{i30°} \div 2e^{i60°}$

확인 12-9 다음을 계산하여라.

(1) $(\cos 60° + i\sin 60°)^6$

(2) $\left(\sqrt{3}(\cos 30° + i\sin 30°)\right)^2$

계산기 활용 문제

문제 12-1 다음을 계산하여라.

(1) i^2 (2) i^3

(3) $(i^2)^2$ (4) $(i^2)(i^3)$

문제 12-2 다음을 계산하여라.

(1) $(2.5+4.3i)+(7.2+2.8i)$ (2) $(2.5+4.3i)-(7.2+2.8i)$

(3) $(2.5+4.3i)(7.2+2.8i)$ (4) $\dfrac{(2.5+4.3i)}{(7.2+2.8i)}$

문제 12-3 다음을 계산하여라.

(1) $\dfrac{1-2i}{(2+i)^2}$ (2) $\left(\dfrac{1-i}{1+i}\right)^2$

(3) $\left(\dfrac{1-i}{1+i}\right)^3$

문제 12-4 다음 복소수의 켤레복소수를 구하여라.

(1) $(11+9i)-(5+3i)$ (2) $(1-i)^2$

(3) $(2+6i)\div(3-2i)$ (4) $(1-5i)^3$

문제 12-5 다음 복소수의 극형식을 구하여라.

(1) $\sqrt{3}-i$ (2) $-1+\sqrt{3}i$

문제 12-6 다음 복소수의 직표좌표형식을 구하여라.

(1) $\sqrt{4}(\cos 135° + i\sin 135°)$

(2) $3.2(\cos(-60°) + i\sin(-60°))$

문제 12-7 다음 복소수의 극형식을 구하여라.

(1) $(1+i)^2$

(2) $\dfrac{3+i}{2-i}$

문제 12-8 다음 복소수의 직교좌표형식을 구하여라. 단 각도의 단위는 도이다.

(1) $2e^{i45} \times 3e^{i15}$

(2) $2e^{i45} \div 3e^{i15}$

(3) $2e^{i45} + 3e^{i15}$

(4) $2e^{i45} - 3e^{i15}$

문제 12-9 $\left(\dfrac{1-i}{1+i}\right)^5$와 $\left(\dfrac{1-i}{1+i}\right)^{-5}$를 각각 계산하여라.

문제 12-10 다음을 계산하여라.

(1) $(1-i)^6$

(2) $(2+3i)^6$

문제 12-11 $x = \dfrac{\sqrt{6}-\sqrt{3}\,i}{\sqrt{6}+\sqrt{3}\,i}$, $y = \dfrac{\sqrt{6}+\sqrt{3}\,i}{\sqrt{6}-\sqrt{3}\,i}$일 때, $\dfrac{y+1}{x^2} + \dfrac{x+1}{y^2}$ 을 구하여라.

문제 12-12 $x = \dfrac{3-i}{1+i}$일 때, $x^3 - 3x^2 + 2x + 5$의 값을 구하여라.

13 벡터

CHAPTER

학습 목표

(1) 스칼라와 벡터의 개념을 설명할 수 있다.
(2) 벡터의 내적을 계산할 수 있다.
(3) 벡터의 외적을 계산할 수 있다.

13-1 벡터

- 크기와 방향을 가진 양을 벡터라 한다. 벡터는 화살표가 있는 유향선분으로 표시하며 유향선분의 방향이 벡터의 방향, 유향선분의 길이가 벡터의 크기를 타나낸다.
- 벡터는 $\boldsymbol{A}$, $\boldsymbol{a}$, $\vec{a}$, $\overrightarrow{AB}$, $\overrightarrow{OA}$ 등으로 표시한다.

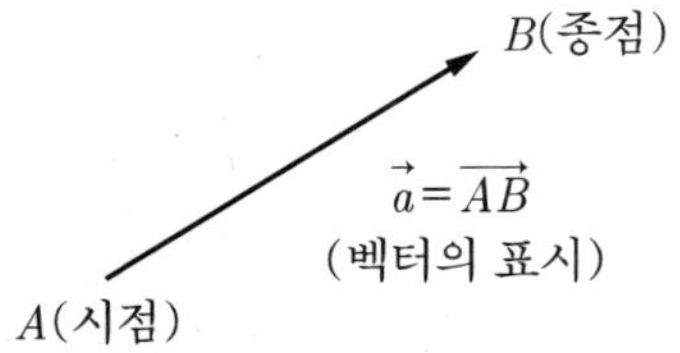

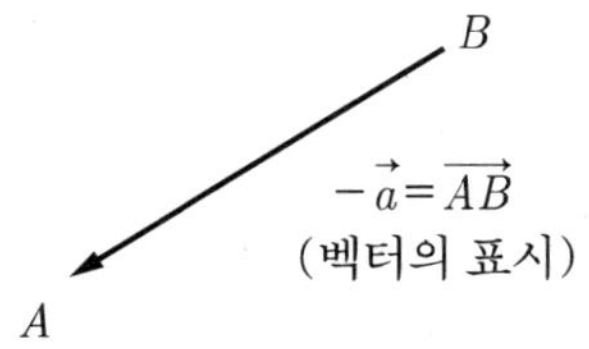

- 시점과 종점의 위치와 관계없이, 두 벡터 $\overrightarrow{AB}$, $\overrightarrow{CD}$의 크기와 방향이 같을 때, 두 벡터는 서로 같다고 하고 $\overrightarrow{AB}=\overrightarrow{CD}$라고 쓴다. 벡터 $\overrightarrow{AB}$의 시점과 종점을 바꾼 벡터를 $-\overrightarrow{AB}$로 쓴다.

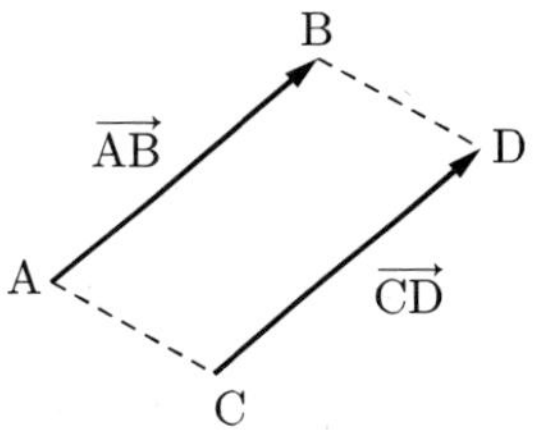

연습 13-1 다음 직육면체에서 주어진 벡터와 같은 벡터를 모두 찾으시오.

(1) $\overrightarrow{AC}$

(2) $\overrightarrow{AF}$

13-2 벡터의 크기

• 벡터 $\overrightarrow{AB}$의 크기를 $|\overrightarrow{AB}|$로 나타내며, 벡터 $\overrightarrow{AB}$를 유향선분으로 나타냈을 때의 선분의 길이이다.

연습 13-2 좌표평면 위의 시점이 A이고 종점이 B인 벡터의 크기를 구하여라.

(1) $A=(1,\ 1)$, $B=(2,\ 3)$

(2) $A=(0,\ 0)$, $B=(-1,\ 2)$

13-3 벡터의 연산

- 벡터 $\overrightarrow{AB}$와 $\overrightarrow{BC}$의 덧셈은 $\overrightarrow{AB}+\overrightarrow{BC}=\overrightarrow{AC}$이다.

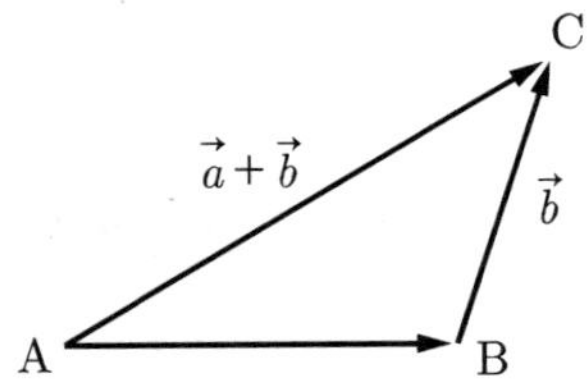

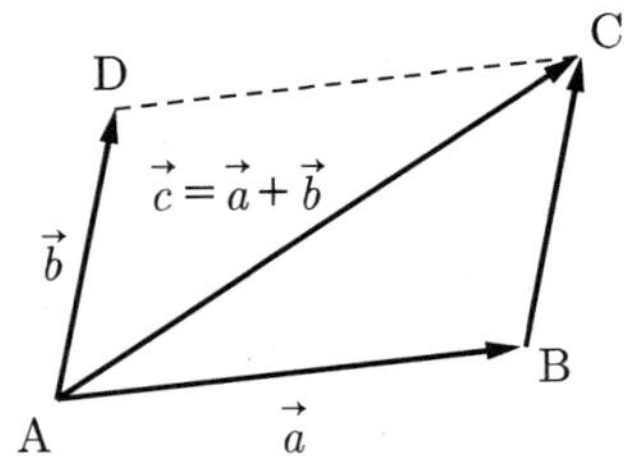

- 벡터 $\overrightarrow{AB}$와 $\overrightarrow{AC}$의 뺄셈은 $\overrightarrow{AB}-\overrightarrow{AC}=\overrightarrow{CB}$이다.

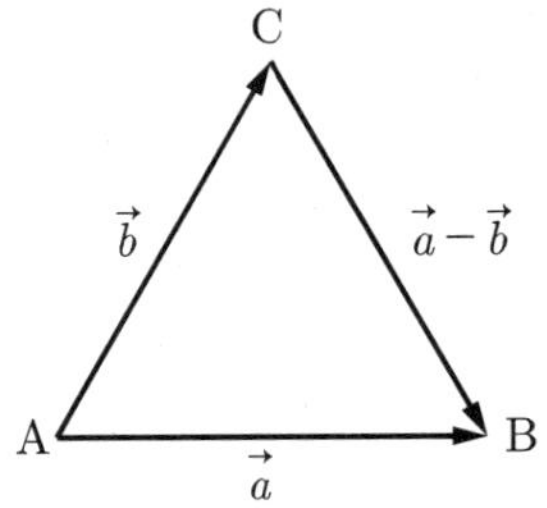

- 임의의 실수 k와 벡터 $\overrightarrow{AB}$의 곱 $k\overrightarrow{AB}$는
  (1) $k>0$이면 $k\overrightarrow{AB}$의 크기는 $k|\overrightarrow{AB}|$이고 방향은 $\overrightarrow{AB}$와 같다.
  (2) $k<0$이면 $k\overrightarrow{AB}$의 크기는 $|k||\overrightarrow{AB}|$이고 방향은 $\overrightarrow{AB}$와 반대방향이다.
  (3) $k=0$이면 $k\overrightarrow{AB}=\vec{0}$이다. 영벡터 $\vec{0}$은 크기가 0인 벡터로 방향은 생각하지 않는다.
- 벡터의 연산 법칙
  (1) $\vec{a}+\vec{b}=\vec{b}+\vec{a}$
  (2) $(\vec{a}+\vec{b})+\vec{c}=\vec{a}+(\vec{b}+\vec{c})$
  (3) $\vec{a}+\vec{0}=\vec{0}+\vec{a}=\vec{a}$
  (4) $\vec{a}+\vec{x}=\vec{0}$이면 $\vec{x}=-\vec{a}$
  (5) $(kl)\vec{a}=k(l\vec{a})$ 단, k는 실수
  (6) $(k+l)\vec{a}=k\vec{a}+l\vec{a}$ 단, k와 l은 실수

연습 13-3 다음을 계산하여라.

(1) $\vec{a}+2\vec{a}-4\vec{a}+2\vec{a}$

(2) $2(\vec{a}+2\vec{b})+4(\vec{a}-2\vec{b})$

13-4 벡터의 성분표시

- 원점 O를 시점으로 하는 벡터 $\overrightarrow{OA}$를 위치벡터라고 한다.
- $A=(a_1,\ a_2)$에 대해 위치벡터 $\overrightarrow{OA}$를 $(a_1,\ a_2)$로 나타내는 것을 벡터 $\overrightarrow{OA}$의 성분표시라 하고 a_1을 $\overrightarrow{OA}$의 x성분, a_2를 $\overrightarrow{OA}$의 y성분이라 한다.
- $\vec{a}=(a_1,\ a_2)$, $\vec{b}=(b_1,\ b_2)$일 때,

  (1) $\vec{a}=\vec{b} \Leftrightarrow a_1=b_1,\ a_2=b_2$　　(2) $|\vec{a}|=\sqrt{a_1^2+a_2^2}$

  (3) $\vec{a}\pm\vec{b}=(a_1\pm b_2,\ a_2\pm b_2)$　　(4) $k\vec{a}=(ka_1,\ ka_2)$

연습 13-4 $\vec{a}=(1,\ 2)$, $\vec{b}=(-1,\ 3)$일 때, 다음을 구하여라.

(1) $3\vec{a}$　　(2) $\vec{a}+\vec{b}$

(3) $3\vec{a}-2\vec{b}$　　(4) $\dfrac{1}{|\vec{a}|}\vec{a}$

13-5 벡터와 위치벡터

- $\overrightarrow{OA}=(a_1,\ a_2)$, $\overrightarrow{OB}=(b_1,\ b_2)$에 대해

  (1) $\overrightarrow{AB}=\overrightarrow{OB}-\overrightarrow{OA}=(b_1-a_1,\ b_2-a_2)$

  (2) $|\overrightarrow{AB}|=\sqrt{(b_1-a_1)^2+(b_2-a_2)^2}$

연습 13-5 정사각형 $OACB$에서 $\overrightarrow{OA}=(1,\ 0)$, $\overrightarrow{OB}=(0,\ 1)$일 때, 다음 벡터를 구하여라.

(1) $\overrightarrow{OC}$　　(2) $\overrightarrow{AB}$

(3) $\overrightarrow{BA}$　　(4) $\overrightarrow{AC}$

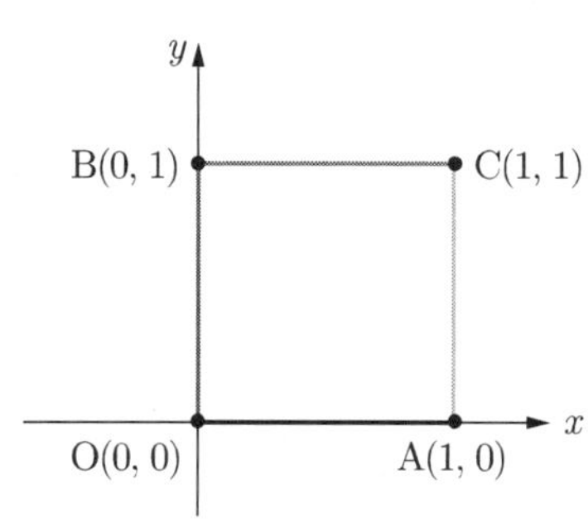

13-6 벡터의 내적

- $\vec{a}=(a_1,\ a_2),\ \vec{b}=(b_1,\ b_2)$일 때, 벡터의 내적을 다음과 같이 정의한다.

$$\vec{a}\cdot\vec{b}=|\vec{a}||\vec{b}|\cos\theta=a_1b_1+a_2b_2$$

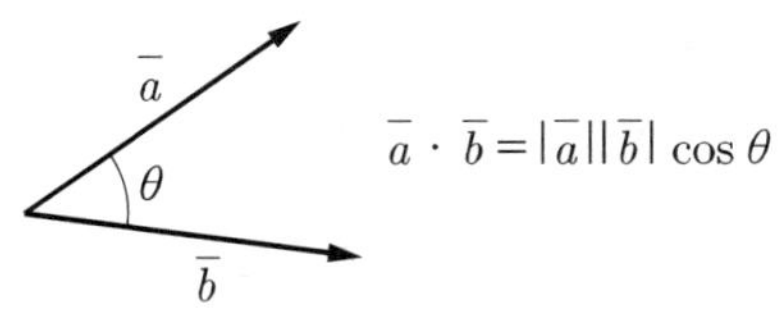

- $\cos\theta=\dfrac{\vec{a}\cdot\vec{b}}{|\vec{a}||\vec{b}|}=\dfrac{a_1b_1+a_2b_2}{\sqrt{a_1^2+a_2^2}\sqrt{b_1^2+b_2^2}}$
- 내적의 성질
  (1) $\vec{a}\cdot\vec{b}=\vec{b}\cdot\vec{a}$
  (2) $\vec{a}\cdot(\vec{b}\pm\vec{c})=\vec{a}\cdot\vec{b}\pm\vec{a}\cdot\vec{c}$,
  (3) $(\vec{a}\pm\vec{b})\cdot\vec{c}=\vec{a}\cdot\vec{c}\pm\vec{b}\cdot\vec{c}$
  (4) $\vec{a}\cdot(k\vec{b})=k(\vec{a}\cdot\vec{b})=(\overrightarrow{ka})\cdot\vec{b}$, k는 실수
  (5) $\vec{a}\cdot\vec{a}=|\vec{a}|^2$

연습 13-6 $\vec{a}=(1,\ -1),\ \vec{b}=(0,\ 2)$일 때, 다음을 구하여라.

(1) $\vec{a}\cdot\vec{b}$

(2) 두 벡터 $\vec{a}$와 $\vec{b}$가 이루는 각의 크기의 코사인

13-7 벡터의 수직과 평행

- 평행 $\vec{a} // \vec{b}$ $(\theta = 0°)$: $\vec{a} = k\vec{b}$, k는 실수
- 수직 $\vec{a} \perp \vec{b}$ $(\theta = 90°)$: $\vec{a} \cdot \vec{b} = 0$

연습 13-7 다음 두 벡터 $\vec{a}$, $\vec{b}$에 대해 물음에 답하여라.

$$\vec{a} = (1,\ -2),\ \vec{b} = (x,\ 2)$$

(1) $\vec{a}$, $\vec{b}$가 평행하기 위한 x의 조건은?

(2) $\vec{a}$, $\vec{b}$가 수직이기 위한 x의 조건은?

13-8 벡터의 외적

• 평면벡터 $\vec{a}=(a_1,\ a_2)$, $\vec{b}=(b_1,\ b_2)$에 대해, 벡터의 외적을 다음과 같이 정의한다.

$$\vec{a}\times\vec{b}=(0,\ 0,\ a_1b_2-a_2b_1)$$

• 공간벡터 $\vec{a}=(a_1,\ a_2,\ a_3)$, $\vec{b}=(b_1,\ b_2,\ b_3)$에 대해, 벡터의 외적을 다음과 같이 정의한다.

$$\vec{a}\times\vec{b}=(a_2b_3-a_3b_2,\ a_3b_1-a_1b_3,\ a_1b_2-a_2b_1)$$

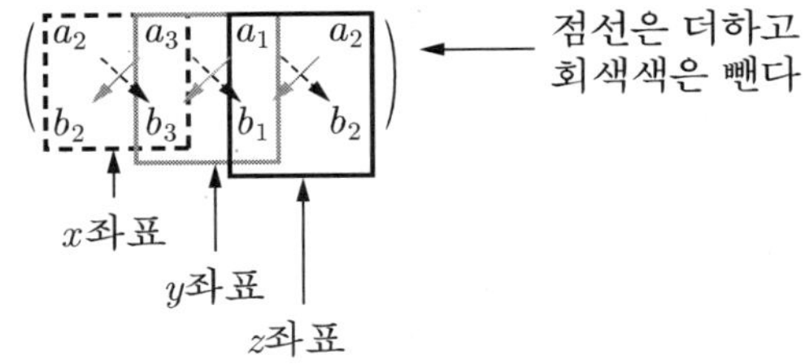

• 벡터 $\vec{a}$와 $\vec{b}$의 외적의 크기 $|\vec{a}\times\vec{b}|$는 $\vec{a}$와 $\vec{b}$의 크기를 변으로 하는 평행사변형의 넓이와 같다.

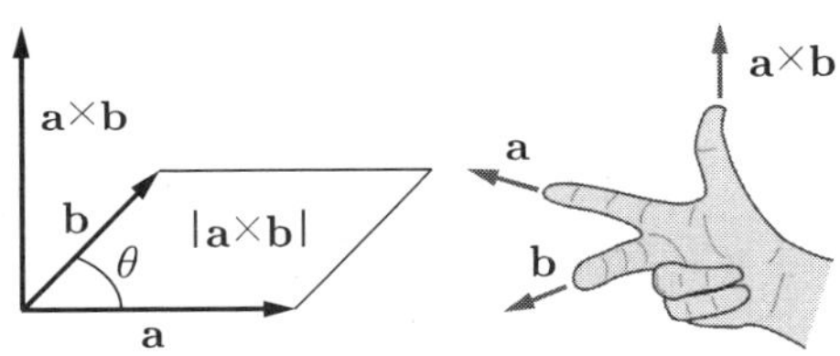

연습 13-8 다음 두 벡터 $\vec{a}$, $\vec{b}$의 변으로 갖는 평행사변형과 삼각형의 넓이를 구하여라.

$$\vec{a}=(1,\ 2),\ \vec{b}=(3,\ 5)$$

확인 문제를 풀어봅시다!

확인 13-1 다음 직육면체에서 주어진 벡터와 같은 벡터를 모두 찾으시오.

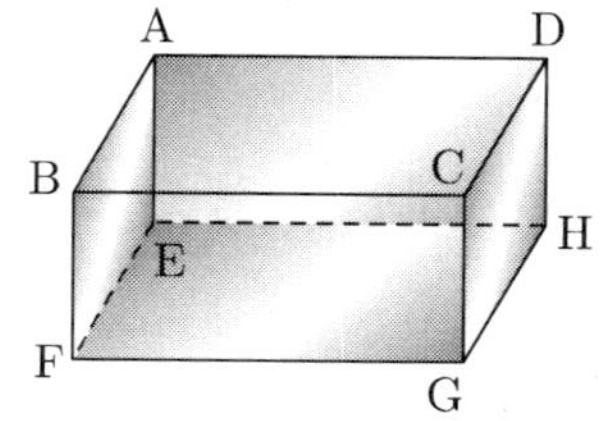

(1) $\overrightarrow{BD}$

(2) $\overrightarrow{HD}$

(3) $\overrightarrow{HF}$

확인 13-2 좌표평면 위의 시점이 A이고 종점이 B인 벡터의 크기를 구하여라.

(1) $A=(-1,\ 1),\ B=(2,\ 5)$

(2) $A=(0,\ 1),\ B=(1,\ -2)$

(3) $A=(-1,\ 2),\ B=(-2,\ 3)$

확인 13-3 다음을 계산하여라.

(1) $\vec{a}+2\vec{a}-4\vec{a}$

(2) $2(\vec{a}+2\vec{b})-4(\vec{a}-2\vec{b})$

(3) $-2(2\vec{a}-3\vec{b})-2(3\vec{a}+2\vec{b})$

(4) $\frac{s}{2}\vec{a}+\left(\frac{1-s}{2}\right)\vec{a}$ (s는 실수)

확인 13-4 $\vec{a}=(1,\ -2),\ \vec{b}=(2,\ 3)$일 때, 다음을 구하여라.

(1) $3\vec{a}$

(2) $\vec{a}+\vec{b}$

(3) $3\vec{a}-2\vec{b}$

(4) $\frac{1}{|\vec{a}|}\vec{a}$

확인 13-5 정사각형 $OACB$에서 $\overrightarrow{OA}=(1,\ 0),\ \overrightarrow{OB}=(0,\ 1)$일 때, 다음 벡터를 구하여라.

(1) $2\overrightarrow{OC}$

(2) $\overrightarrow{AB}+2\overrightarrow{AC}$

확인 13-6 두 벡터 $\vec{a}=(1,\ 1)$, $\vec{b}=(-1,\ 1)$의 내적과 두 벡터가 이루는 각의 크기를 구하시오.

(1) 내적

(2) 두 벡터가 이루는 각의 크기의 코사인

확인 13-7 다음 두 벡터 $\vec{a}$, $\vec{b}$에 대해 물음에 답하여라.

$$\vec{a}=(1,\ -1),\ \vec{b}=(2k,\ 4)$$

(1) $\vec{a}$, $\vec{b}$가 평행하기 위한 k의 조건은?

(2) $\vec{a}$, $\vec{b}$가 수직이기 위한 k의 조건은?

확인 13-8 두 벡터 $\vec{a}=(1,\ 1,\ 1)$, $\vec{b}=(2,\ 3,\ 1)$일 때, 두 벡터의 외적 $\vec{a}\times\vec{b}$를 구하여라.

확인 13-9 두 벡터 $\vec{a}=(1,\ 1,\ 1)$, $\vec{b}=(1,\ 0,\ -1)$일 때, 두 벡터의 외적 $\vec{a}\times\vec{b}$를 구하여라.

확인 13-10 다음 두 벡터를 변으로 하는 평행사변형과 삼각형의 넓이를 구하여라.

(1) $\vec{a}=(1,\ 1,\ 1)$, $\vec{b}=(2,\ 3,\ 1)$

(2) $\vec{a}=(1,\ 1,\ 1)$, $\vec{b}=(1,\ 0,\ -1)$

계산기 활용 문제

문제 13-1 벡터 $\vec{a}$가 $(1,\ 2)$이고 벡터 $\vec{b}$가 $(3,\ 4)$일 때, 다음을 계산하여라.

(1) $-2.5\vec{a}$　　(2) $3.2\vec{a}+2.1\vec{b}$

(3) $5.3\vec{a}-3.6\vec{b}$

문제 13-2 $\vec{a}=(1,\ -4,\ 2)$, $\vec{b}=(2,\ 7,\ -1)$일 때, 다음을 계산하여라.

(1) $-2.5\vec{a}$　　(2) $3.2\vec{a}+2.1\vec{b}$

(3) $5.3\vec{a}-3.6\vec{b}$

문제 13-3 두 벡터 $\vec{a}=(2,\ 7)$, $\vec{b}=(-2,\ 6)$에 대해 다음을 구하여라.

(1) 두 벡터의 내적　　(2) 두 벡터의 사이각의 코사인

(3) 두 벡터의 사이각

문제 13-4 두 벡터 $\vec{a}=(1.2,\ -4.2)$, $\vec{b}=(-2.3,\ -1.2)$에 대해 다음을 구하여라.

(1) 두 벡터의 내적　　(2) 두 벡터의 사이각의 코사인

(3) 두 벡터의 사이

문제 13-5 두 공간벡터 $\vec{a}=(1,\ 4,\ 2)$, $\vec{b}=(5,\ -2,\ 8)$에 대해 다음을 구하여라.

(1) 두 벡터의 내적　　(2) 두 벡터의 사이각의 코사인

(3) 두 벡터의 사이각

문제 13-6 두 공간벡터 $\vec{a}=(5.2,\ -4.8,\ 1.2)$, $\vec{b}=(-3.8,\ -2.1,\ 0.1)$에 대해 다음을 구하여라.

(1) 두 벡터의 내적　　(2) 두 벡터의 사이각의 코사인

(3) 두 벡터의 사이각

문제 13-7 공간벡터 $\vec{a}=(2,\ 1,\ -3)$과 $\vec{b}=(2,\ -3,\ 7)$에 대해 다음을 구하여라.

(1) 외적 $\vec{a}\times\vec{b}$ (2) 외적의 크기 $|\vec{a}\times\vec{b}|$

(3) $\vec{a}$와 $\vec{b}$를 두 변으로 하는 삼각형의 넓이

문제 13-8 공간벡터 $\vec{a}=(1.2,\ -3.2,\ 5.7)$, $\vec{b}=(-2.1,\ 3.4,\ -2.2)$에 대해 다음을 구하여라.

(1) 외적 $\vec{a}\times\vec{b}$ (2) 외적의 크기 $|\vec{a}\times\vec{b}|$

(3) $\vec{a}$와 $\vec{b}$를 두 변으로 하는 삼각형의 넓이

문제 13-9 다음 두 벡터 $\vec{a}$, $\vec{b}$에 대해 물음에 답하여라.

$$\vec{a}=(1,\ 2-k,\ 2),\ \vec{b}=(1,\ -3,\ k-3)$$

(1) $\vec{a}$, $\vec{b}$가 평행하기 위한 k의 조건은?

(2) $\vec{a}$, $\vec{b}$가 수직이기 위한 k의 조건은?

문제 13-10 $\triangle OAB$에서 $\overrightarrow{OA}=\vec{a}$, $\overrightarrow{OB}=\vec{b}$일 때, $\triangle OAB$의 넓이 S는 $S=\frac{1}{2}|\vec{a}\times\vec{b}|$이다.

(1) 좌표평면 위의 세 점 $O(0,\ 0)$, $A(3,\ 2)$, $B(1,\ 4)$에 대하여 $\triangle OAB$의 넓이를 구하여라.

(2) 좌표공간의 세 점 $O(0,\ 0,\ 0)$, $A(2,\ 3,\ 3)$, $B(1,\ 1,\ 1)$에 대하여 $\triangle OAB$의 넓이를 구하여라.

14 행렬

CHAPTER

학습 목표

(1) 행렬의 덧셈, 상수배, 곱셈을 할 수 있다.
(2) 행렬식을 계산할 수 있다.
(3) 연립방정식을 풀 수 있다.

14-1 행렬의 정의와 연산

- 행렬 : 수나 문자를 소괄호( )나 대괄호[ ] 안에 직사각형 형태로 배열한 것을 행렬이라 하고, i행 j열의 원소를 $(i,\ j)$원소라 한다. 행이 m개, 열이 n개인 행렬을 $m\times n$행렬이라 한다.
- 행렬의 상등

  $A=\begin{bmatrix} a_{11} & a_{12} \\ a_{21} & a_{22} \end{bmatrix}$, $B=\begin{bmatrix} b_{11} & b_{12} \\ b_{21} & b_{22} \end{bmatrix}$에 대해

  $$A=B \quad \Leftrightarrow \quad a_{11}=b_{11},\ a_{12}=b_{12},\ a_{21}=b_{21},\ a_{22}=b_{22}$$
- 행렬의 실수배

  $A=\begin{bmatrix} a_{11} & a_{12} \\ a_{21} & a_{22} \end{bmatrix}$, k가 실수일 때, $kA=\begin{bmatrix} ka_{11} & ka_{12} \\ ka_{21} & ka_{22} \end{bmatrix}$
- 행렬의 합과 차

  $A=\begin{bmatrix} a_{11} & a_{12} \\ a_{21} & a_{22} \end{bmatrix}$, $B=\begin{bmatrix} b_{11} & b_{12} \\ b_{21} & b_{22} \end{bmatrix}$에 대해

  $$A\pm B=\begin{bmatrix} a_{11}+b_{11} & a_{12}+b_{12} \\ a_{21}+b_{21} & a_{22}+b_{22} \end{bmatrix}$$

제1행 → $\begin{pmatrix} 1 & 2 & 3 \\ 4 & 5 & 6 \end{pmatrix}$ ← 제2행

↑ 제 1 행 ↑ 제 2 행 ↑ 제 3 행

연습 14-1 $A=\begin{bmatrix} 2 & 1 \\ -1 & 0 \end{bmatrix}$, $B=\begin{bmatrix} 1 & 0 \\ 1 & 2 \end{bmatrix}$일 때, 다음을 계산하여라.

(1) $A+B$

(2) $A-B$

(3) $2A$

(4) $2A-B$

14-2 행렬의 곱셈

• 행렬 AB는 A의 열의 수와 B의 행의 수가 같을 때에만 정의되며 다음과 같이 계산한다.

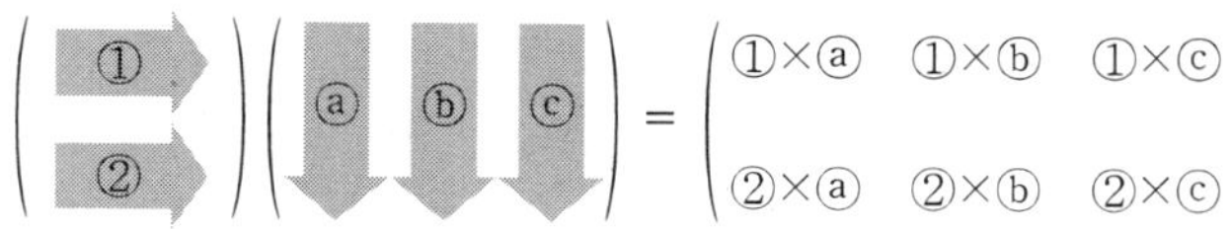

(②×2)행렬 (2×③)행렬 (②×③)행렬

• 특히 $A=\begin{bmatrix} a_{11} & a_{12} \\ a_{21} & a_{22} \end{bmatrix}$, $B=\begin{bmatrix} b_{11} & b_{12} \\ b_{21} & b_{22} \end{bmatrix}$에 대해

$$AB=\begin{bmatrix} a_{11}b_{11}+a_{12}b_{21} & a_{11}b_{12}+a_{12}b_{22} \\ a_{21}b_{11}+a_{22}b_{21} & a_{21}b_{12}+a_{22}b_{22} \end{bmatrix}$$

연습 14-2 다음 행렬의 곱셈을 계산하여라.

(1) $\begin{bmatrix} 1 & 2 \\ 3 & 0 \end{bmatrix}\begin{bmatrix} 1 & 1 & 1 \\ 2 & -1 & 0 \end{bmatrix}$

(2) $\begin{bmatrix} 1 & 2 \\ 3 & 4 \end{bmatrix}\begin{bmatrix} 4 & 3 \\ 2 & 1 \end{bmatrix}$

14-3 항등행렬과 영행렬

- $n \times n$행렬을 n차 정사각행렬이라 한다.
- 정사각형렬에서 $(i,\ i)$성분을 주대각선 성분이라 한다.
- 주대각선 성분이 1이고 나머지 성분은 0인 행렬을 단위행렬 또는 항등행렬이라 한다.

$$I_2 = \begin{bmatrix} 1 & 0 \\ 0 & 1 \end{bmatrix} \quad I_3 = \begin{bmatrix} 1 & 0 & 0 \\ 0 & 1 & 0 \\ 0 & 0 & 1 \end{bmatrix} \quad \cdots$$

- 모든 성분이 0인 행렬을 영행렬이라 한다.

$$O = \begin{bmatrix} 0 & 0 \\ 0 & 0 \end{bmatrix} \quad \begin{bmatrix} 0 & 0 & 0 \\ 0 & 0 & 0 \\ 0 & 0 & 0 \end{bmatrix} \quad \cdots$$

연습 14-3 다음 행렬의 곱셈을 계산하여라.

(1) $\begin{bmatrix} 1 & 2 \\ 3 & 4 \end{bmatrix}\begin{bmatrix} 1 & 0 \\ 0 & 1 \end{bmatrix}$

(2) $\begin{bmatrix} 1 & 2 \\ 3 & 4 \end{bmatrix}\begin{bmatrix} 0 & 0 \\ 0 & 0 \end{bmatrix}$

(3) $\begin{bmatrix} 1 & 2 \\ 3 & 5 \end{bmatrix}\begin{bmatrix} -5 & 2 \\ 3 & -1 \end{bmatrix}$

14-4 전치행렬

- 행렬의 i행을 i열로 교환하여 얻은 행렬을 전치행렬이라 하고 A의 전치행렬을 A^T로 쓴다. 예를 들어 $A = \begin{bmatrix} 1 & 2 \\ 3 & 4 \end{bmatrix} \Rightarrow A^T = \begin{bmatrix} 1 & 3 \\ 2 & 4 \end{bmatrix}$, $B = \begin{bmatrix} a & b & c \\ d & e & f \end{bmatrix} \Rightarrow B^T = \begin{bmatrix} a & d \\ b & e \\ c & f \end{bmatrix}$이다.

연습 14-4 다음 행렬의 곱셈을 계산하여라.

(1) $\begin{bmatrix} 1 & 2 \\ 3 & 0 \end{bmatrix}^T \begin{bmatrix} 1 & 1 & 1 \\ 2 & -1 & 0 \end{bmatrix}$

(2) $\begin{bmatrix} 1 & 2 \\ 3 & 4 \end{bmatrix}\begin{bmatrix} 4 & 3 \\ 2 & 1 \end{bmatrix}^T$

14-5 행렬식

- $A = \begin{bmatrix} a_{11} & a_{12} \\ a_{21} & a_{22} \end{bmatrix}$일 때, A의 행렬식 $\det A$는 다음과 같이 정의한다.

$$\det A = |A| = a_{11}a_{22} - a_{12}a_{21}$$

- 2차 정사각행렬 A, B에 대해 $\det(AB) = \det(A)\det(B)$

연습 14-5 다음 행렬의 행렬식을 구하여라.

(1) $\begin{bmatrix} 5 & 2 \\ 7 & 3 \end{bmatrix}$

(2) $\begin{bmatrix} 1 & 2 \\ 3 & 5 \end{bmatrix}\begin{bmatrix} 5 & 3 \\ 2 & 2 \end{bmatrix}$

14-6 크래머 공식

- 연립방정식의 행렬 표현

$$\begin{cases} a_{11}x_1 + a_{12}x_2 = b_1 \\ a_{21}x_1 + a_{22}x_2 = b_2 \end{cases} \Rightarrow \begin{bmatrix} \mathrm{a}_{11} & \mathrm{a}_{12} \\ \mathrm{a}_{21} & \mathrm{a}_{22} \end{bmatrix}\begin{bmatrix} x \\ y \end{bmatrix} = \begin{bmatrix} b_1 \\ b_2 \end{bmatrix}$$

- 연립방정식의 크래머 공식

$\begin{cases} a_{11}x_1 + a_{12}x_2 = b_1 \\ a_{21}x_1 + a_{22}x_2 = b_2 \end{cases}$의 계수행렬을 $A = \begin{bmatrix} a_{11} & a_{12} \\ a_{21} & a_{22} \end{bmatrix}$라고 하면

$$x = \frac{1}{\det(A)}\det\begin{bmatrix} b_1 & a_{12} \\ b_2 & a_{22} \end{bmatrix},\ y = \frac{1}{\det(A)}\det\begin{bmatrix} a_{11} & b_1 \\ a_{21} & b_2 \end{bmatrix}$$

연습 14-6 크래머 공식을 이용하여 다음 연립방정식의 해를 구하여라.

$$\begin{cases} 3x + 4y = 11 \\ 2x + 3y = 8 \end{cases}$$

14-7 역행렬

- 항등행렬 I와 정사각행렬 A와 B가 $AB = BA = I$이면 B를 A의 역행렬이라 하고 $B = A^{-1}$로 표현한다.
- $A = \begin{bmatrix} a_{11} & a_{12} \\ a_{21} & a_{22} \end{bmatrix}$의 역행렬은

$$A^{-1} = \frac{1}{\det(A)} \begin{bmatrix} a_{22} & -a_{12} \\ -a_{21} & a_{11} \end{bmatrix}$$

연습 14-7 다음 행렬의 역행렬을 구하여라.

(1) $\begin{bmatrix} 5 & 2 \\ 7 & 3 \end{bmatrix}$

(2) $\begin{bmatrix} 4 & 3 \\ 3 & 2 \end{bmatrix}$

확인 문제를 풀어봅시다!

확인 14-1 $A=\begin{bmatrix}2&1\\3&1\end{bmatrix}$, $B=\begin{bmatrix}-1&0\\2&1\end{bmatrix}$일 때, 다음을 계산하여라.

(1) $-A$　　(2) $3B$

(1) $A+B$　　(2) $-A+B$

(3) $2A-3B$　　(4) $-2(A-2B)$

확인 14-2 다음 행렬의 곱셈을 계산하여라.

(1) $\begin{bmatrix}2&-2\\1&1\end{bmatrix}\begin{bmatrix}2&-1&3\\0&1&2\end{bmatrix}$　　(2) $\begin{bmatrix}1&-2\\3&4\end{bmatrix}\begin{bmatrix}4&3\\-2&1\end{bmatrix}$

확인 14-3 $A=\begin{bmatrix}2&1\\3&1\end{bmatrix}$, $B=\begin{bmatrix}-1&0\\2&1\end{bmatrix}$일 때, 다음을 계산하여라.

(1) AB　　(2) BA

(3) A^2　　(4) B^2

(5) $\frac{1}{2}(B^2-A^2)$　　(6) $(A+B)(A-B)$

확인 14-4 다음 행렬의 곱셈을 계산하여라.

(1) $\begin{bmatrix}1&0\\0&1\end{bmatrix}\begin{bmatrix}1&2\\3&4\end{bmatrix}$　　(2) $\begin{bmatrix}0&0\\0&0\end{bmatrix}\begin{bmatrix}1&2\\3&4\end{bmatrix}$

(3) $\begin{bmatrix}-5&2\\3&-1\end{bmatrix}\begin{bmatrix}1&2\\3&5\end{bmatrix}$

확인 14-5 다음 행렬의 전치행렬을 구하여라.

(1) $\begin{bmatrix}1&2\\2&4\end{bmatrix}$　　(2) $\begin{bmatrix}1&0&2\\2&4&8\end{bmatrix}$

(3) $\begin{bmatrix} 1 & 2 \\ 2 & 3 \\ 3 & 4 \end{bmatrix}$

(4) $\begin{bmatrix} 0 & 2 & -3 \\ -2 & 0 & 4 \\ 3 & -4 & 0 \end{bmatrix}$

확인 14-6 다음 행렬의 곱셈을 계산하여라.

(1) $\begin{bmatrix} 1 & 1 & 1 \\ 2 & -1 & 0 \end{bmatrix}^T \begin{bmatrix} 1 & 2 \\ 3 & 0 \end{bmatrix}$

(2) $\begin{bmatrix} 1 & 2 \\ 3 & 4 \end{bmatrix}^T \begin{bmatrix} 4 & 3 \\ 2 & 1 \end{bmatrix}$

확인 14-7 다음 행렬의 행렬식을 구하여라.

(1) $\begin{bmatrix} 1 & 0 \\ 0 & 1 \end{bmatrix}$

(2) $\begin{bmatrix} 2 & 7 \\ 1 & 4 \end{bmatrix}$

(3) $\begin{bmatrix} 3 & -4 \\ 9 & -12 \end{bmatrix}$

(4) $\begin{bmatrix} a & b \\ 2 & 3 \end{bmatrix}$

확인 14-8 크래머 공식을 이용하여 다음 연립방정식의 해를 구하여라.

(1) $\begin{cases} 3x + 4y = -2 \\ 2x + 3y = 1 \end{cases}$

(2) $\begin{cases} -x + 2y = -5 \\ 2x - 3y = 7 \end{cases}$

확인 14-9 다음 행렬의 역행렬을 구하여라.

(1) $\begin{bmatrix} 2 & 7 \\ 1 & 4 \end{bmatrix}$

(2) $\begin{bmatrix} a & b \\ 2 & 3 \end{bmatrix}$

계산기 활용 문제

문제 14-1 $A=\begin{bmatrix}4 & 8\\5 & 11\end{bmatrix}$, $B=\begin{bmatrix}1 & 0\\3 & -1\end{bmatrix}$일 때, 다음을 계산하여라.

(1) $2(2A+B)-3(5A-3B)$

(2) $-5(2A-3B)+4(5A+2B)$

문제 14-2 $A=\begin{bmatrix}4 & 8\\5 & 11\end{bmatrix}$, $B=\begin{bmatrix}1 & 0\\3 & -1\end{bmatrix}$일 때, 다음을 계산하여라.

(1) AB

(2) BA

(3) A^2

(4) B^2

(5) $\frac{1}{2}(B^2-A^2)$

(6) $(A+B)(A-B)$

문제 14-3 $A=\begin{bmatrix}4 & 8\\5 & 11\end{bmatrix}$, $B=\begin{bmatrix}1 & 0\\3 & -1\end{bmatrix}$일 때, 다음을 계산하여라.

(1) A^2+AB+B^2

(2) A^3-B^3

문제 14-4 $A=\begin{bmatrix}-1 & 1 & 2\\3 & -1 & 1\\-1 & 3 & 4\end{bmatrix}$, $B=\begin{bmatrix}0 & 4 & 3\\2 & 0 & -1\\3 & 2 & 0\end{bmatrix}$일 때, 다음을 계산하여라.

(1) $2(2A+B)-3(5A-3B)$

(2) $-5(2A-3B)+4(5A+2B)$

문제 14-5 $A=\begin{bmatrix}-1 & 1 & 2\\3 & -1 & 1\\-1 & 3 & 4\end{bmatrix}$, $B=\begin{bmatrix}0 & 4 & 3\\2 & 0 & -1\\3 & 2 & 0\end{bmatrix}$일 때, 다음을 계산하여라.

(1) AB

(2) BA

(3) A^2

(4) B^2

(5) $\frac{1}{2}(B^2-A^2)$

(6) $(A+B)(A-B)$

문제 14-6 $A=\begin{bmatrix}-1 & 1 & 2\\ 3 & -1 & 1\\ -1 & 3 & 4\end{bmatrix}$, $B=\begin{bmatrix}0 & 4 & 3\\ 2 & 0 & -1\\ 3 & 2 & 0\end{bmatrix}$일 때, 다음을 계산하여라.

(1) A^2+AB+B^2

(2) A^3-B^3

(3) A^TB-AB^T

(4) ABA^T

문제 14-7 다음 행렬의 행렬식을 구하여라.

(1) $\begin{bmatrix}4 & 8\\ 5 & 11\end{bmatrix}$

(2) $\begin{bmatrix}1 & 0\\ 3 & -1\end{bmatrix}$

(3) $\begin{bmatrix}4 & 8\\ 5 & 11\end{bmatrix}\begin{bmatrix}1 & 0\\ 3 & -1\end{bmatrix}$

(4) $\begin{bmatrix}-1 & 1 & 2\\ 3 & -1 & 1\\ -1 & 3 & 4\end{bmatrix}$

(5) $\begin{bmatrix}0 & 4 & 3\\ 2 & 0 & -1\\ 3 & 2 & 0\end{bmatrix}$

(6) $\begin{bmatrix}-1 & 1 & 2\\ 3 & -1 & 1\\ -1 & 3 & 4\end{bmatrix}\begin{bmatrix}0 & 4 & 3\\ 2 & 0 & -1\\ 3 & 2 & 0\end{bmatrix}$

문제 14-8 다음 행렬의 역행렬을 구하여라.

(1) $\begin{bmatrix}4 & 8\\ 5 & 11\end{bmatrix}$

(2) $\begin{bmatrix}1 & 0\\ 3 & -1\end{bmatrix}$

(3) $\begin{bmatrix}4 & 8\\ 5 & 11\end{bmatrix}\begin{bmatrix}1 & 0\\ 3 & -1\end{bmatrix}$

(4) $\begin{bmatrix}-1 & 1 & 2\\ 3 & -1 & 1\\ -1 & 3 & 4\end{bmatrix}$

(5) $\begin{bmatrix}0 & 4 & 3\\ 2 & 0 & -1\\ 3 & 2 & 1\end{bmatrix}$

(6) $\begin{bmatrix}-1 & 1 & 2\\ 3 & -1 & 1\\ -1 & 3 & 4\end{bmatrix}\begin{bmatrix}0 & 4 & 3\\ 2 & 0 & -1\\ 3 & 2 & 1\end{bmatrix}$

문제 14-9 다음 연립방정식을 풀어라.

(1) $\begin{cases}0.3x-0.5y=0.6\\ 1.5x+4.5y=6.0\end{cases}$

(2) $\begin{cases}4y+3z=8\\ 2x-z=2\\ 3x+y=5\end{cases}$

(3) $\begin{cases}-x+2y+2z=2\\ 3x-y+z=6\\ -x+3y+4z=4\end{cases}$

연습문제풀이

1-1 (1) $180° \times \frac{1}{2} = 90°$ (2) $180° \times \frac{5}{6} = 150°$

(3) $90° \times \frac{1}{3} = 30°$ (4) $90° \times 3 = 270°$

1-2 (1) $50° = 50° \times \frac{\pi}{180}° = \frac{5}{18}\pi$ (2) $130° = 130° \times \frac{\pi}{180°} = \frac{13}{18}\pi$

(3) $\frac{3}{5}\pi = \frac{3}{5}\pi \times \frac{180°}{\pi} = 108°$ (4) $3\pi = 3\pi \times \frac{180°}{\pi} = 540°$

1-3 (1) $\frac{19}{6}\pi = \frac{19}{6}\pi \times \frac{180°}{\pi} = 19 \times 30° = 570° = 360° \times 1 + 210°$이므로 $\frac{19}{6}\pi$은 3사분면의 각

(2) $-320° = -360° \times 1 + 40°$이므로 $-320°$는 1사분면의 각

1-4 (1) $\sin 120° = \frac{\sqrt{3}}{2}$ (2) $\cos\frac{5\pi}{6} = \cos 150° = -\frac{\sqrt{3}}{2}$

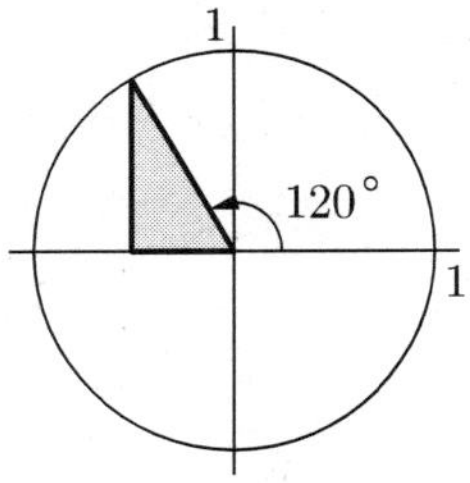

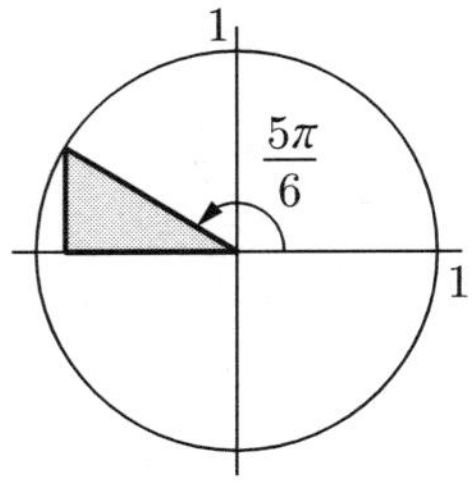

(3) $\tan 225° = 1$

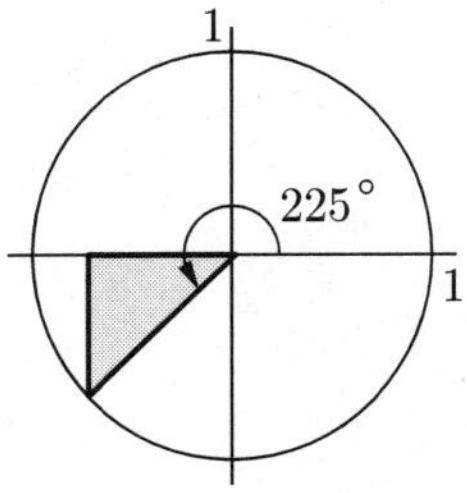

1-5 (1) $\frac{19}{6}\pi = 19 \times 30° = 570° = 360° + 210°$이므로 제3사분면에서 sin은 $-$

(2) $-520° = -360° \times 2 + 200°$이므로 제3사분면에서 cos은 $-$

(3) $\frac{7\pi}{3} = 7 \times 60° = 420° = 360° + 60°$이므로 제1사분면에서 tan는 $+$

1-6 (1) $(\sin\theta+\cos\theta)^2=\sin^2\theta+2\sin\theta\cos\theta+\cos^2\theta=\sin^2\theta+\cos^2\theta+2\sin\theta\cos\theta$

$=1+2\sin\theta\cos\theta$

(2) $(\sin\theta+\cos\theta)(\sin\theta-\cos\theta)=\sin^2\theta-\cos^2\theta=(1-\cos^2\theta)-\cos^2\theta=1-2\cos^2\theta$

1-7 (1) $\cos 120°=\cos(90°\times 1+30°)=-\sin 30°=-\dfrac{1}{2}$

(2) $\sin\dfrac{5\pi}{6}=\sin 150°=\sin(90°\times 1+60°)=\cos 60°=\dfrac{1}{2}$

(3) $\tan 315°=\tan(90°\times 3+45°)=-\dfrac{1}{\tan 45°}=-1$

2-1 (1) 최댓값 : $1+1=2$, 최솟값 : $-1+1=0$,

그래프 :

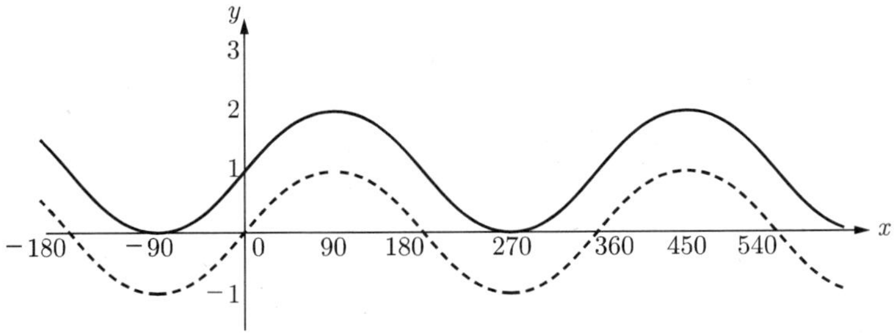

(2) 최댓값 : 2, 최솟값 : -2,

그래프 :

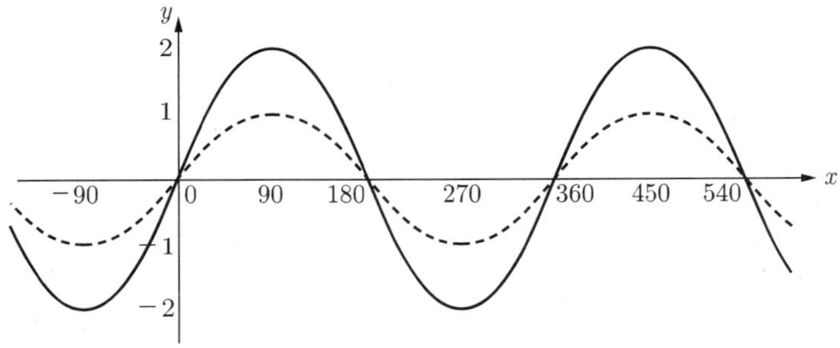

2-2 (1) 최댓값 : $1-1=0$, 최솟값 : $-1-1=-2$,

그래프 :

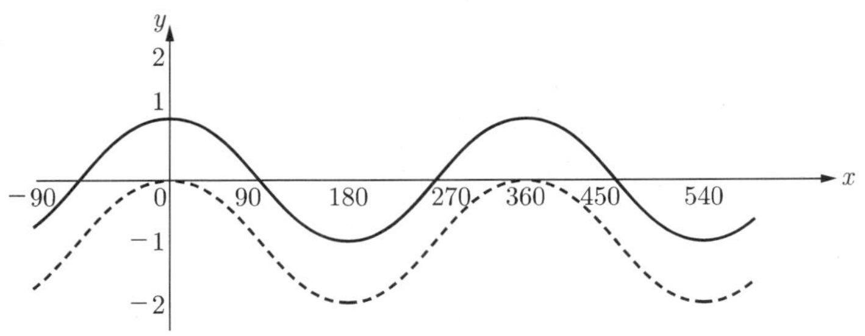

(2) 최댓값 : 2, 최솟값 : -2,

그래프 :

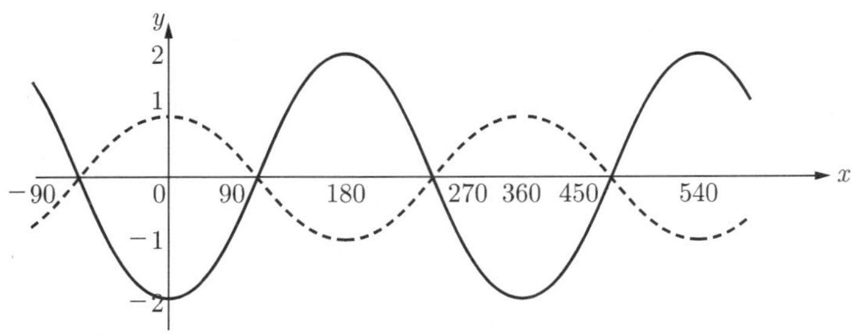

2-3 (1) 최댓값 : 없음, 최솟값 : 없음,

그래프 :

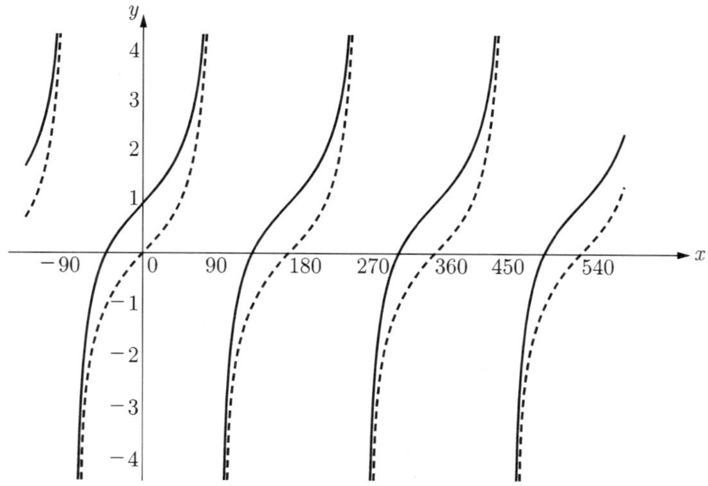

(2) 최댓값 : 없음, 최솟값 : 없음,

그래프 :

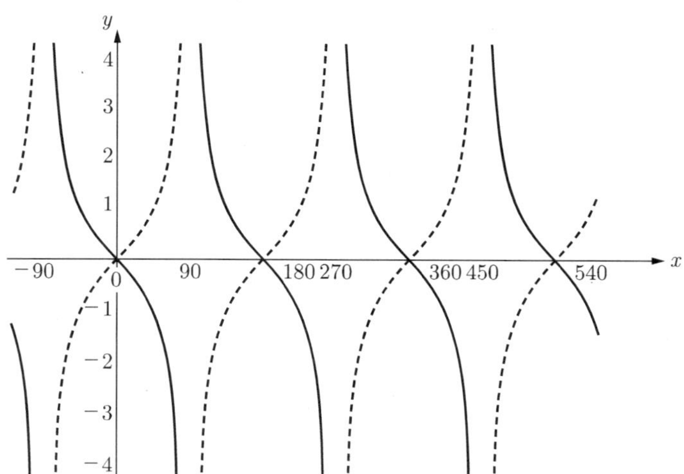

2-4 (1) $\frac{6}{|2|}=3$ (2) $\frac{6}{|-3|}=2$ (3) $\frac{6}{|4|}=\frac{3}{2}$ (4) $\frac{6}{|-1|}=6$

2-5 (1) 주기 : $\frac{2\pi}{3}$, 최댓값 : $2+1=3$, 최솟값 : $-2+1=-1$

(2) 주기 : $\frac{2\pi}{4}=\frac{\pi}{2}$, 최댓값 : $|-2|-1=1$, 최솟값 : $-|-2|-1=-3$

(3) 주기 : $\frac{\pi}{2}$, 최댓값 : 없음, 최솟값 : 없음

2-6 (1) $2x^2$과 3이 우함수이므로 $f(x)=2x^2+3$도 우함수

(2) $5x^3$과 x가 기함수이므로 $f(x)=5x^3-x$도 기함수

(3) x^3과 $\sin x$가 기함수이므로 $f(x)=x^3\sin x$는 우함수

(4) x^3은 기함수, $\cos x$는 우함수이므로 $f(x)=x^3\cos x$는 기함수

2-6 (1) $y=\sin x$와 $y=\frac{1}{2}$의 교점의 x좌표는 $\sin 30°=\frac{1}{2}$이므로 $x=30°$이고 그래프에서 $\sin x$의 대칭성을 이용하면 $x=180°-30°=150°$이다. 따라서 $\sin x=\frac{1}{2}$의 해는 $x=30°$, $x=150°$

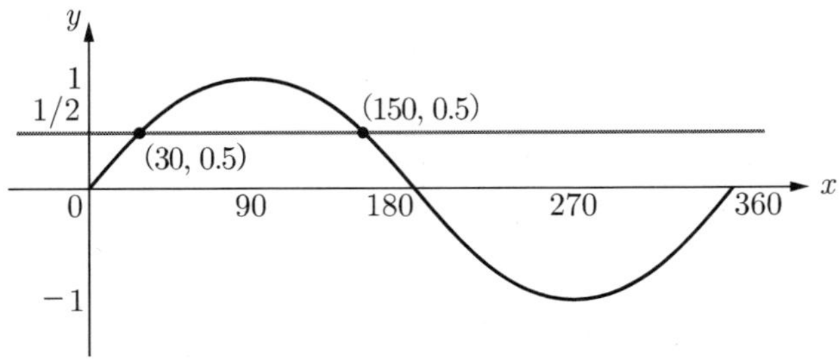

(2) $y=\cos x$와 $y=-\frac{1}{2}$의 교점의 x좌표는 $\cos 60°=\frac{1}{2}$이므로 그래프에서 $\cos x$의 주기성과 대칭성을 이용하면 $x=180°-60°=120°$와 $x=180°+60°=240°$이다. 따라서 $\cos x=-\frac{1}{2}$의 해는 $x=120°$, $x=240°$

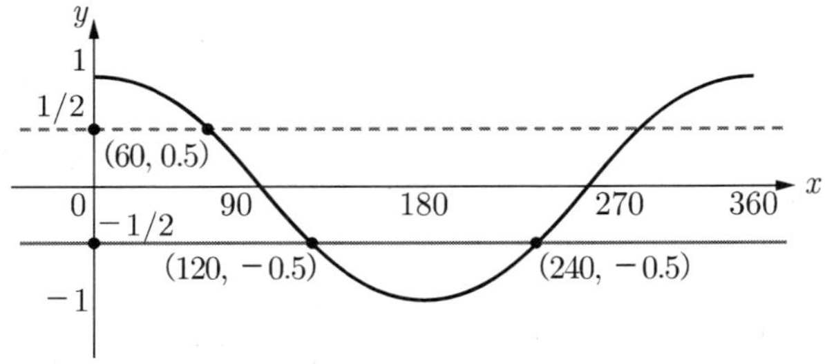

(3) $y=\tan x$와 $y=\sqrt{3}$의 교점의 x좌표는 $\tan 60°=\sqrt{3}$이므로 그래프에서 $\tan x$의 주기성과 이용하면 $x=60°$와 $x=180°+60°=240°$이다. 따라서 $\tan x=\sqrt{3}$의 해는 $x=60°$, $x=240°$

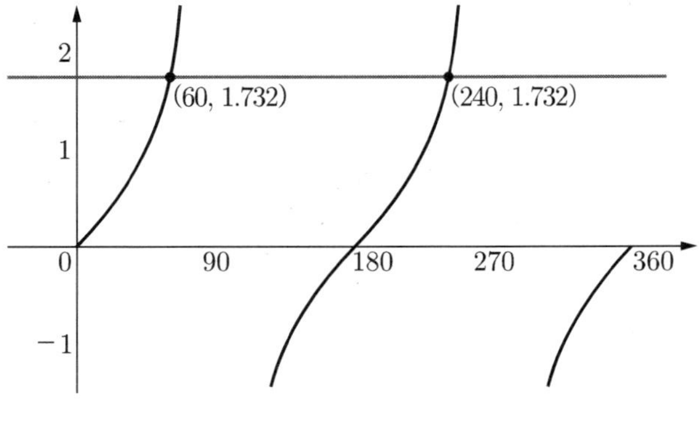

3-1 (1) $\sin\left(-\dfrac{\pi}{4}\right)=-\sin\left(\dfrac{\pi}{4}\right)=-\dfrac{\sqrt{2}}{2}$ (2) $\cos(-60°)=\cos(60°)=\dfrac{1}{2}$

(3) $\tan\left(-\dfrac{\pi}{6}\right)=-\tan\left(\dfrac{\pi}{6}\right)=-\dfrac{\sqrt{3}}{3}$

3-2 (1) $\sin\left(x+\dfrac{\pi}{3}\right)=\sin x\cos\dfrac{\pi}{3}+\cos x\sin\dfrac{\pi}{3}$

$$=\sin x\cdot\frac{1}{2}+\cos x\cdot\frac{\sqrt{3}}{2}=\frac{1}{2}\sin x+\frac{\sqrt{3}}{2}\cos x$$

(2) $\cos\left(x+\dfrac{\pi}{6}\right)=\cos x\cos\dfrac{\pi}{6}-\sin x\sin\dfrac{\pi}{6}$

$$=\cos x\cdot\frac{\sqrt{3}}{2}-\sin x\cdot\frac{1}{2}=\frac{\sqrt{3}}{2}\cos x-\frac{1}{2}\sin x$$

(3) $\tan\left(\dfrac{\pi}{4}-x\right)=\dfrac{\tan\dfrac{\pi}{4}-\tan x}{1+\tan\dfrac{\pi}{4}\tan x}=\dfrac{1-\tan x}{1+\tan x}$

3-3 (1) (1, 1)과 원점과의 거리는 $r=\sqrt{1^2+1^2}=\sqrt{2}$이고 원점과 (1, 1)을 잇는 직선과 x축의 양의 방향과 이루는 각의 크기는 $\alpha=45°$이다. 따라서 $\sin x+\cos x=\sqrt{2}\sin(x+45°)$

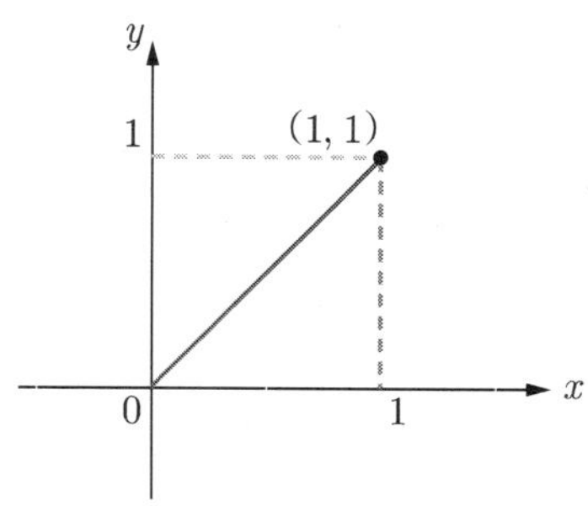

(2) $(-1,\ \sqrt{3})$과 원점과의 거리는 $r=\sqrt{(-1)^2+(\sqrt{3})^2}=2$이고 원점과 $(-1,\ \sqrt{3})$을 잇는 직선과 x축의 양의 방향과 이루는 각의 크기는 $\alpha=180°-60°=120°$이다. 따라서 $-\sin x+\sqrt{3}\cos x=2\sin(x+120°)$

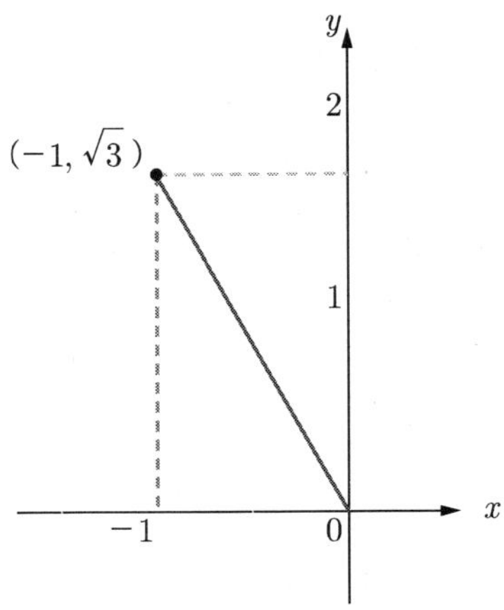

3-4

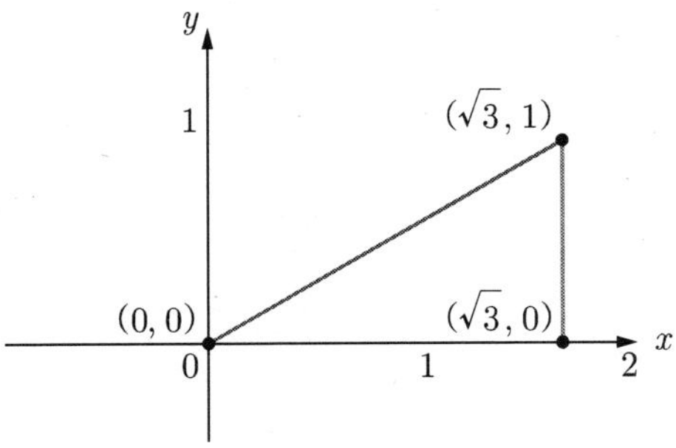

이므로

(1) $\cos\theta = \frac{\sqrt{3}}{2}$

(2) $\tan\theta = \frac{1}{\sqrt{3}} = \frac{\sqrt{3}}{3}$

(3) $\sin 2\theta = 2\sin\theta\cos\theta = 2 \cdot \frac{1}{2} \cdot \frac{\sqrt{3}}{2} = \frac{\sqrt{3}}{2}$

(4) $\cos 2\theta = \cos^2\theta - \sin^2\theta = \left(\frac{\sqrt{3}}{2}\right)^2 - \left(\frac{1}{2}\right)^2 = \frac{3}{4} - \frac{1}{4} = \frac{2}{4} = \frac{1}{2}$

(5) $\tan 2\theta = \frac{2\tan\theta}{1-\tan^2\theta} = \frac{2 \cdot \frac{\sqrt{3}}{3}}{1-\frac{1}{3}} = \frac{2 \cdot \frac{\sqrt{3}}{3}}{\frac{2}{3}} = \sqrt{3}$

3-5 (1) $\sin^2\left(\frac{\pi}{12}\right) = \frac{1-\cos\frac{\pi}{6}}{2} = \frac{1-\frac{\sqrt{3}}{2}}{2} = \frac{2-\sqrt{3}}{4}$ 이고 $\frac{\pi}{12}$는 제1사분면의 각이므로 $\sin\frac{\pi}{12} > 0$이다. 따라서 $\sin\frac{\pi}{12} = \sqrt{\frac{2-\sqrt{3}}{4}} = \frac{\sqrt{2-\sqrt{3}}}{2}$ 이고 분자의 이중근호를 풀기 위해 분모와 분자에 각각 $\sqrt{2}$를 곱하면 $\frac{\sqrt{2-\sqrt{3}}}{2} =$

$\dfrac{\sqrt{4-2\sqrt{3}}}{2\sqrt{2}}=\dfrac{\sqrt{3}-1}{2\sqrt{2}}$이며 유리화하면 $\dfrac{\sqrt{3}-1}{2\sqrt{2}}=\dfrac{\sqrt{6}-\sqrt{2}}{4}$이다. 그러므로 $\sin\dfrac{\pi}{12}=\dfrac{\sqrt{6}-\sqrt{2}}{4}$

(2) $\cos^2\left(\dfrac{\pi}{12}\right)=\dfrac{1+\cos\dfrac{\pi}{6}}{2}=\dfrac{1+\dfrac{\sqrt{3}}{2}}{2}=\dfrac{2+\sqrt{3}}{4}$이고 $\dfrac{\pi}{12}$는 제1사분면의 각이므로 $\cos\dfrac{\pi}{12}>0$이다. 따라서 $\cos\dfrac{\pi}{12}=\sqrt{\dfrac{2+\sqrt{3}}{4}}=\dfrac{\sqrt{2+\sqrt{3}}}{2}$이고 분자의 이중근호를 풀기 위해 분모와 분자에 각각 $\sqrt{2}$를 곱하면 $\dfrac{\sqrt{2+\sqrt{3}}}{2}=\dfrac{\sqrt{4+2\sqrt{3}}}{2\sqrt{2}}=\dfrac{\sqrt{3}+1}{2\sqrt{2}}$이며 유리화하면 $\dfrac{\sqrt{3}+1}{2\sqrt{2}}=\dfrac{\sqrt{6}+\sqrt{2}}{4}$이다. 그러므로 $\cos\dfrac{\pi}{12}=\dfrac{\sqrt{6}+\sqrt{2}}{4}$

(3) $\tan^2\left(\dfrac{\pi}{12}\right)=\dfrac{1-\cos\dfrac{\pi}{6}}{1+\cos\dfrac{\pi}{6}}=\dfrac{1-\dfrac{\sqrt{3}}{2}}{1+\dfrac{\sqrt{3}}{2}}=\dfrac{2-\sqrt{3}}{2+\sqrt{3}}$이고 분모를 유리화하면 $\dfrac{2-\sqrt{3}}{2+\sqrt{3}}=(2-\sqrt{3})^2$이므로 $\tan^2\left(\dfrac{\pi}{12}\right)=(2-\sqrt{3})^2$이다. $\dfrac{\pi}{12}$는 제1사분면의 각이므로 $\tan\dfrac{\pi}{12}>0$이고 따라서 $\tan\dfrac{\pi}{12}=2-\sqrt{3}$

3-6 (1)
$$\begin{aligned}\sin\frac{5\pi}{12}\cos\frac{\pi}{12}&=\frac{1}{2}\left\{\sin\left(\frac{5\pi}{12}+\frac{\pi}{12}\right)+\sin\left(\frac{5\pi}{12}-\frac{\pi}{12}\right)\right\}\\&=\frac{1}{2}\left\{\sin\left(\frac{6\pi}{12}\right)+\sin\left(\frac{4\pi}{12}\right)\right\}=\frac{1}{2}\left\{\sin\left(\frac{\pi}{2}\right)+\sin\left(\frac{\pi}{3}\right)\right\}\\&=\frac{1}{2}\left\{1+\frac{\sqrt{3}}{2}\right\}=\frac{2+\sqrt{3}}{4}\end{aligned}$$

(2)
$$\begin{aligned}\cos\frac{5\pi}{12}\cos\frac{\pi}{12}&=\frac{1}{2}\left\{\cos\left(\frac{5\pi}{12}+\frac{\pi}{12}\right)+\cos\left(\frac{5\pi}{12}-\frac{\pi}{12}\right)\right\}\\&=\frac{1}{2}\left\{\cos\left(\frac{6\pi}{12}\right)+\cos\left(\frac{4\pi}{12}\right)\right\}=\frac{1}{2}\left\{\cos\left(\frac{\pi}{2}\right)+\cos\left(\frac{\pi}{3}\right)\right\}\\&=\frac{1}{2}\left\{0+\frac{1}{2}\right\}=\frac{1}{4}\end{aligned}$$

3-7 (1) $\sin\frac{5\pi}{12}+\sin\frac{\pi}{12}=2\sin\left(\frac{\frac{5\pi}{12}+\frac{\pi}{12}}{2}\right)\cos\left(\frac{\frac{5\pi}{12}-\frac{\pi}{12}}{2}\right)$

$=2\sin\left(\frac{\frac{6\pi}{12}}{2}\right)\cos\left(\frac{\frac{4\pi}{12}}{2}\right)=2\sin\left(\frac{\frac{\pi}{2}}{2}\right)\cos\left(\frac{\frac{\pi}{3}}{2}\right)$

$=2\sin\left(\frac{\pi}{4}\right)\cos\left(\frac{\pi}{6}\right)=2\cdot\frac{\sqrt{2}}{2}\cdot\frac{\sqrt{3}}{2}=\frac{\sqrt{6}}{2}$

(2) $\cos\frac{5\pi}{12}-\cos\frac{\pi}{12}=-2\sin\left(\frac{\frac{5\pi}{12}+\frac{\pi}{12}}{2}\right)\sin\left(\frac{\frac{5\pi}{12}-\frac{\pi}{12}}{2}\right)$

$=-2\sin\left(\frac{\frac{6\pi}{12}}{2}\right)\sin\left(\frac{\frac{4\pi}{12}}{2}\right)=-2\sin\left(\frac{\frac{\pi}{2}}{2}\right)\sin\left(\frac{\frac{\pi}{3}}{2}\right)$

$=-2\sin\left(\frac{\pi}{4}\right)\sin\left(\frac{\pi}{6}\right)=-2\cdot\frac{\sqrt{2}}{2}\cdot\frac{1}{2}=-\frac{\sqrt{2}}{2}$

3-8 (1) $\frac{\overline{BC}}{\sin\frac{\pi}{3}}=2\cdot 8$이므로 $\overline{BC}=16\sin\frac{\pi}{3}=16\cdot\frac{\sqrt{3}}{2}=8\sqrt{3}$

(2) $a^2=2^2+3^2-2\cdot2\cdot3\cdot\cos\frac{\pi}{3}=4+9-12\cdot\frac{1}{2}=13-6=7$이므로 $a=\sqrt{7}$

4-1 (1) $\langle 2n+1 \rangle$에서 n에 1에서 5까지 대입하면 3, 5, 7, 9, 11

(2) $\langle 3 \cdot 2^n \rangle$에서 n에 1에서 5까지 대입하면 6, 12, 24, 48, 96

4-2 (1) 항이 2씩 커지고 초항이 1이므로 $a_n = 2n-1$

(2) 각 항이 3의 거듭제곱이므로 $a_n = 3^n$

4-3 (1) 초항이 1이고 공차가 2이므로 이 등차수열의 첫 5항은 1, 3, 5, 7, 9

(2) 초항이 3이고 공차가 -2이므로 이 등차수열의 첫 5항은 3, 1, -1, -3, -5

4-4 (1) $a=1$이고 $d=2$이므로 $a_n = 1+(n-1)\cdot 2 = 2n-1$

(2) $a=3$이고 $d=-2$이므로 $a_n = 3+(n-1)\cdot(-2) = -2n+5$

4-5-1 (1) $\sum_{k=1}^{9} k = 1+2+3+4+5+6+7+8+9$

(2) $\sum_{k=2}^{5} (k^2-2) = (4-2)+(9-2)+(16-2)+(25-2) = 2+7+14+23$

4-5-2 (1) $1+2+3+\cdots+98+99+100$는 일반항이 k이고 초항부터 100번째 항까지의 합이므로 $\sum_{k=1}^{100} k$

(2) $2^2+3^2+4^2+\cdots+13^2+14^2+15^2$는 일반항이 k^2인 수열의 2항부터 15항까지의 합이므로 $\sum_{k=2}^{15} k^2$

4-6 (1) $\sum_{k=1}^{50}(2a_k-b_k) = \sum_{k=1}^{50}(2a_k) - \sum_{k=1}^{50} b_k = 2\sum_{k=1}^{50} a_k - \sum_{k=1}^{50} b_k = 2\cdot 35 - 27 = 43$

(2) $\sum_{k=1}^{50}(-3b_k+2) = -3\sum_{k=1}^{50} b_k + \sum_{k=1}^{50} 2 = -3\cdot 27 + 2\cdot 50 = -81+100 = 19$

4-7 (1) $a=1,\ d=3,\ n=10$이므로

$$S_{10} = \frac{10(2\cdot 1+(10-1)\cdot 3)}{2\cdot 1} = \frac{10(2+27)}{2} = 145$$

(2) $a=1,\ d=1,\ n=100$이므로

$$S_{100} = \frac{100(2\cdot 1+(100-1)\cdot 1)}{2\cdot 1} = \frac{100(2+99)}{2} = 5050$$

4-8 (1) $a=1,\ r=2$이므로 이 등비수열의 첫 5항은 1, 2, 4, 8, 16

(2) $a=2$, $r=\frac{1}{2}$이므로 이 등비수열의 첫 5항은 2, 1, $\frac{1}{2}$, $\frac{1}{4}$, $\frac{1}{8}$

4-9 (1) $a=1$, $r=2$이므로 이 등비수열의 일반항은 $a_n = ar^{n-1} = 1 \cdot 2^{n-1} = 2^{n-1}$

(2) $a=2$, $r=\frac{1}{2}$이므로 이 등비수열의 10번째 항은 $a_{10} = ar^{10-1} = 2 \cdot \left(\frac{1}{2}\right)^{10-1}$

또는 $a_n = \left(\frac{1}{2}\right)^8$ 또는 $a_n = 2^{-8}$

4-10 (1) $a=1$, $r=2$, $n=10$이므로 $S_{10} = \frac{1 \cdot (2^{10}-1)}{2-1} = 2^{10}-1$

(2) $a=2$, $r=\frac{1}{2}$, $n=10$이므로 $S_{100} = \frac{2 \cdot \left(1-\left(\frac{1}{2}\right)^{10}\right)}{1-\frac{1}{2}} = \frac{2-\frac{1}{2^9}}{\frac{1}{2}} = 4 - \frac{1}{2^8}$

4-11 (1) $\sum_{k=1}^{100} k = \frac{100 \cdot 101}{2} = 5050$ (2) $\sum_{k=1}^{10} k^2 = \frac{10 \cdot 11 \cdot 21}{6} = 385$

(3) $\sum_{k=1}^{5} k^3 = \left\{\frac{5 \cdot 6}{2}\right\}^2 = 15^2 = 225$

5-1 (1) n이 커지면 $\frac{1}{n}$은 0에 가까워지므로 $\lim_{n\to\infty}\frac{1}{n}=0$

(2) n이 커지면 $\frac{n}{n+1}$은 1에 가까워지므로 $\lim_{n\to\infty}\frac{n}{n+1}=1$

5-2 (1) $a_n=1+n$은 n이 커지면 양의 무한대로 발산하므로 $\lim_{n\to\infty}(1+n)=\infty$

(2) $a_n=1-2n$은 n이 커지면 음의 무한대로 발산하므로 $\lim_{n\to\infty}(1-2n)=-\infty$

5-3 (1) $\lim_{n\to\infty}\frac{2n+1}{n-2}$의 분모와 분자를 n으로 나누면

$$\lim_{n\to\infty}\frac{2n+1}{n-2}=\lim_{n\to\infty}\frac{1+\frac{1}{n}}{1-\frac{2}{n}}=\frac{1+\lim_{n\to\infty}\frac{1}{n}}{1-\lim_{n\to\infty}\frac{2}{n}}=\frac{1+0}{1-0}=1$$

(2) $\lim_{n\to\infty}\frac{-3n^2+1}{n^2+2n-3}$의 분모와 분자를 n^2으로 나누면

$$\lim_{n\to\infty}\frac{-3n^2+1}{n^2+2n-3}=\lim_{n\to\infty}\frac{-3+\frac{1}{n}}{1+\frac{2}{n}-\frac{3}{n^2}}=\frac{-3+\lim_{n\to\infty}\frac{1}{n}}{1+\lim_{n\to\infty}\frac{2}{n}-\lim_{n\to\infty}\frac{3}{n^2}}$$

$$=\frac{-3+0}{1+0-0}=-3$$

5-4 (1) $\lim_{n\to\infty}\frac{-3n+1}{2n-2}$의 분모와 분자의 차수가 같으므로 $\lim_{n\to\infty}\frac{-3n+1}{2n-2}=\frac{-3}{2}=-\frac{3}{2}$

(2) $\lim_{n\to\infty}\frac{-6n^2+1}{-2n^2+2n-3}$의 분모와 분자의 차수가 같으므로

$$\lim_{n\to\infty}\frac{-6n^2+1}{-2n^2+2n-3}=\frac{-6}{-2}=3$$

5-5 (1) $\lim_{n\to\infty}\frac{2n+3}{1+n^2}$의 분모의 차수가 분자의 차수보다 크므로 $\lim_{n\to\infty}\frac{2n+3}{1+n^2}=0$

(2) $\lim_{n\to\infty}\frac{-2n^2+1}{n}$의 분자의 차수가 분모의 차수보다 크고 최고차항의 계수비는

$\frac{-2}{1}<0$이므로 $\lim_{n\to\infty}\frac{-2n^2+1}{n}=-\infty$

5-6 (1) $\lim_{n\to\infty}(\sqrt{n+1}-\sqrt{n})=\lim_{n\to\infty}\frac{(\sqrt{n+1}-\sqrt{n})(\sqrt{n+1}+\sqrt{n})}{(\sqrt{n+1}+\sqrt{n})}$

$=\lim_{n\to\infty}\frac{n+1-n}{(\sqrt{n+1}+\sqrt{n})}=\lim_{n\to\infty}\frac{1}{(\sqrt{n+1}+\sqrt{n})}$ 이고 $\lim_{n\to\infty}\frac{1}{(\sqrt{n+1}+\sqrt{n})}$ 의

분모의 차수가 분자의 차수보다 크므로 $\lim_{n\to\infty}\frac{1}{(\sqrt{n+1}+\sqrt{n})}=0$

(2) $\lim_{n\to\infty}(\sqrt{n^2+n}-n)=\lim_{n\to\infty}\frac{(\sqrt{n^2+n}-n)(\sqrt{n^2+n}+n)}{(\sqrt{n^2+n}+n)}$

$=\lim_{n\to\infty}\frac{n^2+n-n^2}{(\sqrt{n^2+n}+n)}=\lim_{n\to\infty}\frac{n}{(\sqrt{n^2+n}+n)}$ 이고 $\lim_{n\to\infty}\frac{n}{(\sqrt{n^2+n}+n)}$ 의

분모와 분자의 차수가 같으므로 $\lim_{n\to\infty}\frac{n}{(\sqrt{n^2+n}+n)}=\frac{1}{1+1}=\frac{1}{2}$

5-7 (1) $-1\le \sin n\le 1$이므로 $-\frac{1}{n}\le\frac{1}{n}\sin n\le\frac{1}{n}$이다. 따라서

$\lim_{n\to\infty}\left(-\frac{1}{n}\right)\le\lim_{n\to\infty}\left(\frac{1}{n}\sin n\right)\le\lim_{n\to\infty}\frac{1}{n}$이고 $\lim_{n\to\infty}\left(-\frac{1}{n}\right)=\lim_{n\to\infty}\frac{1}{n}=0$이므로

$\lim_{n\to\infty}\left(\frac{1}{n}\sin n\right)=0$ (2) $-1\le\cos n\le 1$이므로 $-\frac{1}{n^2}\le\frac{1}{n^2}\cos n\le\frac{1}{n^2}$이다.

따라서 $\lim_{n\to\infty}\left(-\frac{1}{n^2}\right)\le\lim_{n\to\infty}\left(\frac{1}{n^2}\cos n\right)\le\lim_{n\to\infty}\frac{1}{n^2}$이고

$\lim_{n\to\infty}\left(-\frac{1}{n^2}\right)=\lim_{n\to\infty}\frac{1}{n^2}=0$이므로 $\lim_{n\to\infty}\left(\frac{1}{n^2}\cos n\right)=0$

5-8 (1) $\lim_{n\to\infty}\frac{2^n}{3^n}=\lim_{n\to\infty}\frac{2^n}{3^n}=\lim_{n\to\infty}\left(\frac{2}{3}\right)^n=0$

(2) 분모와 분자를 3^n으로 나누면

$$\lim_{n\to\infty}\frac{3^n-2^n}{3^n+2^n}=\lim_{n\to\infty}\frac{1-\frac{2^n}{3^n}}{1+\frac{2^n}{3^n}}=\lim_{n\to\infty}\frac{1-\left(\frac{2}{3}\right)^n}{1+\left(\frac{2}{3}\right)^n}=\frac{1-0}{1+0}=1$$

5-9 (1) $\lim_{n\to\infty}2\left(1+\frac{1}{n}\right)^n=2\cdot\lim_{n\to\infty}\left(1+\frac{1}{n}\right)^n=2e$

(2) $\lim_{n\to\infty}\left(1+\frac{2}{n}\right)^n=\lim_{n\to\infty}\left(\left(1+\frac{2}{n}\right)^{\frac{n}{2}}\right)^2=e^2$

6-1 (1) $\frac{1}{k(k+1)}=\frac{1}{k+1-k}\left(\frac{1}{k}-\frac{1}{k+1}\right)=\frac{1}{k}-\frac{1}{k+1}$

(2) $\frac{1}{(k+1)(k+3)}=\frac{1}{k+3-(k+1)}\left(\frac{1}{k+1}-\frac{1}{k+3}\right)=\frac{1}{2}\left(\frac{1}{k+1}-\frac{1}{k+3}\right)$

(3) $\frac{1}{(k+4)(k+2)}=\frac{1}{k+2-(k+4)}\left(\frac{1}{k+4}-\frac{1}{k+2}\right)=\frac{1}{-2}\left(\frac{1}{k+4}-\frac{1}{k+2}\right)$

6-2 (1) $\sum_{k=1}^{10}\frac{1}{k(k+1)}$

$=\sum_{k=1}^{10}\left(\frac{1}{k}-\frac{1}{k+1}\right)$

$=\left(\frac{1}{1}-\frac{1}{2}\right)+\left(\frac{1}{2}-\frac{1}{3}\right)+\left(\frac{1}{3}-\frac{1}{4}\right)+\cdots+\left(\frac{1}{9}-\frac{1}{10}\right)+\left(\frac{1}{10}-\frac{1}{11}\right)$

$=\frac{1}{1}-\frac{1}{11}=\frac{10}{11}$

(2) $\sum_{k=1}^{10}\frac{1}{(k+1)(k+3)}$

$=\sum_{k=1}^{10}\frac{1}{2}\left(\frac{1}{k+1}-\frac{1}{k+3}\right)=\frac{1}{2}\sum_{k=1}^{10}\left(\frac{1}{k+1}-\frac{1}{k+3}\right)$

$=\frac{1}{2}\left\{\left(\frac{1}{2}-\frac{1}{4}\right)+\left(\frac{1}{3}-\frac{1}{5}\right)+\left(\frac{1}{4}-\frac{1}{6}\right)+\cdots+\left(\frac{1}{10}-\frac{1}{12}\right)+\left(\frac{1}{11}-\frac{1}{13}\right)\right\}$

$=\frac{1}{2}\left\{\frac{1}{2}+\frac{1}{3}-\frac{1}{12}-\frac{1}{13}\right\}=\frac{35}{104}$

6-3 (1) $\sum_{k=1}^{10}(\sqrt{k+1}-\sqrt{k})$

$=(\sqrt{2}-\sqrt{1})+(\sqrt{3}-\sqrt{2})+(\sqrt{4}-\sqrt{3})+\cdots+(\sqrt{10}-\sqrt{9})+(\sqrt{11}-\sqrt{10})$

$=-\sqrt{1}+\sqrt{11}=\sqrt{11}-1$

(2) $\sum_{k=1}^{10}(\sqrt{2k-1}-\sqrt{2k+1})$

$=(\sqrt{1}-\sqrt{3})+(\sqrt{3}-\sqrt{5})+(\sqrt{5}-\sqrt{7})+\cdots+(\sqrt{17}-\sqrt{19})+(\sqrt{19}-\sqrt{21})$

$=\sqrt{1}-\sqrt{21}=1-\sqrt{21}\ 4$

6-4 (1) $\sum_{n=1}^{\infty}\frac{1}{n(n+1)}$의 n번째 항까지의 부분합은 $S_n=\sum_{k=1}^{n}\frac{1}{k(k+1)}$이므로

$$S_n=\sum_{k=1}^{n}\frac{1}{k(k+1)}=\sum_{k=1}^{n}\left(\frac{1}{k}-\frac{1}{k+1}\right)$$
$$=\left(\frac{1}{1}-\frac{1}{2}\right)+\left(\frac{1}{2}-\frac{1}{3}\right)+\cdots+\left(\frac{1}{n-1}-\frac{1}{n}\right)+\left(\frac{1}{n}-\frac{1}{n+1}\right)$$
$$=\frac{1}{1}-\frac{1}{n+1}=\frac{n}{n+1}$$

(2) $\sum_{n=1}^{\infty}(\sqrt{n+1}-\sqrt{n})$의 n번째 항까지의 부분합은

$$S_n=\sum_{k=1}^{n}(\sqrt{k+1}-\sqrt{k})$$
$$=(\sqrt{2}-\sqrt{1})+(\sqrt{3}-\sqrt{2})+\cdots+(\sqrt{n}-\sqrt{n-1})+(\sqrt{n+1}-\sqrt{n})$$
$$=-\sqrt{1}+\sqrt{n+1}=\sqrt{n+1}-1$$

6-5 (1) $\sum_{n=1}^{\infty}\frac{1}{n(n+1)}$의 n번째 항까지의 부분합은

$S_n=\sum_{k=1}^{n}\frac{1}{k(k+1)}=\frac{1}{1}-\frac{1}{n+1}=\frac{n}{n+1}$이므로

$$\sum_{n=1}^{\infty}\frac{1}{n(n+1)}=\lim_{n\to\infty}S_n=\lim_{n\to\infty}\frac{n}{n+1}=1$$

(2) $\sum_{n=1}^{\infty}(\sqrt{n+1}-\sqrt{n})$의 n번째 항까지의 부분합은

$S_n=\sum_{k=1}^{n}(\sqrt{k+1}-\sqrt{k})=\sqrt{n+1}-1$이므로

$$\sum_{n=1}^{\infty}\frac{1}{n(n+1)}=\lim_{n\to\infty}S_n=\lim_{n\to\infty}(\sqrt{n+1}-1)=\infty$$

6-6 (1) $\sum_{n=1}^{\infty}\left(\frac{2}{3}\right)^n$의 초항은 $a=\frac{2}{3}$, 공비는 $r=\frac{2}{3}$이므로 $\sum_{n=1}^{\infty}\left(\frac{2}{3}\right)^n=\frac{\frac{2}{3}}{1-\frac{2}{3}}=\frac{\frac{2}{3}}{\frac{1}{3}}=2$

(2) $\sqrt{2}-2+2\sqrt{2}-4+\cdots$의 초항은 $\sqrt{2}$, 공비는 $r=\frac{-2}{\sqrt{2}}=\frac{-2\sqrt{2}}{\sqrt{2}\sqrt{2}}=-\sqrt{2}$이다. $r<-1$이므로 $\sqrt{2}-2+2\sqrt{2}-4+\cdots$는 발산

6-7 (1) $\displaystyle\sum_{n=1}^{\infty}\frac{2^n-3^n}{4^n}=\sum_{n=1}^{\infty}\left(\frac{2^n}{4^n}-\frac{3^n}{4^n}\right)=\sum_{n=1}^{\infty}\frac{2^n}{4^n}-\sum_{n=1}^{\infty}\frac{3^n}{4^n}=\sum_{n=1}^{\infty}\left(\frac{1}{2}\right)^n-\sum_{n=1}^{\infty}\left(\frac{3}{4}\right)^n$

$$=\frac{\frac{1}{2}}{1-\frac{1}{2}}-\frac{\frac{3}{4}}{1-\frac{3}{4}}=\frac{\frac{1}{2}}{\frac{1}{2}}-\frac{\frac{3}{4}}{\frac{1}{4}}=1-3=-2$$

(2) $\displaystyle\sum_{n=1}^{\infty}\frac{1+2\cdot 3^n}{4^n}=\sum_{n=1}^{\infty}\left(\frac{1}{4^n}+\frac{2\cdot 3^n}{4^n}\right)=\sum_{n=1}^{\infty}\frac{1}{4^n}+\sum_{n=1}^{\infty}\frac{2\cdot 3^n}{4^n}$

$$=\sum_{n=1}^{\infty}\left(\frac{1}{4}\right)^n+\sum_{n=1}^{\infty}2\left(\frac{3}{4}\right)^n=\sum_{n=1}^{\infty}\left(\frac{1}{4}\right)^n+2\cdot\sum_{n=1}^{\infty}\left(\frac{3}{4}\right)^n$$

$$=\frac{\frac{1}{4}}{1-\frac{1}{4}}+2\cdot\frac{\frac{3}{4}}{1-\frac{3}{4}}=\frac{\frac{1}{4}}{\frac{3}{4}}+2\frac{\frac{3}{4}}{\frac{1}{4}}$$

$$=\frac{1}{3}+2\cdot 3=\frac{19}{3}$$

7-1 (1) $\lim_{x\to2}(x+2)2+2=4$

(2) $\lim_{x\to9}(2+\sqrt{x})=2+\sqrt{9}=5$

(3) $\lim_{x\to0}\left(\frac{1}{x^2}\right)=\infty\left(\frac{1}{0}\right)$

7-2 (1) $\lim_{x\to0^+}\frac{|x|}{x}=\lim_{x\to0^+}\frac{x}{x}=1$

(2) $\lim_{x\to0^-}\frac{|x|}{x}=\lim_{x\to0^-}\frac{-x}{x}=-1$

(3) $\lim_{x\to0^+}\frac{|x|}{x}=1$이고 $\lim_{x\to0^-}\frac{|x|}{x}=-1$이므로 $\lim_{x\to0}\frac{|x|}{x}$은 발산

7-3 (1) $\lim_{x\to1}(x^2+3x)=\lim_{x\to1}(x^2)+\lim_{x\to1}(3x)=\lim_{x\to1}(x^2)+3\lim_{x\to1}(x)=1^2+3\cdot1=4$

(2) $\lim_{x\to1}(x+1)(x^2+x+1)=\lim_{x\to1}(x+1)(x^2+x+1)$

(3) $\lim_{x\to1}(x+1)(x^2+x+1)=\lim_{x\to1}(x+1)\cdot\lim_{x\to1}(x^2+x+1)$

$=(1+1)\cdot(1^1+1+1)=2\cdot3=6$

(4) $\lim_{x\to1}\frac{x-1}{x^2-1}=\lim_{x\to1}\frac{x-1}{(x+1)(x-1)}=\lim_{x\to1}\frac{1}{x+1}=\frac{\lim_{x\to1}(1)}{\lim_{x\to1}(x+1)}=\frac{1}{1+1}=\frac{1}{2}$

7-4 (1) $f(-4)$가 존재하지 않으므로 $x=-4$에서 $f(x)$는 불연속

(2) $\lim_{x\to1-}f(x)=4$이고 $\lim_{x\to1+}f(x)=-2$이므로 $\lim_{x\to1}f(x)$가 존재하지 않는다. 따라서 $x=1$에서 $f(x)$는 불연속

(3) $\lim_{x\to4-}f(x)=\lim_{x\to4+}f(x)$이므로 $\lim_{x\to4}f(x)$가 존재하고 $\lim_{x\to4}f(x)=f(4)$이므로 $x=4$에서 $f(x)$는 연속

(4) $\lim_{x\to6-}f(x)=\lim_{x\to6+}f(x)=5$이므로 $\lim_{x\to6}f(x)=5$이지만 $f(6)=2$이다. 따라서 $\lim_{x\to6}f(x)\neq f(6)$이므로 $x=6$에서 $f(x)$는 불연속

(5) $x=1$에서 $f(x)$가 불연속이므로 $f(x)$는 구간 $[-1,\ 2]$에서 불연속

(6) $(-2,\ 1)$의 모든 곳에서 $f(x)$가 연속이므로 $f(x)$는 구간 $(-2,\ 1)$에서 연속

7-5. $a \cdot 2+1=-a \cdot (2)^2+2$이므로 $2a+1=-4a+2$에서 $a=\dfrac{1}{6}$

7-6. $\cos(2^{2x-1} \cdot \pi)$는 $x=1$에서 연속이므로 $\lim\limits_{x\to1}\cos(2^{2x-1} \cdot \pi)=\cos(2^{2\cdot(1)-1} \cdot \pi)$ $=\cos(2\pi)=1$

7-7. $f(x)=x^2-2x-2$에서 $f(1)=1-2-2=-3<0$이고 $f(3)=9-6-2=1>0$이므로 $f(c)=c^2-2c-2=0$이 되는 c가 $(1,\ 3)$에서 존재

7-8. $f(x)=x^2$는 $x=0$에서 최솟값 $f(0)=0$, $x=3$에서 최댓값 $f(3)=9$를 갖는다.

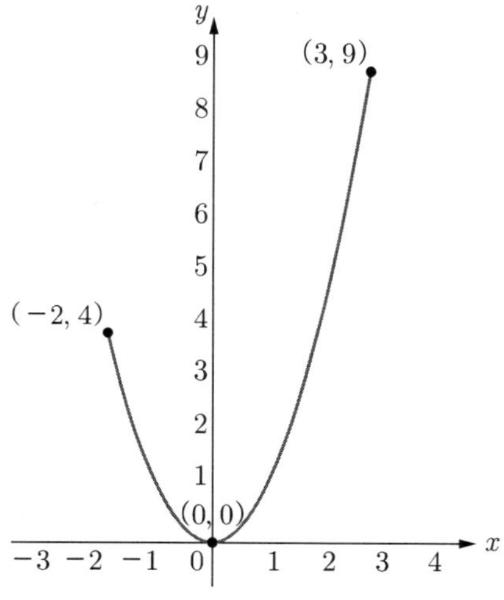

8-1 (1) $\dfrac{\Delta y}{\Delta x}=\dfrac{f(3)-f(1)}{3-1}=\dfrac{(6+3)-(2+3)}{2}=\dfrac{4}{2}=2$

(2) $\dfrac{\Delta y}{\Delta x}=\dfrac{g(2)-g(1)}{2-1}=\dfrac{(4-4)-(1-2)}{1}=1$

8-2 $f'(2)=\lim\limits_{h\to0}\dfrac{f(2+h)-f(2)}{h}=\lim\limits_{h\to0}\dfrac{(2+h)^2-2^2}{h}=\lim\limits_{h\to0}\dfrac{h^2+4h}{h}=\lim\limits_{h\to0}(h+4)=4$

8-3 (1) $f'(x)=\lim\limits_{h\to0}\dfrac{f(x+h)-f(x)}{h}=\lim\limits_{h\to0}\dfrac{3(x+h)+1-(3x+1)}{h}=\lim\limits_{h\to0}\dfrac{3h}{h}=3$

(2) $f'(x)=\lim\limits_{h\to0}\dfrac{f(x+h)-f(x)}{h}=\lim\limits_{h\to0}\dfrac{(x+h)^2-x^2}{h}$

$=\lim\limits_{h\to0}\dfrac{2xh+h^2}{h}=\lim\limits_{h\to0}(2x+h)=2x$

8-4 (1) $f'(x)=0$　　(2) $g'(x)=7x^6$

(3) $h'(x)=15x^{14}$　　(4) $i'(x)=2017x^{2016}$

(5) $j'(x)=2x+2$　　(6) $k'(x)=x^2-2x$

(7) $l'(x)=(2x+1)(x^2-2x+3)+(x^2+x)(2x-2)$

$=2x^3-4x^2+6x+x^2-2x+3+2x^3-2x^2+2x^2-2x$

$=4x^3-3x^2+2x+3$

(8) $m'(x)=\dfrac{2x(2x-1)-(x^2+1)(3)}{(3x-1)^2}=\dfrac{4x^2-2x-3x^2-3}{(3x-1)^2}=\dfrac{x^2-2x-3}{(3x-1)^2}$

8-5 합성함수의 미분법을 적용하면

(1) $y'=3(3x-2)^2(3)=9(3x-2)^2$

(2) $y'=3(x^2+3x)^2(2x+3)$

(3) $y'=\dfrac{2x+1}{2\sqrt{x^2+x}}$

8-6 (1) $y'|_{x=2}=(2x-3)|_{x=2}=4-3=1$이므로 접선의 기울기는 1이다. 따라서 접선의 방정식은 $y=1(x-2)-2=x-4$

(2) $y'|_{x=2}=\left.\dfrac{-1}{x^2}\right|_{x=2}=-\dfrac{1}{4}$이므로 접선의 기울기는 $-\dfrac{1}{4}$이다. 따라서 접선의 방

정식은 $y=-\frac{1}{4}(x-2)+\frac{1}{2}=-\frac{1}{4}x+1$

8-7 (1) $\frac{f(2)-f(1)}{2-1}=f'(c)$를 만족하는 c를 구하면 $\frac{f(2)-f(1)}{2-1}=\frac{(4-6)-(1-3)}{1}$

$=0=f'(c)=2c-3$에서 $2c-3=0$이므로 $c=\frac{3}{2}$

(2) $\frac{f(2)-f(-1)}{2-(-1)}=f'(c)$를 만족하는 c를 구하면

$\frac{f(2)-f(-1)}{2-(-1)}=\frac{(4-4+5)-(1+2+5)}{3}=-1=f'(c)=2c-2$에서

$2c-2=-1$이므로 $c=\frac{1}{2}$

9-1 (1) $\mathrm{cosec}\left(\frac{\pi}{3}\right)=\frac{1}{\sin\left(\frac{\pi}{3}\right)}=\frac{1}{\frac{\sqrt{3}}{2}}=\frac{2}{\sqrt{3}}=\frac{2\sqrt{3}}{3}$

(2) $\sec\left(\frac{\pi}{3}\right)=\frac{1}{\cos\left(\frac{\pi}{3}\right)}=\frac{1}{\frac{1}{2}}=2$

(3) $\cot\left(-\frac{\pi}{4}\right)=\frac{1}{\tan\left(-\frac{\pi}{4}\right)}=\frac{1}{-\tan\left(\frac{\pi}{4}\right)}=\frac{1}{-1}=-1$

9-2 (1) 합성함수의 미분법을 적용하면 $y'=\cos(2x+1)\cdot 2=2\cos(2x+1)$

(2) 합성함수의 미분법을 적용하면 $y'=-\sin(3x+1)\cdot 3=-3\sin(3x+1)$

(3) 합성함수의 미분법을 적용하면 $y'=\sec^2(-4x)\cdot(-4)=-4\sec^2(-4x)$

(4) $y'=\sec(5x)\tan(5x)\cdot 5=5\sec(5x)\tan(5x)$

9-3 (1) $\ln\sqrt{e}=\ln e^{\frac{1}{2}}=\frac{1}{2}\ln e=\frac{1}{2}$ (2) $\ln\frac{1}{e}=\ln e^{-1}=-1\cdot\ln e=-1$

(3) $\ln e^{e}=e\ln e=e$ (4) $\ln(e^3\cdot e^5)=\ln(e^8)=8\ln e=8$

9-4 (1) $y'=3^x\cdot\ln 3-e^x$

(2) 곱의 미분법을 적용하면 $y'=e^x+xe^x=e^x(1+x)$

(3) 합성함수의 미분법을 적용하면 $y'=2^{3x+1}\cdot\ln 2\cdot(3)=3\ln 2\cdot 2^{3x+1}$

(4) 곱의 미분법과 합성함수의 미분법을 적용하면 $y'=e^{2x}+xe^{2x}\cdot 2=e^{2x}(1+2x)$

9-5 (1) 합성함수의 미분법을 적용하면 $y'=\frac{3}{3x+2}\cdot\frac{1}{\ln 2}=\frac{1}{\ln 2}\cdot\frac{3}{3x+2}$

(2) 합성함수의 미분법을 적용하면 $y'=\frac{5}{5x+2}$

(3) 합성함수의 미분법을 적용하면 $y'=\frac{2x}{x^2+1}$

(4) 곱의 미분법을 적용하면 $y'=3x^2\ln x+x^3\cdot\frac{1}{x}=3x^2\ln x+x^2=x^2(3x\ln x+1)$

9-6 (1) $y=x^x$의 양변에 자연로그를 취하면 $\ln y=\ln x^x=x\ln x$이고 $\ln y=x\ln x$의 양변을 미분하면 $\frac{y'}{y}=\ln x+x\cdot\frac{1}{x}=\ln x+1$이다. 따라서

$y' = y(\ln x + 1) = x^x(\ln x + 1)$

(2) $y = (2x+1)^{\sin x}$의 양변에 자연로그를 취하면 $\ln y = \ln(2x+1)^{\sin x} =$ $\sin x \ln(2x+1)$이고 $\ln y = \sin x \ln(2x+1)$의 양변을 미분하면

$\dfrac{y'}{y} = \cos x \ln(2x+1) + \sin x \cdot \dfrac{2}{2x+1}$이다. 따라서

$$y' = y\left(\cos x \ln(2x+1) + \sin x \cdot \frac{2}{2x+1}\right) = (2x+1)^{\sin x}\left(\cos x \ln(2x+1) + \frac{2\sin x}{2x+1}\right)$$

9-7 (1) $y' = 3\cosh(3x) + 2\sinh(2x)$

(2) $y' = e^x \tanh x + e^x \operatorname{sech}^2 x$

9-8 (1) $\displaystyle\lim_{x\to 3}\frac{x-3}{x^2-4x+3}$은 $\dfrac{0}{0}$ 부정꼴이므로 로피탈의 정리를 적용하면

$$\lim_{x\to 3}\frac{x-3}{x^2-4x+3} = \lim_{x\to 3}\frac{1}{2x-4} = \frac{1}{6-4} = \frac{1}{2}$$

(2) $\displaystyle\lim_{x\to 2}\frac{\sqrt{x+2}-2}{x-2}$은 $\dfrac{0}{0}$ 부정꼴이므로 로피탈의 정리를 적용하면

$$\lim_{x\to 2}\frac{\sqrt{x+2}-2}{x-2} = \lim_{x\to 2}\frac{\frac{1}{2\sqrt{x+2}}}{1} = \frac{1}{2\sqrt{4}} = \frac{1}{4}$$

10-1 (1) $(x^2)' = 2x$이므로 $\int 2xdx = x^2 + C$

(2) $(x^3 + x^2)' = 3x^2 + 2x$이므로 $\int (3x^2 + 2x)dx = x^3 + x^2 + C$

10-2 (1) $\int 5dx = 5x + C$ (2) $\int -3dx = -3x + C$

(3) $\int x^4 dx = \frac{1}{4+1}x^{4+1} + C = \frac{1}{5}x^5 + C$

(4) $\int x^7 dx = \frac{1}{7+1}x^{7+1} + C = \frac{1}{8}x^8 + C$

10-3 (1) $\int (2x+3)dx = \int (2x)dx + \int 3dx = 2\int xdx + \int 3dx$

$= 2 \cdot \frac{1}{2}x^2 + 3x + C = x^2 + 3x + C$

(2) $\int (5x^3 - 3x^2 + x + 1)dx = 5\int x^3 dx - 3\int x^2 dx + \int xdx + \int 1dx$

$= 5 \cdot \frac{1}{4}x^4 - 3 \cdot \frac{1}{3}x^3 + \frac{1}{2}x^2 + x + C = \frac{5}{4}x^4 - x^3 + \frac{1}{2}x^2 + x + C$

10-4 (1) $\int_0^1 x^2 dx = \left[\frac{1}{3}x^3\right]_0^1 = \frac{1}{3} \cdot 1^3 - \frac{1}{3} \cdot 0^3 = \frac{1}{3}$

(2) $\int_1^2 (4x^3 - 2x)dx = [x^4 - x^2]_1^2 = (2^4 - 2^2) - (1^4 - 1^2) = 16 - 4 = 12$

10-5 $\int_1^2 (1 - 3x^2)dx + \int_2^3 (1 - 3x^2)dx = \int_1^3 (1 - 3x^2)dx = [x - x^3]_1^3$

$= (3 - 3^3) - (1 - 1^2) = 3 - 27 = -24$

10-6 (1) $4x^3$과 $-7x$는 기함수, $3x^2$과 2는 우함수이므로 $\int_{-1}^1 (4x^3 + 3x^2 - 7x + 2)dx =$

$2\int_0^1 (3x^2 + 2)dx = 2[x^3 + 2x]_0^1 = 2[(1^3 + 2) - (0^3 + 0)] = 6$

(2) $\sin x$는 기함수이므로 $\int_{-2}^2 \sin x dx = 0$

10-7 (1) $\int (2x-3)^4 dx = \frac{1}{2 \cdot 5}(2x-3)^5 + C = \frac{1}{10}(2x-3)^5 + C$

(2) $\int (3x-2)^7 dx = \frac{1}{3 \cdot 8}(3x-2)^8 + C = \frac{1}{24}(3x-2)^8 + C$

10-8 (1) $\int \sqrt{x}\, dx = \int x^{\frac{1}{2}} dx = \frac{1}{\frac{1}{2}+1} x^{\frac{1}{2}+1} + C = \frac{1}{\frac{3}{2}} x^{\frac{2}{3}} = \frac{2}{3} x^{\frac{2}{3}} + C$

(2) $\int \sqrt[3]{x}\, dx = \int x^{\frac{1}{3}} dx = \frac{1}{\frac{1}{3}+1} x^{\frac{1}{3}+1} + C = \frac{3}{4} x^{\frac{4}{3}} + C$

(3) $\int \sqrt[4]{x^3}\, dx = \int x^{\frac{3}{4}} dx = \frac{1}{\frac{3}{4}+1} x^{\frac{3}{4}+1} + C = \frac{4}{7} x^{\frac{7}{4}} + C$

(4) $\int \frac{1}{x^3} dx = \int x^{-3} dx = \frac{1}{-3+1} x^{-3+1} + C = -\frac{1}{2} x^{-2} + C = -\frac{1}{2x^2} + C$

(5) $\int \frac{2}{x} dx = 2\int \frac{1}{x} dx = 2\ln x + C$

11-1 (1) $\int_0^1 (x^2+2x-3)dx = \left[\frac{1}{3}x^3+x^2-3x\right]_0^1 = \frac{1}{3}+1-3=-\frac{5}{3}$

(2) $\int (2x-3)^5 dx = \frac{1}{2\cdot 6}(2x-3)^6 + C = \frac{1}{12}(2x-3)^6 + C$

(3) $\int \left(x+\frac{1}{x}\right)dx = \frac{1}{2}x^2 + \ln|x| + C$

(4) $\int \sqrt{x^3}\,dx = \int x^{\frac{3}{2}}dx = \frac{1}{\frac{3}{2}+1}x^{\frac{3}{2}+1} + C = \frac{2}{5}x^{\frac{5}{2}} + C$

11-2 (1) $\int (2\sin x + \cos x)dx = -2\cos x + \sin x + C$

(2) $\int (-\sin x + 5\cos x + x - 3)dx = \cos x + 5\sin x + \frac{1}{2}x^2 - 3x + C$

(4) $\int (\sec^2 x + \sec x \tan x)dx = \tan x + \sec x + C$

11-3 (1) $\int_0^1 e^x dx = [e^x]_0^1 = e^1 - e^0 = e - 1$

(2) $\int (5e^x - x)dx = 5e^x - \frac{1}{2}x^2 + C$

(3) $\int (3^x - x^3)dx = \frac{3^x}{\ln 3} - \frac{1}{4}x^4 + C$

11-4 (1) $x^2+1=t$로 치환하면 $2xdx = dt$이므로 $\int ((x^2+1)^5 \cdot 2x)dx = \int t^5 dt$

$= \frac{1}{6}t^6 + C = \frac{1}{6}(x^2+1)^6 + C$

(2) $\sin x = t$로 치환하면 $\cos x dx = dt$이므로 $\int \sin^3 x \cos x dx = \int t^3 dt = \frac{1}{4}t^4 + C$

$= \frac{1}{4}(\sin x)^4 + C = \frac{1}{4}\sin^4 x + C$

(3) $x^2+1=t$로 치환하면 $2xdx = dt$이고 $0 \le x \le 1$은 $1 \le t \le 2$이므로

$\int_0^1 2x(x^2+1)^5 dx = \int_1^2 t^5 dt = \left[\frac{1}{6}t^6\right]_1^2 = \frac{1}{6}[2^6 - 1^6] = \frac{21}{2}$

11.5 (1) $3x^2-2x=t$로 치환하면 $(6x-2)dx = dt$이므로

$$\int (3x^2-2x)^5(6x-2)dx = \int t^5 dt = \frac{1}{6}t^6 + C = \frac{1}{6}(3x^2-2x) + C$$

(2) $2x-3=t$로 치환하면 $2dx=dt$이므로

$$\int (2x-3)^5 dx = \int t^5 \cdot \frac{1}{2}dt = \frac{1}{2}\cdot\frac{1}{6}t^6 + C = \frac{1}{12}(2x-3)^6 + C$$

(3) $2x-3=t$로 치환하면 $2dx=dt$이므로

$$\int \sin(2x-3)dx = \int \sin t \cdot \frac{1}{2}dt = \frac{1}{2}(-\cos t) + C = -\frac{1}{2}\cos(2x-3) + C$$

(4) $2x-3=t$로 치환하면 $2dx=dt$이므로

$$\int \cos(2x-3)dx = \int \cos t \cdot \frac{1}{2}dt = \frac{1}{2}\sin t + C = \frac{1}{2}\sin(2x-3) + C$$

(5) $\sin x = t$로 치환하면 $\cos x dx = dt$이므로

$$\int \frac{\cos x}{\sin x}dx = \int \frac{1}{t}dt = \ln|t| + C = \ln|\sin x| + C$$

(6) $\cos x = t$로 치환하면 $-\sin x dx = dt$이므로

$$\int \frac{\sin x}{\cos x}dx = \int \frac{-1}{t}dt = -\ln|t| + C = -\ln|\cos x| + C$$

11.6 (1) $\int x\cos x dx = \sin x \cdot x - \int \sin x dx = x\sin x + \cos x + C$

(2) $\int x\sin x dx = -\cos x \cdot x + \int \cos x dx = -x\cos x + \sin x + C$

11.7 $\int \ln x dx = \int 1 \cdot \ln x dx = x\ln x - \int x \cdot \frac{1}{x}dx = x\ln x - x + C$

11.8 (1) $\frac{1}{2-0}\int_0^2 3x^2 dx = \frac{1}{2}[x^3]_0^2 = \frac{1}{2}[2^3-0^3] = 4$

(2) $\frac{1}{2-0}\int_0^2 (2x-3)^2 dx = \frac{1}{2}\left[\frac{1}{6}(2x-3)^3\right]_0^2 = \frac{1}{12}[1^3-(-3)^3] = \frac{28}{12} = \frac{7}{3}$

12-1 (1) $(2i)^2 = 4i^2 = -4$ (2) $(-i)^2 = i^2 = -1$

(3) $(\sqrt{3}\,i)^2 = 3i^2 = -3$ (4) $\sqrt{-9} = \sqrt{9}\,i = 3i$

12-2 (1) $\mathrm{Re}(6+8i) = 6,\ \mathrm{Im}(6+8i) = 8\ \ \overline{6+8i} = 6-8i$

(2) $\mathrm{Re}(-2i) = 0,\ \mathrm{Im}(-2i) = -2,\ \overline{-2i} = 2i$

(3) $\mathrm{Re}(-\sqrt{3}\,i + \sqrt{2}) = \sqrt{2},\ \mathrm{Im}(-\sqrt{3}\,i + \sqrt{2}) = -\sqrt{3},$

$\overline{-\sqrt{3}\,i + \sqrt{2}} = \sqrt{3}\,i + \sqrt{2}$

12-3 (1) $|6+8i| = \sqrt{6^2+8^2} = \sqrt{36+64} = \sqrt{100} = 10$

(2) $|-2i| = \sqrt{(-2)^2} = 2$

(3) $|-\sqrt{3}\,i + \sqrt{2}| = \sqrt{(-\sqrt{3})^2 + (\sqrt{2})^2} = \sqrt{3+2} = \sqrt{5}$

12-4 (1) $(-2+3i)+(3-2i) = -2+3+3i-2i = 1+i$

(2) $(-2+3i)-(3-2i) = -2+3i-3+2i = -2-3+3i+2i = -5+5i$

(3) $(2-i)(2+2i) = 4+4i-2i-2i^2 = 4+2i+2 = 6+2i$

(4) $\dfrac{1+i}{2-i} = \dfrac{(1+i)(2+i)}{(2-i)(2+i)} = \dfrac{2+i+2i-1}{4+1} = \dfrac{1+3i}{5}$

12-5 (1)

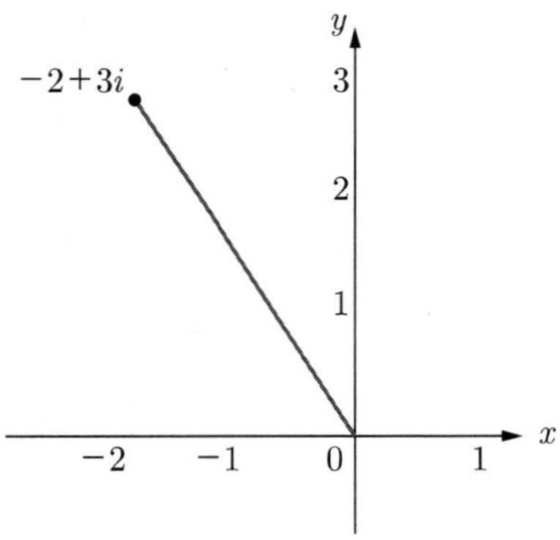

$-2+3i$와 원점과의 거리는 $|-2+3i| = \sqrt{4+9} = \sqrt{13}$

(2)

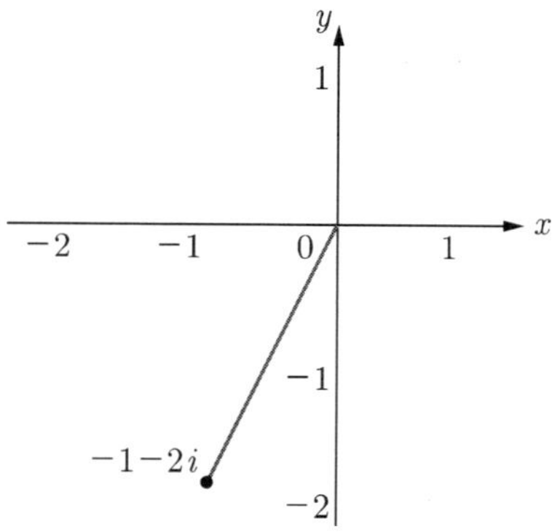

$-1-2i$과 원점과의 거리는 $|-1-2i|=\sqrt{1+4}=\sqrt{5}$

12-6 (1) $1+\sqrt{3}i$의 절댓값은 $|1+\sqrt{3}i|=\sqrt{1+3}=2$, 편각은 $\tan\theta=\sqrt{3}$을 만족하는 제1사분면의 각이므로 $\theta=60°$ 또는 $\theta=\frac{\pi}{3}$이다. 따라서 $1+\sqrt{3}i$의 극좌표형식은 $2(\cos 60°+i\sin 60°)$ 또는 $2\left(\cos\frac{\pi}{3}+i\sin\frac{\pi}{3}\right)$

(2) 절댓값이 4이고 편각이 $60°$인 복소수는 $4(\cos 60°+i\sin 60°)=4\left(\frac{1}{2}+\frac{\sqrt{3}}{2}i\right)$ $=2+2\sqrt{3}i$이므로 직교좌표형식은 $2+2\sqrt{3}i$

12-7 (1) $2(\cos 60°+i\sin 60°)\times 3(\cos(-30)°+i\sin(-30)°)$

$=6(\cos(60°+(-30°))+i\sin(60°+(-30°)))=6(\cos 30°+i\sin 30°)$

(2) $2(\cos 60°+i\sin 60°)\div 3(\cos(-30)°+i\sin(-30)°)$

$=\frac{2}{3}(\cos(60°-(-30°))+i\sin(60°-(-30°)))$

$=\frac{2}{3}(\cos 90°+i\sin 90°)$

12-8 (1) $4e^{i45°}\times 2e^{i15°}=8e^{i(45°+15°)}=8e^{i60°}$

(2) $4e^{i45°}\div 2e^{i15°}=2e^{i(45°-15°)}=2e^{i30°}$

12-9 (1) $\left(\cos\frac{\pi}{3}+i\sin\frac{\pi}{3}\right)^3=\cos\pi+i\sin\pi$

(2) $\left(2\left(\cos\frac{\pi}{12}+i\sin\frac{\pi}{12}\right)\right)^6=2^6\left(\cos\frac{\pi}{2}+i\sin\frac{\pi}{2}\right)$

13-1 (1) $\overrightarrow{AC}=\overrightarrow{EG}$ (2) $\overrightarrow{AF}=\overrightarrow{DG}$

13-2 (1) 시점이 A이고 종점이 B인 벡터 $\overrightarrow{AB}$의 크기 $|\overrightarrow{AB}|$는 두 점 $A=(1,\ 1)$와 $B=(2,\ 3)$ 사이의 거리이므로 $|\overrightarrow{AB}|=\sqrt{(2-1)^2+(3-1)^2}=\sqrt{1+4}=\sqrt{5}$

(2) $|\overrightarrow{AB}|=\sqrt{(-1-0)^2+(2-0)^2}=\sqrt{1+4}=\sqrt{5}$

13-3 (1) $\vec{a}+2\vec{a}-4\vec{a}+2\vec{a}=\vec{a}$

(2) $2(\vec{a}+2\vec{b})+4(\vec{a}-2\vec{b})=2\vec{a}+4\vec{b}+4\vec{a}-8\vec{b}=6\vec{a}-4\vec{a}$

13-4 (1) $3\vec{a}=3(1,\ 2)=(3,\ 6)$

(2) $\vec{a}+\vec{b}=(1,\ 2)+(-1,\ 3)=(1-1,\ 2+3)=(0,\ 5)$

(3) $3\vec{a}-2\vec{b}=3(1,\ 2)-2(-1,\ 3)=(3,\ 6)+(2,\ -6)=(5,\ 0)$

(4) $|\vec{a}|=\sqrt{1^2+2^2}=\sqrt{5}$ 이므로 $\frac{1}{|\vec{a}|}\vec{a}=\frac{1}{\sqrt{5}}(1,\ 2)=\frac{\sqrt{5}}{5}(1,\ 2)=\left(\frac{\sqrt{5}}{5},\ \frac{2\sqrt{5}}{5}\right)$

13-5 (1) $\overrightarrow{OC}=\overrightarrow{OA}+\overrightarrow{OB}=(1,\ 0)+(0,\ 1)=(1,\ 1)$

(2) $\overrightarrow{AB}=\overrightarrow{OB}-\overrightarrow{OA}=(0,\ 1)-(1,\ 0)=(-1,\ 1)$

(3) $\overrightarrow{BA}=\overrightarrow{OA}-\overrightarrow{OB}=(1,\ 0)-(0,\ 1)=(1,\ -1)$

(4) $\overrightarrow{AC}=\overrightarrow{OC}-\overrightarrow{OA}=(1,\ 1)-(1,\ 0)=(0,\ 1)$

13-6 (1) $\vec{a}\cdot\vec{b}=(1,\ -1)\cdot(0,\ 2)=1\times0+(-1)\times2=0-2=-2$

(2) 두 벡터 $\vec{a}=(1,\ -1)$와 $\vec{b}=(0,\ 2)$가 이루는 각의 크기를 θ라고 하면

$$\cos\theta=\frac{\vec{a}\cdot\vec{b}}{|\vec{a}||\vec{b}|}=\frac{a_1b_1+a_2b_2}{\sqrt{a_1^2+a_2^2}\sqrt{b_1^2+b_2^2}}=\frac{0-2}{\sqrt{1+1}\sqrt{0+4}}=\frac{-2}{2\sqrt{2}}=\frac{-1}{\sqrt{2}}=-\frac{\sqrt{2}}{2}$$

13-7 (1) $\vec{a}=(1,\ -2)$와 $\vec{b}=(x,\ 2)$이 평행이려면 $(1,\ -2)=k(x,\ 2)$인 k가 존재해야 한다. $(1,\ -2)=(kx,\ 2k)$이므로 $-2=2k$에서 $k=-1$이고 $1=kx$에서 $1=-x$이므로 $x=-1$ $\vec{a}=(1,\ -2)$와 $\vec{b}=(x,\ 2)$이 수직이려면 $\vec{a}=(1,\ -2)$와 $\vec{b}=(x,\ 2)$의 내적이 0이다. 따라서 $(1,\ -2)\cdot(x,\ 2)=x-4=0$에서 $x=4$

13-8 두 벡터 $\vec{a}=(1,\ 2)$와 $\vec{b}=(3,\ 5)$를 변으로 갖는 평행사변형의 넓이는 $|\vec{a}\times\vec{b}|$이다. $\vec{a}\times\vec{b}=(0,\ 0,\ 1\times5-2\times3)=(0,\ 0,\ -1)$이므로 $|\vec{a}\times\vec{b}|=\sqrt{0+0+1}=1$이다. 두 벡터 $\vec{a}=(1,\ 2)$와 $\vec{b}=(3,\ 5)$를 변으로 갖는 삼각형의 넓이는 $\frac{1}{2}|\vec{a}\times\vec{b}|$이므로 $\frac{1}{2}|\vec{a}\times\vec{b}|=\frac{1}{2}$

14-1 (1) $A+B=\begin{bmatrix} 2 & 1 \\ -1 & 0 \end{bmatrix}+\begin{bmatrix} 1 & 0 \\ 1 & 2 \end{bmatrix}=\begin{bmatrix} 3 & 1 \\ 0 & 2 \end{bmatrix}$

(2) $A-B=\begin{bmatrix} 2 & 1 \\ -1 & 0 \end{bmatrix}-\begin{bmatrix} 1 & 0 \\ 1 & 2 \end{bmatrix}=\begin{bmatrix} 1 & 1 \\ -2 & -2 \end{bmatrix}$

(3) $2A=2\begin{bmatrix} 2 & 1 \\ -1 & 0 \end{bmatrix}=\begin{bmatrix} 4 & 2 \\ -2 & 0 \end{bmatrix}$

(4) $2A-B=2\begin{bmatrix} 2 & 1 \\ -1 & 0 \end{bmatrix}-\begin{bmatrix} 1 & 0 \\ 1 & 2 \end{bmatrix}=\begin{bmatrix} 4 & 2 \\ -2 & 0 \end{bmatrix}-\begin{bmatrix} 1 & 0 \\ 1 & 2 \end{bmatrix}=\begin{bmatrix} 3 & 2 \\ -3 & -2 \end{bmatrix}$

14-2 (1) $\begin{bmatrix} 1 & 2 \\ 3 & 0 \end{bmatrix}\begin{bmatrix} 1 & 1 & 1 \\ 2 & -1 & 0 \end{bmatrix}=\begin{bmatrix} 1+4 & 1-2 & 1+0 \\ 3+0 & 3+0 & 3+0 \end{bmatrix}=\begin{bmatrix} 5 & -1 & 1 \\ 3 & 3 & 3 \end{bmatrix}$

(2) $\begin{bmatrix} 1 & 2 \\ 3 & 4 \end{bmatrix}\begin{bmatrix} 4 & 3 \\ 2 & 1 \end{bmatrix}=\begin{bmatrix} 4+4 & 3+2 \\ 12+8 & 9+1 \end{bmatrix}=\begin{bmatrix} 8 & 5 \\ 20 & 10 \end{bmatrix}$

14-3 (1) $\begin{bmatrix} 1 & 2 \\ 3 & 4 \end{bmatrix}\begin{bmatrix} 1 & 0 \\ 0 & 1 \end{bmatrix}=\begin{bmatrix} 1 & 2 \\ 3 & 4 \end{bmatrix}$ (2) $\begin{bmatrix} 1 & 2 \\ 3 & 4 \end{bmatrix}\begin{bmatrix} 0 & 0 \\ 0 & 0 \end{bmatrix}=\begin{bmatrix} 0 & 0 \\ 0 & 0 \end{bmatrix}$

(3) $\begin{bmatrix} 1 & 2 \\ 3 & 5 \end{bmatrix}\begin{bmatrix} -5 & 2 \\ 3 & -1 \end{bmatrix}=\begin{bmatrix} -5+6 & 2-2 \\ -15+15 & 6-5 \end{bmatrix}=\begin{bmatrix} 1 & 0 \\ 0 & 1 \end{bmatrix}$

14-4 (1) $\begin{bmatrix} 1 & 2 \\ 3 & 0 \end{bmatrix}^T\begin{bmatrix} 1 & 1 & 1 \\ 2 & -1 & 0 \end{bmatrix}=\begin{bmatrix} 1 & 3 \\ 2 & 0 \end{bmatrix}\begin{bmatrix} 1 & 1 & 1 \\ 2 & -1 & 0 \end{bmatrix}=\begin{bmatrix} 1+6 & 1-3 & 1+0 \\ 2+0 & 2+0 & 2+0 \end{bmatrix}=\begin{bmatrix} 7 & -2 & 1 \\ 2 & 2 & 2 \end{bmatrix}$

(2) $\begin{bmatrix} 1 & 2 \\ 3 & 4 \end{bmatrix}\begin{bmatrix} 4 & 3 \\ 2 & 1 \end{bmatrix}^T=\begin{bmatrix} 1 & 2 \\ 3 & 4 \end{bmatrix}\begin{bmatrix} 4 & 2 \\ 3 & 1 \end{bmatrix}=\begin{bmatrix} 4+6 & 2+2 \\ 12+12 & 6+4 \end{bmatrix}=\begin{bmatrix} 10 & 4 \\ 24 & 10 \end{bmatrix}$

14-5 (1) $\begin{vmatrix} 5 & 2 \\ 7 & 3 \end{vmatrix}=5\cdot 3-2\cdot 7=15-14=1$

(2) $\begin{vmatrix} 1 & 2 \\ 3 & 5 \end{vmatrix}\begin{vmatrix} 5 & 3 \\ 2 & 2 \end{vmatrix}=(5-6)(10-6)=-1\cdot 4=-4$

14-6 (1) $x=\dfrac{\begin{vmatrix} 11 & 4 \\ 8 & 3 \end{vmatrix}}{\begin{vmatrix} 3 & 4 \\ 2 & 3 \end{vmatrix}}=\dfrac{33-32}{9-8}=1$ (2) $y=\dfrac{\begin{vmatrix} 3 & 11 \\ 2 & 8 \end{vmatrix}}{\begin{vmatrix} 3 & 4 \\ 2 & 3 \end{vmatrix}}=\dfrac{24-22}{9-8}=2$

14-7 (1) $\begin{bmatrix} 5 & 2 \\ 7 & 3 \end{bmatrix}^{-1}=\dfrac{1}{15-14}\begin{bmatrix} 3 & -2 \\ -7 & 5 \end{bmatrix}=\begin{bmatrix} 3 & -2 \\ -7 & 5 \end{bmatrix}$

(2) $\begin{bmatrix} 4 & 3 \\ 3 & 2 \end{bmatrix}^{-1}=\dfrac{1}{8-9}\begin{bmatrix} 2 & -3 \\ -3 & 4 \end{bmatrix}=\begin{bmatrix} 2 & -3 \\ 3 & -4 \end{bmatrix}$

정답

연습문제

1-1 (1) $90°$ (2) $150°$ (3) $30°$ (4) $270°$

1-2 (1) $\frac{5}{18}\pi$ (2) $\frac{13}{18}\pi$ (3) $\frac{3}{5}\pi = 108°$ (4) $540°$

1-3 (1) 제3사분면의 각 (2) 제1사분면의 각

1-4 (1) $\frac{\sqrt{3}}{2}$ (2) $-\frac{\sqrt{3}}{2}$ (3) 1

1-5 (1) $-$ (2) $-$ (3) $+$

1-6 (1) $(\sin\theta+\cos\theta)^2 = \sin^2\theta + 2\sin\theta\cos\theta + \cos^2\theta = \sin^2\theta + \cos^2\theta + 2\sin\theta\cos\theta$
$= 1 + 2\sin\theta\cos\theta$

(2) $(\sin\theta+\cos\theta)(\sin\theta-\cos\theta) = \sin^2\theta - \cos^2\theta = (1-\cos^2\theta) - \cos^2\theta$
$= 1 - 2\cos^2\theta$

1-7 (1) $-\frac{1}{2}$ (2) $\frac{1}{2}$ (3) -1

확인문제

1-1 (1) $45°$ (2) $120°$ (3) $135°$ (4) $45°$

1-2 (1) $\frac{2}{9}\pi$ (2) $\frac{5}{6}\pi$ (3) $300°$ (4) $720°$

1-3 (1) 제2사분면 (2) 제3사분면 (3) 제1사분면 (3) 제4사분면

1-4 (1) 제2사분면 (2) 제3사분면 (3) 제4사분면 (4) 제1사분면

1-5 (1) $-\frac{1}{2}$ (2) $\frac{1}{2}$ (3) -1 (4) 1

1-6 (1) $-$ (2) $-$ (3) $-$

1-7 (1) $(\sin\theta-\cos\theta)^2 = \sin^2\theta - 2\sin\theta\cos\theta + \cos^2\theta = \sin^2\theta + \cos^2\theta - 2\sin\theta\cos\theta$
$= 1 - 2\sin\theta\cos\theta$

(2) $\frac{\cos\theta}{1+\sin\theta} + \frac{1+\sin\theta}{\cos\theta} = \frac{\cos^2\theta}{(1+\sin\theta)\cos\theta} + \frac{(1+\sin\theta)^2}{(1+\sin\theta)\cos\theta}$

$$= \frac{\cos^2\theta + (1+\sin\theta)^2}{(1+\sin\theta)\cos\theta} = \frac{\cos^2\theta + 1 + 2\sin\theta + \sin^2\theta}{(1+\sin\theta)\cos\theta}$$

$$= \frac{\cos^2\theta + \sin^2\theta + 1 + 2\sin\theta}{(1+\sin\theta)\cos\theta} = \frac{1+1+2\sin\theta}{(1+\sin\theta)\cos\theta}$$

$$= \frac{2(1+\sin\theta)}{(1+\sin\theta)\cos\theta} = \frac{2}{\cos\theta}$$

1-8 (1) $-\frac{\sqrt{3}}{2}$ (2) $\frac{\sqrt{3}}{2}$ (3) $-\frac{\sqrt{3}}{3}$

계산기 활용 문제

1-1 (1) $\frac{4}{15}\pi$ (2) $\frac{35}{12}\pi$ (3) $-\frac{41}{9}\pi$ (4) $75°$
(5) $600°$ (6) $28.649°$

1-2 (1) $\frac{\sqrt{3}}{2}$ (2) $-\frac{\sqrt{2}}{2}$ (3) $-\frac{\sqrt{3}}{3}$

1-3 (1) $\frac{\sqrt{3}}{2}$ (2) $\frac{1}{2}$ (3) 1 (4) $2+\sqrt{3}$

1-4 (1) $-\frac{1}{2}$ (2) $\frac{\sqrt{2}}{2}$ (3) 1

1-5 (1) $\sin\theta < 0$, $\cos\theta > 0$, $\tan\theta < 0$ (2) $\sin\theta < 0$, $\cos\theta < 0$, $\tan\theta > 0$

1-6 (1) $\frac{2+\sqrt{2}}{4}$ (2) $\frac{3\sqrt{6}-\sqrt{2}}{4}$

1-7 (1) $\frac{\sqrt{6}-\sqrt{2}}{4}$ (2) $\frac{\sqrt{6}+\sqrt{2}}{4}$ (3) $2-\sqrt{3}$

1-8 (1) $\frac{2-\sqrt{3}}{4}$ (2) $\frac{2+\sqrt{3}}{4}$ (3) 0 (4) 0

1-9 (1) $\frac{1}{8}$ (2) 0

1-10 (1) $\frac{1+\sqrt{3}}{2}$ (2) $\frac{\sqrt{3}}{3}$ (3) 0

1-11 (1) $30°$ (2) $-30°$ (3) $60°$ (4) $135°$
(5) $60°$ (6) $-45°$

1-12 (1) $110.849°$ (2) $57.310°$ (3) $74.972°$

연습문제

2-1 (1) 최댓값 : 2, 최솟값 : 0,

그래프 :

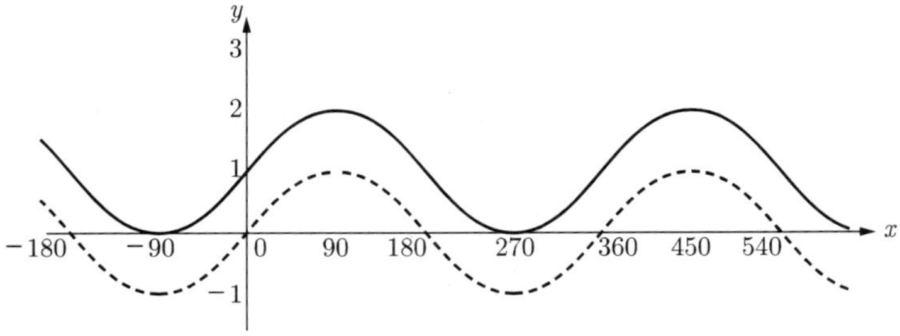

(2) 최댓값 : 2, 최솟값 : -2,

그래프 :

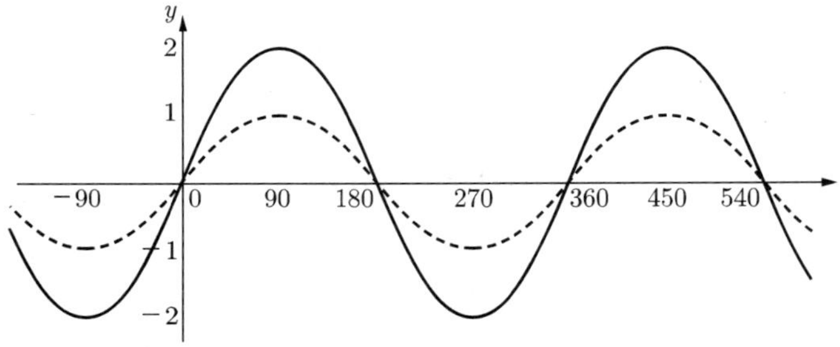

2-2 (1) 최댓값 : 0, 최솟값 : -2,

그래프 :

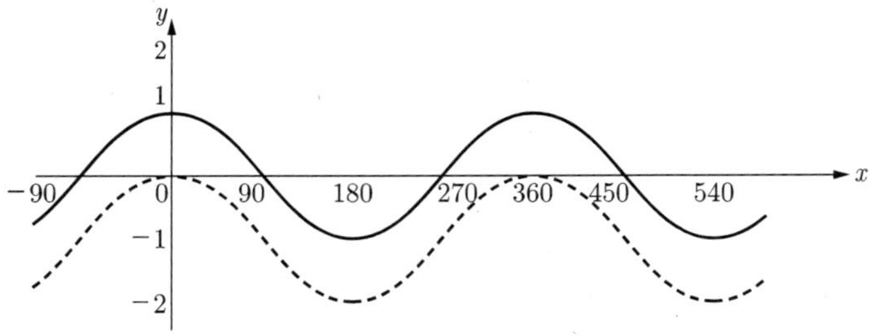

(2) 최댓값 : 2, 최솟값 : -2,

그래프 :

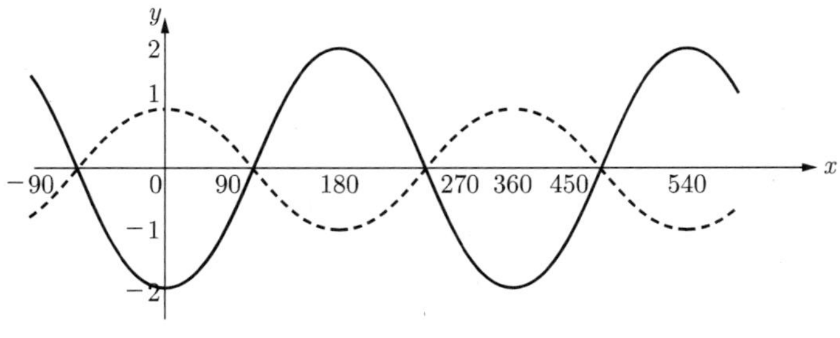

2-3 (1) 최댓값 : 없음, 최솟값 : 없음,

그래프 :

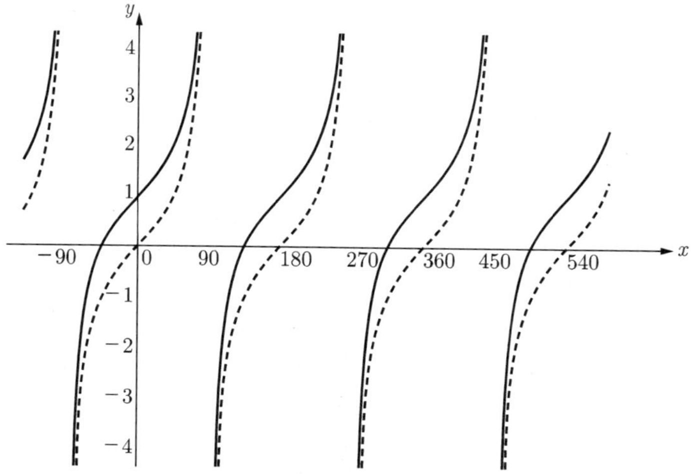

(2) 최댓값 : 없음, 최솟값 : 없음,

그래프 :

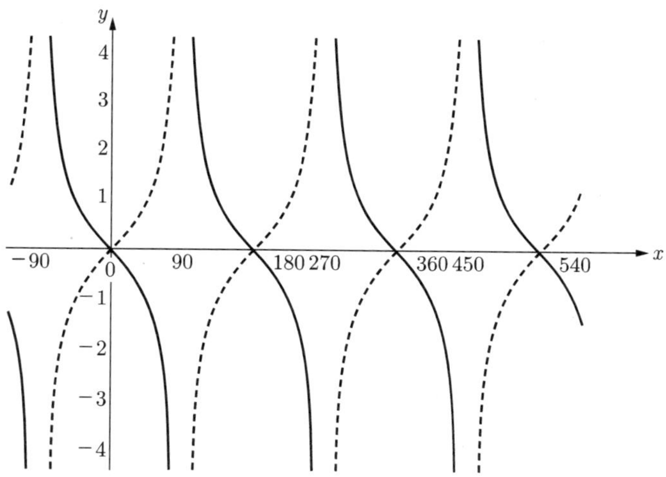

2-4 (1) 3 (2) 2 (3) $\frac{3}{2}$ (4) 6

2-5 (1) 주기 : $\frac{2\pi}{3}$, 최댓값 : 3, 최솟값 : -1

(2) 주기 : $\frac{2\pi}{4}=\frac{\pi}{2}$, 최댓값 : 1, 최솟값 : -3

(3) 주기 : $\frac{\pi}{2}$, 최댓값 : 없음, 최솟값 : 없음

2-6 (1) 우함수 (2) 기함수 (3) 우함수 (4) 기함수

2-7 (1) $x=30°$, $x=150°$ (2) $x=120°$, $x=240°$

(3) $x=60°$, $x=240°$

확인문제

2-1 (1) 최댓값 : 0, 최솟값 : -2,

그래프 :

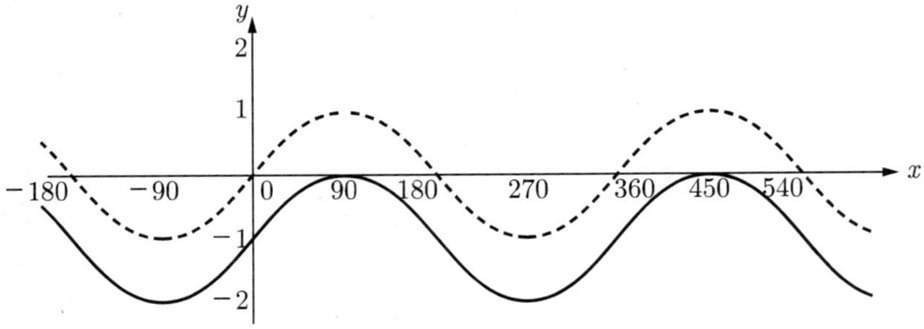

(2) 최댓값 : 3, 최솟값 : -3,

그래프 :

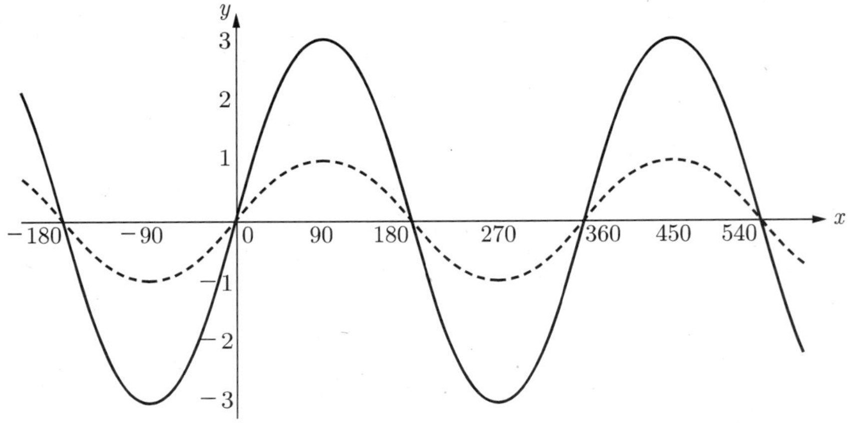

-2 (1) 최댓값 : 4, 최솟값 : 0,

그래프 :

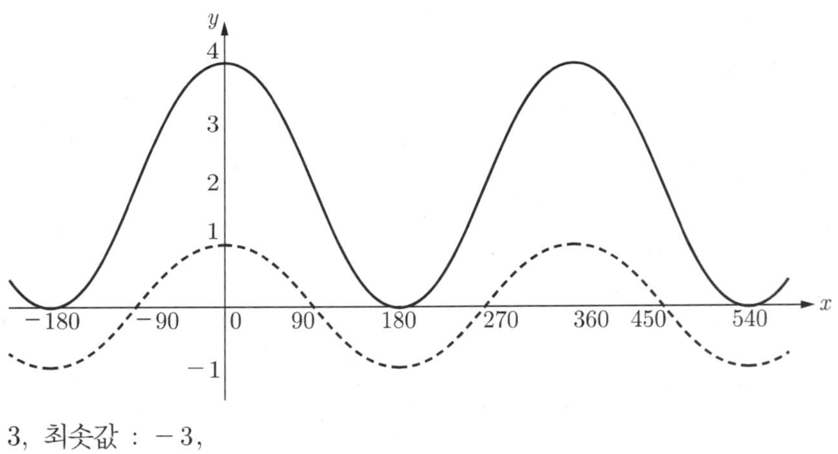

(2) 최댓값 : 3, 최솟값 : -3,

그래프 :

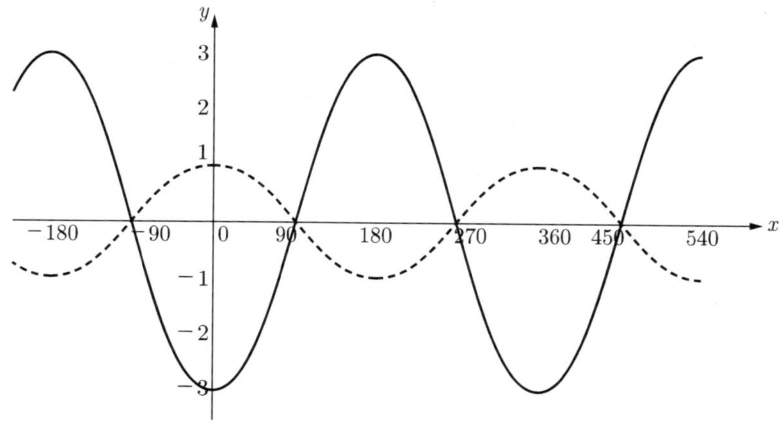

2-3 (1) 최댓값 : 없음, 최솟값 : 없음,

그래프 :

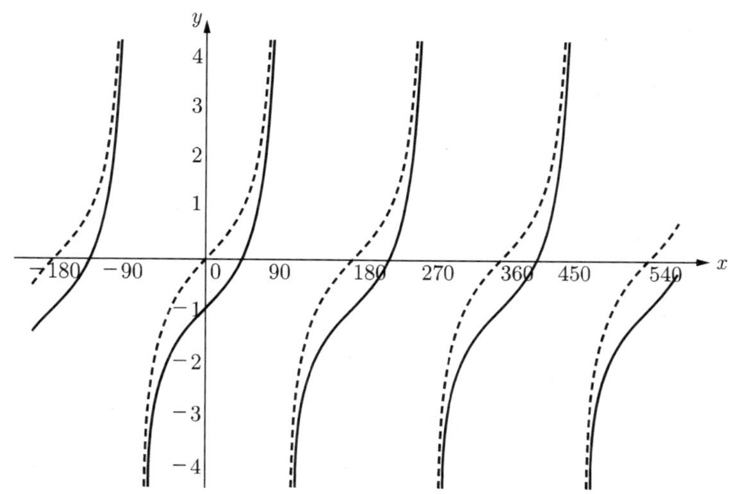

(2) 최댓값 : 없음, 최솟값 : 없음,

그래프 :

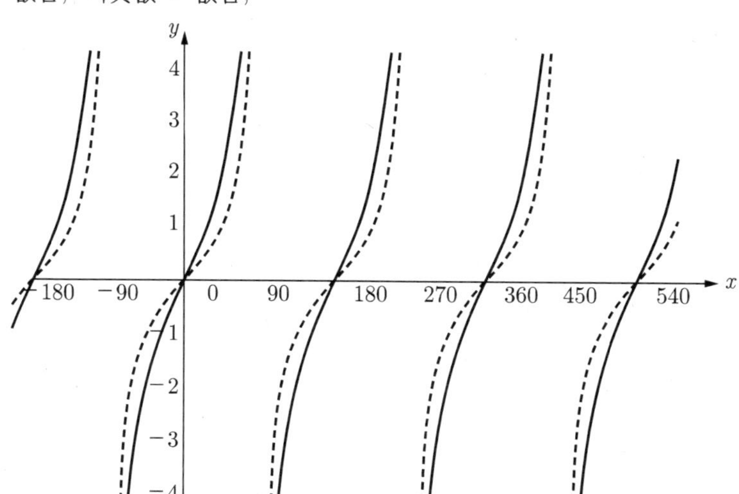

2-4 (1) 최댓값 : 1, 최솟값 : -5 (2) 최댓값 : 1, 최솟값 : -5
(3) 최댓값 : 5, 최솟값 : 1 (4) 최댓값 : 5, 최솟값 : 1
(5) 최댓값 : 없음, 최솟값 : 없음 (6) 최댓값 : 없음, 최솟값 : 없음

2-5 (1) 6 (2) 4 (3) 3 (4) 12

2-6 (1) 주기 : π, 최댓값 : 4, 최솟값 : -2
(2) 주기 : $\frac{\pi}{2}$, 최댓값 : 2, 최솟값 : -4
(3) 주기 : π, 최댓값 : 4, 최솟값 : -2
(4) 주기 : $\frac{2\pi}{3}$, 최댓값 : 1, 최솟값 : -3
(5) 주기 : $\frac{\pi}{2}$, 최댓값 : 없음, 최솟값 : 없음
(6) 주기 : $\frac{\pi}{3}$, 최댓값 : 없음, 최솟값 : 없음

2-7 (1) 우함수 (2) 기함수 (3) 기함수 (4) 우함수
(5) 우함수

2-8 (1) $y=\sin(x-30°)$ (2) $y=\cos\left(x+\frac{\pi}{3}\right)$
(3) $y=\tan(x-120°)$
(4) $y-2=\sin(x-30°)$ 또는 $y=\sin(x-30°)+2$
(5) $y+2=\cos\left(x+\frac{\pi}{3}\right)$ 또는 $y=\cos\left(x+\frac{\pi}{3}\right)-2$
(6) $y-1=\tan(x-120°)$ 또는 $y=\tan(x-120°)+1$

2-9 (1) $\theta=60°$ (2) $\theta=60°$ (3) $\theta=45°$

2-10 (1) $x=240°$, $x=300°$ (2) $x=60°$, $x=300°$
(3) $x=135°$, $x=315°$

계산기 활용 문제

2-1 (1) $x=0°$ (2) $x=90°$ (3) $x=0°$

2-2 (1) $x=90°$ (2) $x=0°$ (3) $x=45°$

2-3 (1) $x=-90°$ (2) $x=180°$ (3) $x=-45°$

2-4 (1) $x=30°$ (2) $x=60°$ (3) $x=60°$

2-5 (1) $x=60°$ (2) $x=135°$ (3) $x=30°$ (4) $x=-30°$

2-6 (1) $x=45°$ (2) $x=-15°$ (3) $x=45°$ (4) $x=-30°$

2-7 (1) $x=30°$ (2) $x=45°$ (3) $x=120°$ (4) $\theta=-30°$

2-8 (1) $x=15°$ (2) $x=30°$ (3) $x=30°$

2-9 (1) $x=90°$ (2) $x=90°$ (3) $x=30°$ (4) $\theta=90°$

2-10 (1) $x=45°$ (2) $x=60°$

2-11 (1) $x=90°$ (2) $x=30°$

2-12 (1) $\frac{\sqrt{3}}{3}$ (2) $\frac{\sqrt{3}}{2}$ (3) 60 (4) 180

연습문제

3-1 (1) $-\frac{\sqrt{2}}{2}$ (2) $\frac{1}{2}$ (3) $-\frac{\sqrt{3}}{3}$

3-2 (1) $\frac{1}{2}\sin x+\frac{\sqrt{3}}{2}\cos x$ (2) $\frac{\sqrt{3}}{2}\cos x-\frac{1}{2}\sin x$

(3) $\frac{1-\tan x}{1+\tan x}$

3-3 (1) $\sqrt{2}\sin(x+45°)$ (2) $2\sin(x+120°)$

3-4 (1) $\frac{\sqrt{3}}{2}$ (2) $\frac{\sqrt{3}}{3}$ (3) $\frac{\sqrt{3}}{2}$ (4) $\frac{1}{2}$

(5) $\sqrt{3}$

3-5 (1) $\frac{\sqrt{6}-\sqrt{2}}{4}$ (2) $\frac{\sqrt{6}+\sqrt{2}}{4}$ (3) $2-\sqrt{3}$

3-6 (1) $\frac{2+\sqrt{3}}{4}$ (2) $\frac{1}{4}$

3-7 (1) $\frac{\sqrt{6}}{2}$ (2) $-\frac{\sqrt{2}}{2}$

3-8. $8\sqrt{3}$

3-9. $a=\sqrt{7}$

확인문제

3-1 (1) $-\frac{\sqrt{3}}{2}$ (2) $\frac{\sqrt{3}}{2}$ (3) -1

3-2 (1) $\frac{1}{2}\sin x-\frac{\sqrt{3}}{2}\cos x$ (2) $\frac{\sqrt{3}}{2}\cos x+\frac{1}{2}\sin x$

(3) $\frac{1+\tan x}{1-\tan x}$

3-3 (1) $2\sin(x+60°)$

(2) $\sqrt{2}\sin(x+315°)$ 또는 $\sqrt{2}\sin(x-45°)$

3-4 (1) $-\frac{\sqrt{3}}{2}$ (2) $-\frac{\sqrt{3}}{3}$ (3) $-\frac{\sqrt{3}}{2}$ (4) $\frac{1}{2}$

(5) $-\sqrt{3}$

3-5 (1) $\frac{\sqrt{6}-\sqrt{2}}{4}$ (2) $\frac{\sqrt{6}+\sqrt{2}}{4}$ (3) $2-\sqrt{3}$

3-6 (1) $\frac{2-\sqrt{3}}{4}$ (2) $\frac{1}{4}$

3-7 (1) $-\frac{\sqrt{2}}{2}$ (2) $\frac{\sqrt{6}}{2}$

3-8 10

3-9 $\sqrt{13}$

계산기 활용 문제

3-1 (1) $-\frac{\sqrt{3}}{2}$ (2) $-\frac{\sqrt{2}}{2}$ (3) 1

3-2 (1) $\frac{\sqrt{6}+\sqrt{2}}{4}$ (2) $\frac{\sqrt{6}+\sqrt{2}}{4}$ (3) $-2-\sqrt{3}$ (4) $2-\sqrt{3}$

3-3 (1) $-\sqrt{2}$ (2) $\frac{\sqrt{6}-\sqrt{2}}{2}$

3-4 (1) 0.383 (2) 0.924 (3) 0.414

3-5 (1) $-\frac{1}{2}$ (2) $\frac{1}{2}$ (3) $\frac{1}{2}$ (4) $-\frac{1}{2}$

3-6 (1) $\frac{\sqrt{6}}{2}$ (2) $\frac{\sqrt{2}}{2}$ (3) $\frac{\sqrt{2}}{2}$ (4) $-\frac{\sqrt{6}}{2}$

3-7 (1) 4 (2) $2\sqrt{6}-2\sqrt{2}$

3-8 (1) $\frac{5\sqrt{2}}{2}$ (2) $\frac{5\sqrt{2}}{2}$

3-9 (1) 22 (2) $15\sqrt{3}$

연습문제

4-1 (1) 3, 5, 7, 9, 11 (2) 6, 12, 24, 48, 96

4-2 (1) $a_n = 2n - 1$ (2) $a_n = 3^n$

4-3 (1) 1, 3, 5, 7, 9 (2) 3, 1, -1, -3, -5

4-4 (1) $a_n = 2n - 1$ (2) $a_n = -2n + 5$

4-5-1 (1) $\sum_{k=1}^{9} k = 1+2+3+4+5+6+7+8+9$

(2) $\sum_{k=2}^{5} (k^2 - 2) = (4-2) + (9-2) + (16-2) + (25-2) = 2+7+14+23$

4-5-2 (1) $\sum_{k=1}^{100} k$ (2) $\sum_{k=2}^{15} k^2$

4-6 (1) 43 (2) 19

4-7 (1) 145 (2) 5050

4-8 (1) 1, 2, 4, 8, 16 (2) 2, 1, $\frac{1}{2}$, $\frac{1}{4}$, $\frac{1}{8}$

4-9 (1) $a_n = 2^{n-1}$

(2) $a_n = 2 \cdot \left(\frac{1}{2}\right)^9$ 또는 $a_n = \left(\frac{1}{2}\right)^8$ 또는 $a_n = 2^{-8}$

4-10 (1) $S_{10} = 2^{10} - 1$ (2) $S_{100} = 4 - \frac{1}{2^8}$

4-11 (1) $\sum_{k=1}^{100} k = 5050$ (2) $\sum_{k=1}^{10} k^2 = 385$ (3) $\sum_{k=1}^{5} k^3 = 225$

확인문제

4-1 (1) -1, -3, -5, -7, -9 (2) 6, 18, 54, 162, 486

(3) $\frac{1}{2}$, $\frac{2}{3}$, $\frac{3}{4}$, $\frac{4}{5}$, $\frac{5}{6}$

4-2 (1) 1, 2, 3, 4, 5 (2) 3, 0, -3, -6, -9

(3) -5, -3, -1, 1, 3

4-3 (1) $a_n = 2n$ (2) $a_n = 3n - 2$

4-4 (1) $a_n = 2n-7$ (2) 23

4-5 (1) 3, 6, 12, 24, 48 (2) 2, -2, 2, -2, 2

(3) 2, 1, $\frac{1}{2}$, $\frac{1}{4}$, $\frac{1}{8}$

4-6 (1) $a_n = 2^n$ (2) $a_n = \left(\frac{1}{3}\right)^n$

4-7 (1) $a_n = 3 \cdot 2^{n-1}$ (2) $a_5 = 3 \cdot 2^4 = 48$

(3) $a_n = 2 \cdot \left(\frac{1}{2}\right)^{n-1} = \left(\frac{1}{2}\right)^{n-2}$ (4) $a_5 = \left(\frac{1}{2}\right)^3 = \frac{1}{8}$

4-8 (1) $1+2+3+4+5+6+7+8+9+10$

(2) $2+1+0+(-1)+(-2)+(-3)+(-4)$

(3) $3+4+5+6+7$

(4) $1^2+2^2+3^2+4^2+5^2+6^2+7^2+8^2$

4-9 (1) $\sum_{k=1}^{50} k$ (2) $\sum_{k=1}^{25}(2k)$ (3) $\sum_{k=1}^{20}(2k-1)$ (4) $\sum_{k=1}^{10}(2^k)$

4-10 (1) 10 (2) 70

4-11 (1) 25 (2) 10

4-12 (1) 31 (2) 0

4-13 (1) 15 (2) 55 (3) 225

계산기 활용 문제

4-1 (1) 4, 7, 14, 25, 40, 59 (2) 24, 48, 96, 192, 384, 768

4-2 (1) $a_n = 32n-31$ (2) 449

4-3 (1) 6061 (2) -2021

4-4 (1) $a_n = 2 \times 3^{n-1}$ (2) $a_{15} = 9565938$

(3) $a_n = 30 \times \left(\frac{1}{2}\right)^{n-1}$ (4) $a_{15} = \frac{15}{8192}$

4-5 (1) 210 (2) -110 (3) 250 (4) 2870

4-6 (1) 1275 (2) 650 (3) 400 (4) 2046

4-7 (1) 20100 (2) 2686700 (3) 404010000

4-8 (1) 30 (2) -50

4-9 (1) 150 (2) 2

4-10 (1) 3.838　(2) 100663293　(3) $\dfrac{94}{15}$　(4) 2.250

4-11 (1) 2845　(2) 220　(3) $\dfrac{20}{11}$

4-12 (1) 3　(2) 17710

연습문제

5-1 (1) 0 (2) 1

5-2 (1) ∞ (2) $-\infty$

5-3 (1) 1 (2) -3

5-4 (1) $-\frac{3}{2}$ (2) 3

5-5 (1) 0 (2) $-\infty$

5-6 (1) 0 (2) $\frac{1}{2}$

5-7 (1) 0 (2) 0

5-8 (1) 0 (2) 1

5-9 (1) $2e$ (2) e^2

확인문제

5-1 (1) 0 (2) 1 (3) 1 (4) 2

5-2 (1) 1 (2) 2 (3) 3 (4) -2

5-3 (1) $\frac{1}{2}$ (2) 1 (3) $\frac{3}{2}$ (4) -1

5-4 (1) ∞ (2) ∞ (3) $-\infty$ (4) $-\infty$

5-5 (1) 2 (2) -2 (3) 2 (4) $-\frac{3}{2}$

5-6 (1) 0 (2) 0 (3) 0 (4) 0

5-7 (1) ∞ (2) $-\infty$ (3) ∞ (4) $-\infty$

5-8 (1) 0 (2) 0 (3) 1 (4) $-\frac{3}{2}$

5-9 (1) 0 (2) 0 (2) 0 (4) 1

5-10 (1) 0 (2) 0 (3) 1 (4) ∞
(5) 4

5-11 (1) e^2 (2) $3e^2$ (3) e^3 (4) $-2e^3$

계산기 활용 문제

5-1 (1) -0.667 $\left[-\frac{2}{3}=-0.\dot{6}\right]$　(2) -0.866 $\left[-\frac{\sqrt{3}}{2}=-0.866\right]$

5-2 (1) $\frac{1}{7}$ $\left[\frac{1}{7}\right]$　(2) 1.155 $\left[\frac{2}{\sqrt{3}}=1.155\right]$

5-3 (1) 8.000 $[8]$　(2) 3 $[3]$　(3) 1 $[1]$　(4) $\frac{1}{4}$ $\left[\frac{1}{4}\right]$

(5) 1.015 $[-\sqrt{6}+2\sqrt{3}=1.015]$　(6) $\frac{4999}{14999}$ 또는 0.333 $\left[\frac{1}{3}=0.\dot{3}\right]$

5-4 (1) 54.598 $[e^4=54.598]$　(2) 0.135 $\left[\frac{1}{e^2}=0.135\right]$

(3) 1.000 $[1]$　(4) 1.000 $[1]$

5-5 (1) 2 $[2]$　(2) 1 $[1]$

(3) 1 $[1]$　(4) $\frac{400005}{200002}$ 또는 2.000 $[2]$

5-6 (1) 1 $[1]$　(2) -1 $[-1]$　(3) 5 $[5]$　(4) -2 $[-2]$

5-7 (1) 0.5 $\left[\frac{1}{2}\right]$　(2) 1 $[1]$

5-8 (1) 1.000 $[1]$　(2) $\frac{4}{7}$ $\left[\frac{4}{7}\right]$

5-9 (1) $\frac{1}{2}\pi$ $\left[\frac{1}{2}\pi\right]$　(2) $\frac{1}{4}\pi$ $\left[\frac{1}{4}\pi\right]$

5-10 (1) 2 $[2]$　(2) 3 $[3]$　(3) -6 $[-6]$　(4) $\frac{5}{6}$ $\left[\frac{5}{6}\right]$

연습문제

6-1 (1) $\frac{1}{k}-\frac{1}{k+1}$ (2) $\frac{1}{2}\left(\frac{1}{k+1}-\frac{1}{k+3}\right)$

(3) $\frac{1}{-2}\left(\frac{1}{k+4}-\frac{1}{k+2}\right)$

6-2 (1) $\frac{10}{11}$ (2) $\frac{35}{104}$

6-3 (1) $\sqrt{11}-1$ (2) $1-\sqrt{21}$

6-4 (1) $\frac{n}{n+1}$ (2) $\sqrt{n+1}-1$

6-5 (1) 1 (2) ∞

6-6 (1) 2 (2) 발산

6-7 (1) -2 (2) $\frac{19}{3}$

확인문제

6-1 (1) $\frac{1}{2}-\frac{1}{3}$ (2) $\frac{1}{2}\left(\frac{1}{2}-\frac{1}{4}\right)$ (3) $\frac{1}{3}\left(\frac{1}{2}-\frac{1}{5}\right)$ (4) $\frac{1}{4}\left(\frac{1}{2}-\frac{1}{6}\right)$

6-2 (1) $\frac{1}{2}\left(\frac{1}{13}-\frac{1}{15}\right)$ (2) $\frac{1}{3}\left(\frac{1}{17}-\frac{1}{20}\right)$ (3) $\frac{1}{4}\left(\frac{1}{13}-\frac{1}{17}\right)$ (4) $\frac{1}{6}\left(\frac{1}{15}-\frac{1}{21}\right)$

6-3 (1) $\frac{1}{k+1}-\frac{1}{k+2}$ (2) $\frac{2}{k}-\frac{2}{k+1}$

(3) $\frac{1}{2}\left(\frac{1}{2n-1}-\frac{1}{2n+1}\right)$ (4) $\frac{1}{2n+1}-\frac{1}{2n+3}$

6-4 (1) $\frac{5}{12}$ (2) $\frac{20}{11}$ (3) $\frac{10}{21}$ (2) $\frac{20}{69}$

6-5 (1) 3 (2) -3 (3) $1-\sqrt{21}$ (4) $\sqrt{21}-1$

6-6 (1) $\frac{n}{2n+4}$ (2) $\frac{n}{2n+1}$ (3) $1-\sqrt{n+1}$ (4) $1-\sqrt{2n+1}$

6-7 (1) $\frac{1}{2}$로 수렴 (2) $\frac{1}{2}$로 수렴

(3) 음의 무한대로 발산 (4) 음의 무한대로 발산

6-8 (1) 1 (2) $\frac{5}{2}$ (3) $-\frac{2}{5}$ (4) $-\frac{4}{7}$

6-9 (1) 발산 (2) $\frac{2}{3}$ (3) 1 (4) 발산

6-10 (1) $\frac{7}{4}$ (2) $-\frac{5}{4}$ (3) $\frac{14}{5}$ (4) $-\frac{16}{5}$

계산기 활용 문제

6-1 (1) $S_{100}=0.740,\ S_{200}=0.745,\ \sum_{k=1}^{\infty}\frac{1}{k(k+2)}\approx 0.748\ \left[\frac{3}{4}=0.75\right]$

(2) $S_{100}=0.410,\ S_{200}=0.412,\ \sum_{k=1}^{\infty}\frac{1}{(k+1)(k+3)}\approx 0.414\ \left[\frac{5}{12}=0.41\dot{6}\right]$

(3) $S_{100}=0.164,\ S_{200}=0.165,\ \sum_{k=1}^{\infty}\frac{1}{(2k+1)(2k+3)}\approx 0.166\ \left[\frac{1}{6}=0.1\dot{6}\right]$

(4) $S_{100}=0.496,\ S_{200}=0.499,\ \sum_{k=1}^{\infty}\frac{1}{(2k-1)(2k+1)}\approx 0.499\ \left[\frac{1}{2}=0.5\right]$

6-2 (1) $S_{100}=9.050,\ S_{200}=13.177,\ \sum_{k=1}^{\infty}(\sqrt{k+1}-\sqrt{k})=\infty$

(2) $S_{100}=-9.050,\ S_{200}=-13.177,\ \sum_{k=1}^{\infty}(\sqrt{k}-\sqrt{k+1})=-\infty$

(3) $S_{100}=-13.177,\ S_{200}=-19.025,\ \sum_{k=1}^{\infty}(\sqrt{2k-1}-\sqrt{2k+1})=-\infty$

(4) $S_{100}=13.177,\ S_{200}=19.025,\ \sum_{k=1}^{\infty}(\sqrt{2k+1}-\sqrt{2k-1})=\infty$

6-3 (1) $S_{20}=1.999,\ S_{30}=2.000,\ \sum_{n=1}^{\infty}\left(\frac{2}{3}\right)^n\approx 2.000\ [2]$

(2) $S_{20}=7.500,\ S_{30}=7.500,\ \sum_{n=1}^{\infty}5\left(\frac{3}{5}\right)^n\approx 7.5\ \left[\frac{15}{2}=7.5\right]$

(3) $S_{20}=-0.400,\ S_{30}=-0.400,\ \sum_{n=1}^{\infty}\left(-\frac{2}{3}\right)^n\approx -0.400\ \left[-\frac{2}{5}=-0.4\right]$

(4) $S_{20}=-0.750,\ S_{30}=-0.750,\ \sum_{n=1}^{\infty}2\left(-\frac{3}{5}\right)^n\approx -0.75\ \left[-\frac{3}{4}=-0.75\right]$

6-4 (1) $S_{20}=0.917,\ S_{30}=0.917,\ \sum_{n=1}^{\infty}\frac{1+3^n}{7^n}\approx\frac{11}{12}\ \left[\frac{11}{12}=0.91\dot{6}\right]$

(2) $S_{20}=-0.583,\ S_{30}=-0.583,\ \sum_{n=1}^{\infty}\frac{1-3^n}{7^n}\approx-\frac{7}{12}\ \left[-\frac{7}{12}=0.58\dot{3}\right]$

(3) $S_{20}=0.625,\ S_{30}=0.625,\ \sum_{n=1}^{\infty}\frac{(-1)^n+3^n}{7^n}\approx\frac{5}{8}\ \left[\frac{5}{8}=0.625\right]$

(4) $S_{20}=-0.875,\ S_{30}=-0.875,\ \sum_{n=1}^{\infty}\frac{(-1)^n-3^n}{7^n}\approx-\frac{7}{8}\ \left[-\frac{7}{8}=0.875\right]$

6-5 (1) $S_{100}=1.067,\ S_{200}=1.072,\ \sum_{n=1}^{\infty}\frac{1}{n^2+1}\approx1.074\ \left[\frac{-1+\pi\coth(\pi)}{2}\right]=1.077$

(2) $S_{100}=0.688,\ S_{200}=0.691,\ \sum_{n=1}^{\infty}\frac{(-1)^{n+1}}{n}\approx0.692\ [\ln2=0.693]$

6-6 (1) $S_{20}=10.800,\ S_{30}=\frac{54}{5},\ \sum_{n=1}^{\infty}3^{2+n}\times2^{1-3n}\approx\frac{54}{5}\ \left[\frac{54}{5}=10.8\right]$

(2) $S_{20}=35.989,\ S_{30}=36.000,\ \sum_{n=1}^{\infty}\frac{2^{n+1}}{3^{n-2}}\approx36.000\ [36]$

6-7 (1) $S_{20}=4.732,\ S_{30}=4.732,\ \sum_{n=1}^{\infty}2\left(\frac{1}{\sqrt{3}}\right)^{n-1}\approx4.732\ [3+\sqrt{3}=4.732]$

(2) $S_{20}=0.155,\ S_{30}=0.155,\ \sum_{n=1}^{\infty}\left(\frac{1}{\sqrt{3}+1}\right)^{2n}\approx0.155\ \left[\frac{2}{\sqrt{3}}-1=0.155\right]$

6-8 (1) $S_{20}=0.400,\ S_{30}=0.400,\ \sum_{n=1}^{\infty}\left(\frac{1}{2}\right)^n\sin\frac{n\pi}{2}\approx\frac{2}{5}\ \left[\frac{2}{5}=0.4\right]$

(2) $S_{20}=-0.461,\ S_{30}=-0.462,\ \sum_{n=1}^{\infty}\left(-\frac{2}{3}\right)^n\sin\frac{n\pi}{2}\approx$-0.462 $\left[-\frac{6}{13}=-0.462\right]$

(3) $S_{20}=-0.100,\ S_{30}=-\frac{1}{10},\ \sum_{n=1}^{\infty}\left(\frac{1}{3}\right)^n\cos\frac{n\pi}{2}\approx-\frac{1}{10}\ \left[-\frac{1}{10}=-0.1\right]$

(4) $S_{20}=0.250,\ S_{30}=\frac{1}{4},\ \sum_{n=1}^{\infty}\left(-\frac{1}{3}\right)^n\sin\left(\frac{\pi}{6}+n\pi\right)\approx\frac{1}{4}\ \left[\frac{1}{4}=0.25\right]$

6-9 $S_{20}=19.295,\ S_{30}=19.313,\ \sum_{n=1}^{\infty}\left(8\times\left(\frac{1}{\sqrt{2}}\right)^n\right)\approx19.314\ [8(1+\sqrt{2})=19.314]$

6-10 $S_{100}=9.050,\ S_{200}=13.177,\ \sum_{n=1}^{\infty}\left(\frac{1}{\sqrt{n+1}+\sqrt{n}}\right)\approx\infty$

연습문제

7-1	(1) 4	(2) 5	(3) ∞
7-2	(1) 1	(2) -1	(3) 발산
7-3	(1) 4	(2) 6	(3) $\frac{1}{2}$
7-4	(1) 불연속	(2) 불연속	(3) 연속
	(4) 불연속	(5) 불연속	(6) 연속

-5 $a=\frac{1}{6}$

7-6 1

7-7 $f(x)=x^2-2x-2$에서 $f(1)=1-2-2=-3<0$이고
$f(3)=9-6-2=1>0$이므로 $f(c)=c^2-2c-2=0$이 되는 c가 $(1,\ 3)$에서 존재

7-8 최솟값 : $f(0)=0$, 최댓값 : $f(3)=9$

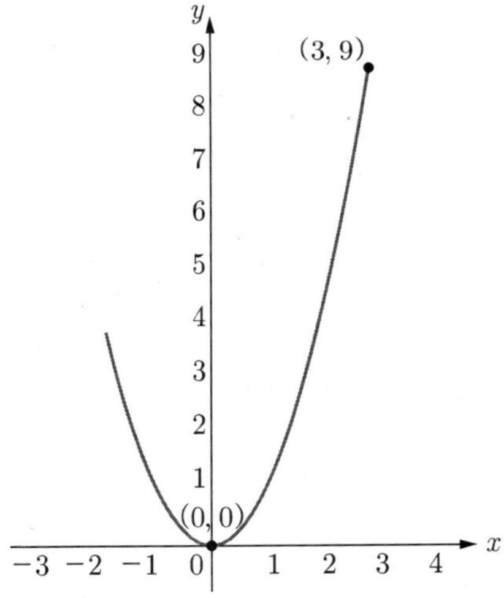

확인문제

7-1	(1) 6	(2) 1	(3) ∞
7-2	(1) -1	(2) 1	(3) 없음

7-3 (1) 4　(2) 0　(3) $-\frac{1}{2}$

7-4 (1) 불연속　(2) 연속　(3) 불연속
(4) 불연속　(5) 연속

7-5 $a=\frac{1}{2}$

7-6 (1) 0　(2) 1　(3) e　(4) 0

7-7 $f(x)=x^2+x-3$에서 $f(0)=-3<0$이고 $f(2)=4+2-3=3>0$이므로
$f(c)=c^2+c-3=0$이 되는 c가 $(0,\ 2)$에서 존재

7-8 최댓값 : $f(0)=0$, 최솟값 : $f(-3)=-9$

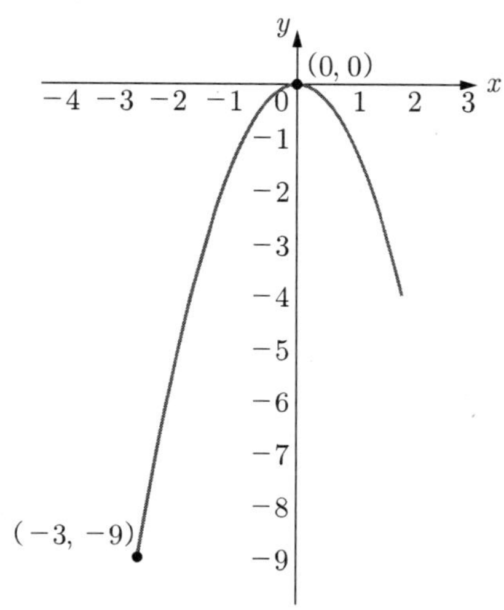

계산기 활용 문제

7-1 (1) 2　(2) 0　(3) $\sqrt{2}-1$
(4) $e-1$ 또는 2.142

7-2 (1) 2　(2) 6　(3) 0 (4) $-\frac{5}{4}$

7-3 (1) 0.167 $\left[\frac{1}{6}=0.1\dot{6}\right]$　(2) 0.250 $\left[\frac{1}{4}=0.25\right]$
(3) 0.500 $\left[\frac{1}{2}=0.5\right]$ (4) -0.293 $\left[\frac{1}{2}(\sqrt{2}-2)=-0.293\right]$

7-4 (1) 3 [3]　(2) 1 [1]
(3) 0.250 $\left[\frac{1}{4}=0.25\right]$　(4) 1 [1]

7-5 (1) 1 (2) $\frac{3}{4}$ (3) 1 (4) 0.4

7-6 (1) 1 (2) $\frac{3}{2}$ (3) 1 (4) $\frac{1}{2}$

7-7 (1) -1 (2) 2 (3) 0 (4) $\frac{\sqrt{2}}{2}$

7-8 (1) $\frac{3}{2}$ (2) $\frac{3}{2}$ (3) 1 (4) 1

7-9 (1) 0.4 $\left[\frac{2}{5}\right]$ (2) -0.4 $\left[-\frac{2}{5}\right]$

(3) 1.5 $\left[\frac{3}{2}\right]$ (4) 0.600 $\left[\frac{3}{5}\right]$

연습문제

8-1 (1) 2 (2) 1

8-2 $f'(2)=4$

8-3 (1) $f'(x)=3$ (2) $f'(x)=2x$

8-4 (1) $f'(x)=0$ (2) $g'(x)=7x^6$

(3) $h'(x)=15x^{14}$ (4) $i'(x)=2017x^{2016}$

(5) $j'(x)=2x+2$ (6) $k'(x)=x^2-2x$

(7) $l'(x)=4x^3-3x^2+2x+3$ (8) $m'(x)=\dfrac{x^2-2x-3}{(3x-1)^2}$

8-5 (1) $y'=9(3x-2)^2$ (2) $y'=3(x^2+3x)^2(2x+3)$

(3) $y'=\dfrac{2x+1}{2\sqrt{x^2+x}}$

8-6 (1) $y=1(x-2)-2$ 또는 $y=x-4$

(2) $y=-\dfrac{1}{4}(x-2)+\dfrac{1}{2}$ 또는 $y=-\dfrac{1}{4}x+1$

8-7 (1) $c=\dfrac{3}{2}$ (2) $c=\dfrac{1}{2}$

확인문제

8-1 (1) -2 (2) 5

8-2 (1) $f'(1)=2$ (2) $f'(1)=-1$

8-3 (1) $f'(x)=\lim_{h\to0}\dfrac{f(x+h)-f(x)}{h}=\lim_{h\to0}\dfrac{\{2(x+h)-3\}-(2x-3)}{h}$

$=\lim_{h\to0}\dfrac{2h}{h}=2$

(2) $f'(x)=\lim_{h\to0}\dfrac{f(x+h)-f(x)}{h}=\lim_{h\to0}\dfrac{\{2(x+h)^2\}-(2x^2)}{h}$

$=\lim_{h\to0}\dfrac{\{2x^2+4hx+2h^2\}-(2x^2)}{h}=\lim_{h\to0}\dfrac{4hx+2h^2}{h}$

$=\lim_{h\to0}(4x+2h)=4x$

8-4 (1) $f'(x)=0$ (2) $f'(x)=0$

(3) $f'(x)=0$ (4) $f'(x)=0$

8-5 (1) $f'(x)=9x^8$ (2) $f'(x)=12x^{11}$

(3) $f'(x)=-27x^8$ (4) $f'(x)=36x^{11}$

8-6 (2) $f'(x)=2x-2$ (2) $f'(x)=6x^2-6x+5$

8-7 (1) $f'(x)=(x^2+2x+1)+(x+1)(2x+3)$ 또는 $f'(x)=3x^2+8x+4$

(2) $f'(x)=2x(x^3+8)+(x^2+1)(3x^2)$ 또는 $f'(x)=x(5x^3+3x+16)$

8-8 (1) $f'(x)=\dfrac{2x(x+1)-(x^2+1)}{(x+1)^2}$ 또는 $f'(x)=\dfrac{x^2+2x-1}{(x+1)^2}$

(2) $f'(x)=\dfrac{(2x+2)(2x)-(x^2+2x+1)(2x)}{x^4}$ 또는 $f'(x)=-\dfrac{2(x+1)}{x^3}$

8-9 (1) $y'=3(2x-3)^2\cdot 2$ 또는 $y'=6(2x-3)^2$

(2) $y'=3(-x^2+2x)^2(-2x+2)$ 또는 $-6(x-1)(-x^2+2x)^2$

(3) $y'=\dfrac{2}{2\sqrt{2x+3}}$ 또는 $y'=\dfrac{1}{\sqrt{2x+3}}$

(4) $y'=\dfrac{-2x}{2\sqrt{2-x^2}}$ 또는 $y'=\dfrac{-x}{\sqrt{2-x^2}}$

8-10 (1) $y=2(x-2)+3$ 또는 $y=2x-1$

(2) $y=6(x-1)+1$ 또는 $y=6x-5$

8-11 (1) $c=\dfrac{1}{2}$ (2) $c=\dfrac{1}{2}$

계산기 활용 문제

8-1 (1) 9 (2) 12

8-2 (1) $\dfrac{3}{10}$ (2) $\dfrac{1143}{10}$

8-3 (1) 13 (2) $\dfrac{5}{3}$ (3) $\sqrt{6}-\sqrt{2}$

8-4 (1) 45 (2) -0.13 (3) 1.004

8-5 (1) 98 (2) $\dfrac{2}{3}$ (3) -1.029

8-6 (1) 164 (2) -0.016 (3) 0.829

8-7 (1) -1 (2) $\frac{7}{2}$

8-8 (1) 1 (2) $-\frac{201}{64}$

8-9 (1) 0.901 (2) 0.108

8-10 (1) 90774 (2) -57686946

8-11 (1) $y=\frac{2}{3}(x-2)+0$ 또는 $y=\frac{2}{3}x-\frac{4}{3}$

(2) $y=-\frac{7}{4}(x-0)+\frac{1}{2}$ 또는 $y=-\frac{7}{4}x+\frac{1}{2}$

연습문제

9-1 (1) $\frac{2\sqrt{3}}{3}$ (2) 2 (3) -1

9-2 (1) $y' = 2\cos(2x+1)$ (2) $y' = -3\sin(3x+1)$

(3) $y' = -4\sec^2(-4x)$ (4) $y' = 5\sec(5x)\tan(5x)$

9-3 (1) $\frac{1}{2}$ (2) -1 (3) e (4) 8

9-4 (1) $y' = 3^x \cdot \ln 3 - e^x$ (2) $y' = e^x(1+x)$

(3) $y' = 3\ln 2 \cdot 2^{3x+1}$ (4) $y' = e^{2x}(1+2x)$

9-5 (1) $y' = \frac{1}{\ln 2} \cdot \frac{3}{3x+2}$ (2) $y' = \frac{5}{5x+2}$

(3) $y' = \frac{2x}{x^2+1}$ (4) $y' = x^2(3x\ln x + 1)$

9-6 (1) $y' = x^x(\ln x + 1)$

(2) $y' = (2x+1)^{\sin x}\left(\cos x \ln(2x+1) + \frac{2\sin x}{2x+1}\right)$

9-7 (1) $y' = 3\cosh(3x) + 2\sinh(2x)$

(2) $y' = e^x \tanh x + e^x \mathrm{sech}^2 x$

9-8 (1) $\frac{1}{2}$ (2) $\frac{1}{4}$

확인문제

9-1 (1) $\sqrt{2}$ (2) $\frac{2\sqrt{3}}{3}$ (3) $-\sqrt{3}$

9-2 (1) 2 (2) $\sqrt{2}$ (3) $-\frac{\sqrt{3}}{3}$

9-3 (1) $y' = -2\cos(-2x+1)$ (2) $y' = 3\sin(-3x+1)$

(3) $y' = 2\sec^2(2x)$

9-4 (1) $y' = 3\sec(3x+2)\tan(3x+2)$ (2) $y = -4\mathrm{cosec}(4x+2)\cot(4x+2)$

(3) $y' = -5\mathrm{cosec}^2(5x-3)$

9-5 (1) $\frac{3}{2}$ (2) $\frac{15}{2}$

9-6 (1) $y' = 3^x \cdot \ln 3 + 3^x$ 또는 $y' = 3^x(\ln 3 + 1)$

(2) $y' = 2xe^x + x^2e^x$ 또는 $y' = x(2+x)e^x$

(3) $y' = 3^{2x+1} \cdot \ln 3 \cdot 2$ 또는 $y' = 2\ln 3 \cdot 3^{2x+1}$

(4) $y' = 2e^{2x} + (2x+1)e^{2x} \cdot 2$ 또는 $y' = 4e^{2x}(x+1)$

9-7 (1) $y' = \frac{3}{3x+2} \cdot \frac{1}{\ln 3}$ 또는 $y' = \frac{3}{\ln 3(3x+2)}$

(2) $y' = \frac{-2}{-2x+3}$ (3) $y' = \frac{2x}{x^2-1}$

(4) $y' = 2x\ln x + x^2 \cdot \frac{1}{x}$ 또는 $y' = x(2\ln x + 1)$

9-8 (1) $y' = (2x+1)^x\left(\frac{2x}{2x+1} + \ln(2x+1)\right)$

(2) $y' = (2x+1)^{\cos x}\left(\frac{2\cos x}{2x+1} - \ln(2x+1)\sin x\right)$

9-9 (1) $y' = 2\cosh(2x) - 3\sinh(3x)$

(2) $y' = e^x\tanh(2x) + e^x\operatorname{sech}^2(2x) \cdot 2$ 또는 $y' = e^x(\tanh(2x) + 2\operatorname{sech}^2(2x))$

9-10 (1) $-\frac{1}{2}$ (2) $\frac{1}{4}$

계산기 활용 문제

9-1	(1) $\frac{1}{3}$	(2) 1.504	(3) 0	(4) 3.064
9-2	(1) $x = 0.099$	(2) $x = 0.382$	(3) $x = 1.167$	(4) $x = 0.135$
9-3	(1) -0.200	(2) 42.581	(3) -0.135	
9-4	(1) 2.061	(2) 3.518	(3) -0.840	
9-5	(1) 0.75	(2) 0.033	(3) 0.517	
9-6	(1) 1.030	(2) 5.062	(3) 0.637	
9-7	(1) $-\pi$	(2) -6.283	(3) -23.141	
9-8	(1) $-\frac{1}{2}\pi$	(2) 1.064	(3) 0	
9-9	(1) -0.163	(2) 0.362	(3) 0.071	
9-10	(1) 3.386	(2) 0.033	(3) 2.538	
9-11	(1) 0.716	(2) -1	(3) 0	

연습문제

10-1 (1) $\int 2x dx = x^2 + C$ (2) $\int (3x^2 + 2x) dx = x^3 + x^2 + C$

10-2 (1) $\int 5 dx = 5x + C$ (2) $\int -3 dx = -3x + C$

(3) $\int x^4 dx = \frac{1}{5}x^5 + C$ (4) $\int x^7 dx = \frac{1}{8}x^8 + C$

10-3 (1) $\int (2x+3) dx = x^2 + 3x + C$

(2) $\int (5x^3 - 3x^2 + x + 1) dx = \frac{5}{4}x^4 - x^3 + \frac{1}{2}x^2 + x + C$

10-4 (1) $\int_0^1 x^2 dx = \frac{1}{3}$ (2) $\int_1^2 (4x^3 - 2x) dx = 12$

10-5 $\int_1^2 (1-3x^2) dx + \int_2^3 (1-3x^2) dx = -24$

10-6 (1) $\int_{-1}^{1} (4x^3 + 3x^2 - 7x + 2) dx = 6$ (2) $\int_{-2}^{2} \sin x dx = 0$

10-7 (1) $\int (2x-3)^4 dx = \frac{1}{10}(2x-3)^5 + C$

(2) $\int (3x-2)^7 dx = \frac{1}{24}(3x-2)^8 + C$

10-8 (1) $\int \sqrt{x}\, dx = \frac{2}{3}x^{\frac{2}{3}} + C$ (2) $\int \sqrt[3]{x}\, dx = \frac{3}{4}x^{\frac{4}{3}} + C$

(3) $\int \sqrt[4]{x^3}\, dx = \frac{4}{7}x^{\frac{7}{4}} + C$

(4) $\int \frac{1}{x^3} dx = -\frac{1}{2}x^{-2} + C$ 또는 $\int \frac{1}{x^3} dx = -\frac{1}{2x^2} + C$

(5) $\int \frac{2}{x} dx = 2\ln x + C$

확인문제

10-1 (1) $\int 7dx = 7x + C$　(2) $\int -7dx = -7x + C$

(3) $\int 2020dx = 2020x + C$　(4) $\int -2020dx = -2020x + C$

10-2 (1) $\int x^3dx = \frac{1}{4}x^4 + C$　(2) $\int x^5dx = \frac{1}{6}x^6 + C$

(3) $\int x^{100}dx = \frac{1}{101}x^{101} + C$　(4) $\int x^{2018}dx = \frac{1}{2019}x^{2019} + C$

10-3 (1) $\int (2x-3)dx = x^2 - 3x + C$

(2) $\int (x^2+2x+1)dx = \frac{1}{3}x^3 + x^2 + x + C$

(3) $\int (8x^3+6x^2-2x+1)dx = 2x^4 + 2x^3 - x^2 + x + C$

(4) $\int (x+1)(x-1)dx = \frac{1}{3}x^3 - x + C$

10-4 (1) $\int 2dt = 2t + C$

(2) $\int (w^2+2w-1)dw = \frac{1}{3}w^3 + w^2 - w + C$

10-5 (1) $\int_0^2 x^2dx = \frac{8}{3}$　(2) $\int_1^2 (-4x^3+2x)dx = -12$

(3) $\int_{-1}^2 (4x-2)dx = 0$　(4) $\int_1^2 (x^2-2x+1)dx = \frac{1}{3}$

10-6 (1) $\int_1^2 (1-x^2)dx + \int_2^3 (1-x^2)dx = -\frac{20}{3}$

(2) $\int_0^1 (x^3-2x+1)dx - \int_0^1 (x^3-2x-1)dx = 2$

(3) $\int_5^5 (8x^3+6x^2-2x+1)dx = 0$

(4) $\int_7^7 (\sin x + \cos x + \tan x)dx = 0$

10-7 (1) -6　(2) 16　(3) 0　(4) 0

10-8 (1) $\int (3x-2)^3dx = \frac{1}{12}(3x-2)^4 + C$

(2) $\int (-2x+3)^5dx = -\frac{1}{12}(-2x+3)^6$

10-9 (1) $\int \left(\frac{2}{x^2} - \frac{4}{x^3}\right)dx = -\frac{2}{x} + \frac{2}{x^2} + C$

(2) $\int\left(\sqrt{x}+\frac{1}{x^2}\right)dx=\frac{2}{3}x^{\frac{3}{2}}-\frac{1}{x}+C=\frac{2}{3}\sqrt{x^3}-\frac{1}{x}+C$

(3) $\int\left(\frac{1}{x}+\frac{1}{x^2}\right)dx=\ln x-\frac{1}{x}+C$

계산기 활용 문제

10-1 (1) $\int_0^2(x^2+1)dx=\frac{14}{3}$　(2) $\int_2^0(x^2+1)dx=-\frac{14}{3}$

(3) $\int_0^2(5x^2+5)dx=\frac{70}{3}$　(4) $\int_0^2(y^2+1)dy=\frac{14}{3}$

10-2 (1) $\int_1^5(x^2+2x+2)dx=\frac{220}{3}$　(2) $\int_1^2\frac{1}{x^5}dx=\frac{15}{64}$

(3) $\int_0^2 x\sqrt{x}\,dx=2.263$　(4) $\int_1^5\frac{1}{x^2\sqrt{x}}dx=0.607$

10-3 (1) $\int_1^3\frac{1}{x}(x-x^3)dx=-\frac{20}{3}$　(2) $\int_0^1 x(\sqrt{x}-x)dx=0.067$

(3) $\int_{-1}^1(x+1)^4dx=\frac{32}{5}$　(4) $\int_{-1}^1\sqrt{x^2-2x+2}\,dx=2.958$

10-4 (1) $\int_{-2}^5(x^3-5x-7)dx=\frac{203}{4}$　(2) $\int_1^3|x^2-x-2|dx=3$

(3) $\int_1^5\frac{1}{x}dx=1.609$　(4) $\int_{-2}^2\sqrt{4-x^2}\,dx=6.283$

10-5 (1) $\int_0^1(2x-3)(3x^2-1)^3dx=-\frac{17}{140}$

(2) $\int_0^1 5(x-4)\sqrt[3]{x^2-8x}\,dx=25.107$

10-6 (1) $\frac{1}{3}$　(2) 0.667　(3) 0.693　(4) 0.307

연습문제

11-1 (1) $\int_0^1 (x^2+2x-3)dx = -\frac{5}{3}$ (2) $\int (2x-3)^5 dx = \frac{1}{12}(2x-3)^6 + C$

(3) $\int \left(x+\frac{1}{x}\right)dx = \frac{1}{2}x^2 + \ln|x| + C$ (4) $\int \sqrt{x^3}\, dx = \frac{2}{5}x^{\frac{5}{2}} + C$

11-2 (1) $\int (2\sin x + \cos x)dx = -2\cos x + \sin x + C$

(2) $\int (-\sin x + 5\cos x + x - 3)dx = \cos x + 5\sin x + \frac{1}{2}x^2 - 3x + C$

(4) $\int (\sec^2 x + \sec x \tan x)dx = \tan x + \sec x + C$

11-3 (1) $\int_0^1 e^x dx = e - 1$ (2) $\int (5e^x - x)dx = 5e^x - \frac{1}{2}x^2 + C$

(3) $\int (3^x - x^3)dx = \frac{3^x}{\ln 3} - \frac{1}{4}x^4 + C$

1-4 (1) $\int ((x^2+1)^5 \cdot 2x)dx = \frac{1}{6}(x^2+1)^6 + C$

(2) $\int \sin^3 x \cos x dx = \frac{1}{4}\sin^4 x + C$

(3) $\int_0^1 2x(x^2+1)^5 dx = \frac{21}{2}$

11-5 (1) $\int (3x^2-2x)^5(6x-2)dx = \frac{1}{6}(3x^2-2x) + C$

(2) $\int (2x-3)^5 dx = \frac{1}{12}(2x-3)^6 + C$

(3) $\int \sin(2x-3)dx = -\frac{1}{2}\cos(2x-3) + C$

(4) $\int \cos(2x-3)dx = \frac{1}{2}\sin(2x-3) + C$

(5) $\int \frac{\cos x}{\sin x}dx = \ln|\sin x| + C$

(6) $\int \frac{\sin x}{\cos x}dx = -\ln|\cos x| + C$

11-6 (1) $\int x\cos x dx = x\sin x + \cos x + C$

(2) $\int x\sin x dx = -x\cos x + \sin x + C$

11-7 $\int \ln x dx = x\ln x - x + C$

11-8 (1) $\frac{1}{2-0}\int_0^2 3x^2 dx = 4$ (2) $\frac{1}{2-0}\int_0^2 (2x-3)^2 dx = \frac{7}{3}$

확인문제

11-1 (1) $\int (x^2 - 2x + 4)dx = \frac{1}{3}x^3 - x^2 + 4x + C$

(2) $\int (-x^3 - 5x^2 + 2)dx = -\frac{1}{4}x^4 - \frac{5}{3}x^3 + 2x + C$

(3) $\int (3x+2)^4 dx = \frac{1}{15}(3x+2)^5 + C$

(4) $\int_0^1 (-2x+5)^3 dx = 68$

(5) $\int \left(x^2 + x + \frac{1}{x}\right)dx = \frac{1}{3}x^3 + \frac{1}{2}x^2 + \ln|x| + C$

(6) $\int \left(x - \frac{1}{x} + \frac{1}{x^2}\right)dx = \frac{1}{2}x^2 - \ln|x| - \frac{1}{x} + C$

(7) $\int \sqrt{x} + \sqrt{x^3}\, dx = \frac{2}{3}x^{\frac{3}{2}} + \frac{2}{5}x^{\frac{5}{2}} + C$

(8) $\int_0^1 \sqrt[4]{x^3}\, dx = \frac{4}{7}$

11-2 (1) $\int (\sin x + \cos x)dx = -\cos x + \sin x + C$

(2) $\int (\cos x - \sin x)dx = \sin x + \cos x + C$

(3) $\int (3\sin x + 4\cos x)dx = -3\cos x + 4\sin x + C$

(4) $\int (7\sin x - 4\cos x)dx = -7\cos x - 4\sin x + C$

(5) $\int (5\sec^2 x - 2\sec x\tan x)dx = 5\tan x - 2\sec x + C$

(6) $\int (\sec x)(\sec x + \tan x)dx = \tan x + \sec x + C$

11-3 (1) $\int_1^2 e^x dx = e^2 - e$

(2) $\int 4e^x dx = 4e^x + C$

(3) $\int 3^x dx = \frac{3^x}{\ln 3} + C$

(4) $\int 10^x dx = \frac{10^x}{\ln 10} + C$

(5) $\int (2^x + x^2) dx = \frac{2^x}{\ln 2} + \frac{1}{3}x^3 + C$

(6) $\int (2^x + 3^x) dx = \frac{2^x}{\ln 2} + \frac{3^x}{\ln 3} + C$

11-4 (1) $\int ((x^2+x)^5 \cdot (2x+1)) dx = \frac{1}{6}(x^2+x)^6 + C$

(2) $\int \cos^3 x(-\sin x) dx = \frac{\cos^4 x}{4} + C$

(3) $\int_1^2 2x(x^2-1)^5 dx = \frac{243}{2}$

11-5 (1) $\int (2x+1)^3 \cdot 2dx = \frac{1}{4}(2x+1)^4 + C$

(2) $\int (2x+1)^3 dx = \frac{1}{8}(2x+1)^4 + C$

(3) $\int \sin(3x+1) dx = -\frac{1}{3}\cos(3x+1) + C$

(4) $\int \cos(3x+1) dx = \frac{1}{3}\sin(3x+1) + C$

(5) $\int \frac{\sec^2 x}{\tan x} dx = \ln|\tan x| + C$

(6) $\int \frac{2x}{1+x^2} dx = \ln(1+x^2) + C$

11-6 $\int xe^x dx = e^x \cdot x - \int e^x dx = e^x \cdot x - e^x + C = e^x(x-1) + C$

11-7 부분적분법을 적용하면

$$\int x \ln x dx = \frac{1}{2}x^2 \ln x - \int \frac{1}{2}x^2 \cdot \frac{1}{x} dx = \frac{1}{2}x^2 \ln x - \int \frac{1}{2} x dx$$

$$= \frac{1}{2}x^2 \ln x - \frac{1}{4}x^2 + C$$

11-8 (1) $\frac{10}{3}$ (2) $\frac{31}{3}$

계산기 활용 문제

11-1 (1) $\int_1^3 8dx = 16$ (2) $\int_0^1 5x^2 dx = \frac{5}{3}$

(3) $\int_0^3 (x^2+4)dx = 21$ (4) $\int_0^3 (x^2-2x+4)dx = 12$

11-2 (1) $\int_0^5 (-x^3-5x^2+2)dx = -\frac{4255}{12}$ (2) $\int_1^2 (3x+2)^4 dx = \frac{9881}{5}$

(3) $\int_1^2 \left(x^2+2x+\frac{1}{x}\right)dx = 6.026$ (4) $\int_0^{\sqrt{2}} \sqrt{2-x^2}\, dx = 1.571$

11-3 (1) $\int_0^{\pi} \sin x dx = 2$ (2) $\int_0^{\frac{\pi}{4}} \cos x dx = 0.707$

(3) $\int_0^{\frac{\pi}{4}} \tan x dx = 0.347$ (4) $\int_0^{\frac{\pi}{3}} \sec^2 x dx = 1.732$

11-4 (1) $\int_0^1 2^x dx = 1.443$ (2) $\int_0^1 3^x dx = 1.820$

(3) $\int_0^1 e^x dx = 1.718$ (4) $\int_0^1 (e^x + e^{-x})dx = 2.350$

11-5 (1) $\int_0^{\frac{\pi}{2}} \cos x \sin x dx = \frac{1}{2}$ (2) $\int_0^{\frac{\pi}{4}} \tan x \sec^2 x dx = \frac{1}{2}$

(3) $\int_0^{\frac{\pi}{2}} \sqrt{\sin x + 1}\cos x dx = 1.219$ (4) $\int_{-2}^{0} (x+2)\sqrt{x+3}\, dx = 3.038$

11-6 (1) $\int_{-3}^{3} x^2 \cos x dx = -9.904$ (2) $\int_0^{\pi} x \sin x dx = \pi$

(3) $\int_0^1 x^2 e^x dx = 0.718$ (4) $\int_0^e \ln x dx = 1$

11-7 (1) $\int_0^4 |x^2 - x| dx = \frac{41}{3}$ (2) $\int_0^2 |\sqrt{x} - x| dx = 0.448$

(3) $\int_0^{\pi} |\sin x - \cos x| dx = 2.828$ (4) $\int_0^{\pi} 2\pi |\sin^2 x - \cos^2 x| dx = 4\pi$

11-8 (1) 0.323 (2) 0.918

연습문제

12-1 (1) -4 (2) -1 (3) -3 (4) $3i$

12-2 (1) $\mathrm{Re}(6+8i)=6$, $\mathrm{Im}(6+8i)=8$ $\overline{6+8i}=6-8i$

(2) $\mathrm{Re}(-2i)=0$, $\mathrm{Im}(-2i)=-2$, $\overline{-2i}=2i$

(3) $\mathrm{Re}(-\sqrt{3}i+\sqrt{2})=\sqrt{2}$, $\mathrm{Im}(-\sqrt{3}i+\sqrt{2})=-\sqrt{3}$,

$\overline{-\sqrt{3}i+\sqrt{2}}=\sqrt{3}i+\sqrt{2}$

12-3 (1) $|6+8i|=10$ (2) $|-2i|=2$ (3) $|-\sqrt{3}i+\sqrt{2}|=\sqrt{5}$

12-4 (1) $1+i$ (2) $-5+5i$ (2) $6+2i$ (4) $\dfrac{1+3i}{5}$

12-5 (1) $\sqrt{13}$ (2) $\sqrt{5}$

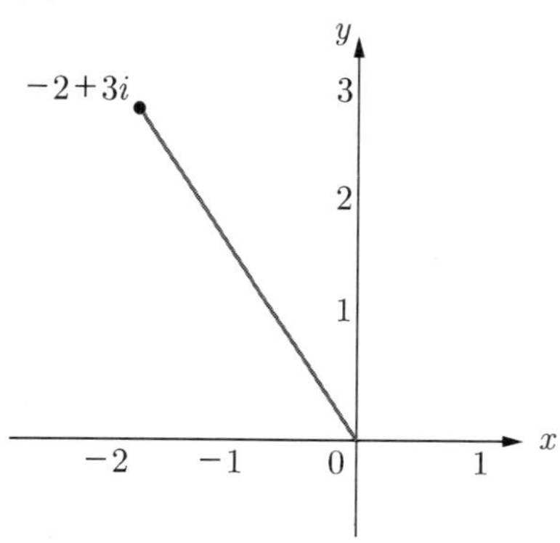

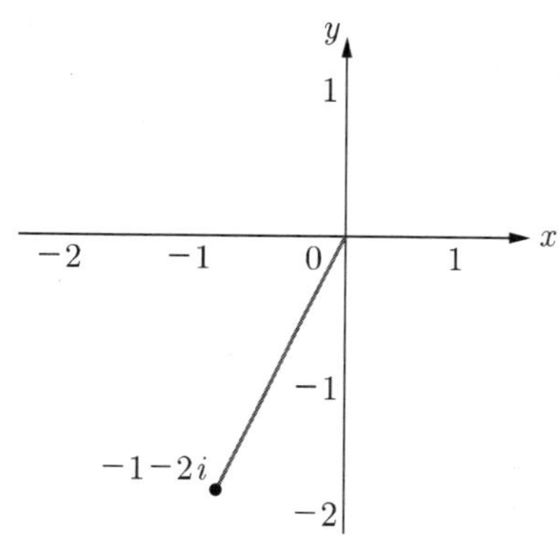

12-6 (1) $2(\cos 60° + i\sin 60°)$ 또는 $2\left(\cos\dfrac{\pi}{3}+i\sin\dfrac{\pi}{3}\right)$

(2) $2+2\sqrt{3}i$

12-7 (1) $6(\cos 30° + i\sin 30°)$ (2) $\dfrac{2}{3}(\cos 90° + i\sin 90°)$

12-8 (1) $8e^{i60°}$ (2) $2e^{i30°}$

12-9 (1) $\cos\pi + i\sin\pi$ (2) $2^6\left(\cos\dfrac{\pi}{2}+i\sin\dfrac{\pi}{2}\right)$

확인문제

12-1 (1) -9 (2) -9 (3) -3 (4) -9

12-2 (1) 실수부 : 3, 허수부 : -2, 켤레복소수 : $3+2i$

(2) 실수부 : 0, 허수부 : 2, 켤레복소수 : $-2i$

(3) 실수부 : $-\sqrt{3}$, 허수부 : $-\sqrt{2}$, 켤레복소수 : $\sqrt{2}i-\sqrt{3}$

12-3 (1) $\sqrt{13}$ (2) 2 (3) $\sqrt{5}$

12-4 (1) $-5-i$ (2) $1-5i$ (3) 2 (4) $\frac{1-3i}{5}$

12-5 (1) 원점과의 거리 : $\sqrt{13}$ (2) 원점과의 거리 : $\sqrt{5}$

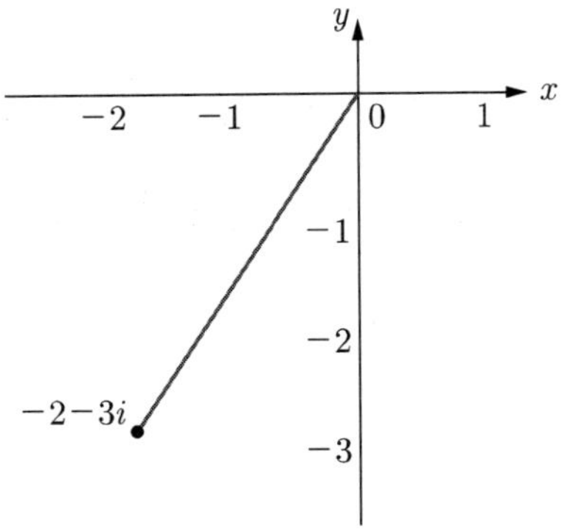

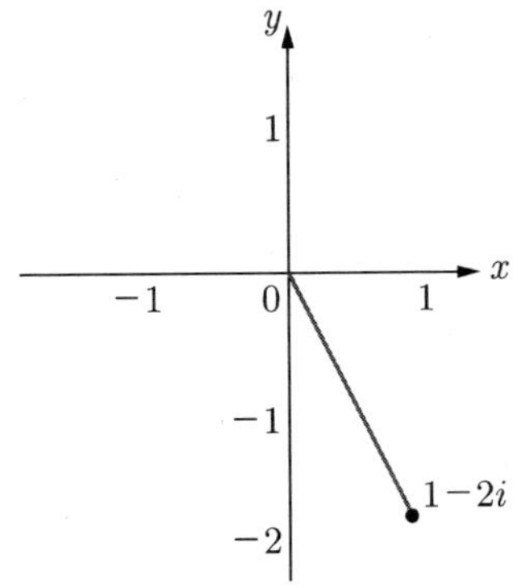

(3) 원점과의 거리 : 5

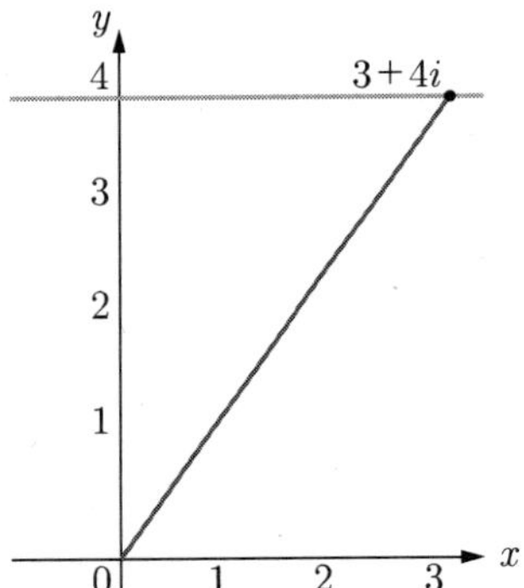

12-6 (1) 절댓값 : $2\sqrt{3}$, 편각 : $30°$ 또는 $\frac{\pi}{6}$, 극형식 : $\sqrt{6}(\cos 45° + i\sin 45°)$

또는 $\sqrt{6}\left(\cos\frac{\pi}{4}+i\sin\frac{\pi}{4}\right)$

(2) $2(\cos 45° + i\sin 45°) = 2\left(\frac{\sqrt{2}}{2}+i\frac{\sqrt{2}}{2}\right) = \sqrt{2}+\sqrt{2}i$

12-7 (1) $6(\cos 180° + i\sin 180°)$ (2) $\frac{3}{2}(\cos 60° + i\sin 60°)$

12-8 (1) $12e^{i90°}$ (2) $3e^{i(-30°)}$

12-9 (1) $\cos 360° + i\sin 360°$ (2) $3(\cos 60° + i\sin 60°)$

계산기 활용 문제

12-1 (1) -1 (2) $-i$ (3) 1 (4) i

12-2 (1) $9.7+7.1i$ (2) $-4.7+1.5i$

(3) $5.96+37.96i$ (4) $\frac{751}{1492}+\frac{599}{1492}i$

12-3 (1) $-\frac{1}{5}-\frac{2}{5}i$ (2) -1 (3) i

12-4 (1) $6-6i$ (2) $2i$ (3) $-\frac{6}{13}-\frac{22}{13}i$ (4) $-74-110i$

12-5 (1) $2(\cos(-30°)+i\sin(-30°))$ 또는 $2\angle -30°$

(2) $2(\cos(120°)+i\sin(120°))$ 또는 $2\angle 120°$

12-6 (1) $-\sqrt{2}+\sqrt{2}i$ (2) $\frac{8}{5}-\frac{8\sqrt{3}}{5}i$

12-7 (1) $2(\cos 90°+i\sin 90°)$ 또는 $2\angle 90°$

(2) $\sqrt{2}(\cos 45°+i\sin 45°)$ 또는 $\sqrt{2}\angle 45°$

12-8 (1) $3+3\sqrt{3}i$ 또는 $6\angle 60°$ (2) $\frac{\sqrt{3}}{3}+\frac{1}{3}i$ 또는 $\frac{2}{3}\angle 30°$

(3) $\frac{3\sqrt{6}+7\sqrt{2}}{4}+\frac{3\sqrt{6}+\sqrt{2}}{4}i$ 또는 $4.837\angle 26.932°$

(4) $\frac{-3\sqrt{6}+\sqrt{2}}{4}+\frac{-3\sqrt{6}+7\sqrt{2}}{4}i$ 또는 $1.615\angle 156.738°$

12-9 (1) $-i$ (2) i

12-10 (1) $8i$ (2) $2035-828i$

12-11 $-\frac{88}{27}$

12-12 $5+10i$

연습문제

13-1 (1) $\overrightarrow{AC}=\overrightarrow{EG}$ (2) $\overrightarrow{AF}=\overrightarrow{DG}$

13-2 (2) $|\overrightarrow{AB}|=\sqrt{5}$ (2) $|\overrightarrow{AB}|=\sqrt{5}$

13-3 (1) $\vec{a}$ (2) $6\vec{a}-4\vec{a}$

13-4 (1) $(3,\ 6)$ (2) $(0,\ 5)$

(3) $(5,\ 0)$ (4) $\frac{1}{\sqrt{5}}(1,\ 2)$ 또는 $\left(\frac{\sqrt{5}}{5},\ \frac{2\sqrt{5}}{5}\right)$

13-5 (1) $(1,\ 1)$ (2) $(-1,\ 1)$ (3) $(1,\ -1)$ (4) $(0,\ 1)$

13-6 (1) -2 (2) $-\frac{\sqrt{2}}{2}$

13-7 (1) $x=-1\ \ x=4$

13-8 두 벡터 $\vec{a}=(1,\ 2)$와 $\vec{b}=(3,\ 5)$를 변으로 갖는 평행사변형의 넓이는 $|\vec{a}\times\vec{b}|\ =1$,

삼각형의 넓이는 $\frac{1}{2}|\vec{a}\times\vec{b}|$이므로 $\frac{1}{2}|\vec{a}\times\vec{b}|=\frac{1}{2}$

확인문제

13-1 (1) $\overrightarrow{BD}=\overrightarrow{FH}$ (2) $\overrightarrow{HD}=\overrightarrow{EA}=\overrightarrow{FB}=\overrightarrow{GC}$

(3) $\overrightarrow{HF}=\overrightarrow{DB}$

13-2 (1) 5 (2) $\sqrt{10}$ (3) $\sqrt{2}$

13-3 (1) $\vec{a}+2\vec{a}-4\vec{a}=-\vec{a}$ (2) $2(\vec{a}+2\vec{b})-4(\vec{a}-2\vec{b})=-2\vec{a}+12\vec{b}$

(3) $-2(2\vec{a}-3\vec{b})-2(3\vec{a}+2\vec{b})=-10\vec{a}+2\vec{b}$

(4) $\frac{s}{2}\vec{a}+\left(\frac{1-s}{2}\right)\vec{a}=\left(\frac{s}{2}+\frac{1-s}{2}\right)\vec{a}=\frac{1}{2}\vec{a}$

13-4 (1) $3\vec{a}=(3,\ -6)$ (2) $\vec{a}+\vec{b}=(3,\ 1)$

(3) $3\vec{a}-2\vec{b}=(-1,\ -12)$

(4) $\frac{1}{|\vec{a}|}\vec{a}=\frac{1}{\sqrt{5}}(1,\ -2)$ 또는 $\left(\frac{\sqrt{5}}{5},\ -\frac{2\sqrt{5}}{5}\right)$ 또는 $(0.447,\ -0.894)$

13-5 (1) $2\overrightarrow{OC}=(2,\ 2)$ (2) $\overrightarrow{AB}+2\overrightarrow{AC}=(-1,\ 3)$

13-6 (1) $\vec{a} \cdot \vec{b}=0$ (2) $\cos\theta=0$

13-7 (1) $k=-2$ (2) $k=2$

13-8 $\vec{a}\times\vec{b}=(-2,\ 1,\ 1)$

13-9 $\vec{a}\times\vec{b}=(-1,\ 2,\ -1)$

13-10 (1) 평행사변형의 넓이 : $|\vec{a}\times\vec{b}|=\sqrt{4+1+1}=\sqrt{6}$ 또는 2.449,

삼각형의 넓이 : $\frac{1}{2}|\vec{a}\times\vec{b}|=\frac{1}{2}\sqrt{6}$ 또는 1.225

(2) 평행사변형의 넓이 : $|\vec{a}\times\vec{b}|=\sqrt{4+1+1}=\sqrt{6}$ 또는 2.449,

삼각형의 넓이 : $\frac{1}{2}|\vec{a}\times\vec{b}|=\frac{1}{2}\sqrt{6}$ 또는 1.225

계산기 활용 문제

13-1 (1) $-2.5\vec{a}=(-2.5,\ -5)$ (2) $3.2\vec{a}+2.1\vec{b}=(9.5,\ 14.8)$

(3) $5.3\vec{a}-3.6\vec{b}=(-5.5,\ -3.8)$

13-2 (1) $-2.5\vec{a}=(-2.5,\ 10,\ -5)$ (2) $3.2\vec{a}+2.1\vec{b}=(7.4,\ 1.9,\ 4.3)$

(3) $5.3\vec{a}-3.6\vec{b}=(-1.9,\ -46.4,\ 14.2)$

13-3 (1) 38 (2) 0.825 (3) $34.308°$

13-4 (1) 2.28 (2) 0.201 (3) $78.393°$

13-5 (1) 13 (2) 0.294 (3) $72.892°$

13-6 (1) -9.56 (2) -0.307 (3) $107.860°$

13-7 (1) $\vec{a}\times\vec{b}=(-2,\ -20,\ -8)$ (2) $|\vec{a}\times\vec{b}|=21.633$

(3) $\frac{1}{2}|\vec{a}\times\vec{b}|=10.817$

13-8 (1) $\vec{a}\times\vec{b}=(-12.34,\ -11.53,\ -6.04)$

(2) $|\vec{a}\times\vec{b}|=17.940$

(3) $\frac{1}{2}|\vec{a}\times\vec{b}|=8.970$

13-9 (1) $k=5$ (2) $k=\frac{11}{5}$

13-10 (1) 5 (2) 0.707

연습문제

14-1 (1) $A+B=\begin{bmatrix}3&1\\0&2\end{bmatrix}$ (2) $A-B=\begin{bmatrix}1&1\\-2&-2\end{bmatrix}$

(3) $2A=\begin{bmatrix}4&2\\-2&0\end{bmatrix}$ (4) $2A-B=\begin{bmatrix}3&2\\-3&-2\end{bmatrix}$

14-2 (1) $\begin{bmatrix}1&2\\3&0\end{bmatrix}\begin{bmatrix}1&1&1\\2&-1&0\end{bmatrix}=\begin{bmatrix}5&-1&1\\3&3&3\end{bmatrix}$ (2) $\begin{bmatrix}1&2\\3&4\end{bmatrix}\begin{bmatrix}4&3\\2&1\end{bmatrix}=\begin{bmatrix}8&5\\20&10\end{bmatrix}$

14-3 (1) $\begin{bmatrix}1&2\\3&4\end{bmatrix}\begin{bmatrix}1&0\\0&1\end{bmatrix}=\begin{bmatrix}1&2\\3&4\end{bmatrix}$ (2) $\begin{bmatrix}1&2\\3&4\end{bmatrix}\begin{bmatrix}0&0\\0&0\end{bmatrix}=\begin{bmatrix}0&0\\0&0\end{bmatrix}$

(3) $\begin{bmatrix}1&2\\3&5\end{bmatrix}\begin{bmatrix}-5&2\\3&-1\end{bmatrix}=\begin{bmatrix}1&0\\0&1\end{bmatrix}$

14-4 (1) $\begin{bmatrix}1&2\\3&0\end{bmatrix}^T\begin{bmatrix}1&1&1\\2&-1&0\end{bmatrix}=\begin{bmatrix}7&-2&1\\2&2&2\end{bmatrix}$ (2) $\begin{bmatrix}1&2\\3&4\end{bmatrix}\begin{bmatrix}4&3\\2&1\end{bmatrix}^T=\begin{bmatrix}10&4\\24&10\end{bmatrix}$

14-5 (1) $\begin{vmatrix}5&2\\7&3\end{vmatrix}=1$ (2) $\begin{vmatrix}1&2\\3&5\end{vmatrix}\begin{vmatrix}5&3\\2&2\end{vmatrix}=-4$

14-6 (1) $x=\dfrac{\begin{vmatrix}11&4\\8&3\end{vmatrix}}{\begin{vmatrix}3&4\\2&3\end{vmatrix}}=1$ (2) $y=\dfrac{\begin{vmatrix}3&11\\2&8\end{vmatrix}}{\begin{vmatrix}3&4\\2&3\end{vmatrix}}=2$

14-7 (1) $\begin{bmatrix}5&2\\7&3\end{bmatrix}^{-1}=\begin{bmatrix}3&-2\\-7&5\end{bmatrix}$ (2) $\begin{bmatrix}4&3\\3&2\end{bmatrix}^{-1}=\begin{bmatrix}2&-3\\3&-4\end{bmatrix}$

확인문제

14-1 (1) $-A=\begin{bmatrix}-2&-1\\-3&-1\end{bmatrix}$ (2) $3B=\begin{bmatrix}-3&0\\6&3\end{bmatrix}$

(3) $A+B=\begin{bmatrix}1&1\\5&2\end{bmatrix}$ (4) $-A+B=\begin{bmatrix}-3&-1\\-1&0\end{bmatrix}$

(5) $2A-3B=\begin{bmatrix}7&2\\0&-1\end{bmatrix}$ (6) $-2(A-2B)=\begin{bmatrix}-8&-2\\2&2\end{bmatrix}$

14-2 (1) $\begin{bmatrix}2&-2\\1&1\end{bmatrix}\begin{bmatrix}2&-1&3\\0&1&2\end{bmatrix}=\begin{bmatrix}2&-4&2\\2&0&5\end{bmatrix}$ (2) $\begin{bmatrix}1&-2\\3&4\end{bmatrix}\begin{bmatrix}4&3\\-2&1\end{bmatrix}=\begin{bmatrix}8&1\\4&13\end{bmatrix}$

14-3 (1) $AB=\begin{bmatrix}0&1\\-1&1\end{bmatrix}$ (2) $BA=\begin{bmatrix}-2&-1\\7&3\end{bmatrix}$

(3) $A^2=\begin{bmatrix}7 & 3\\9 & 4\end{bmatrix}$ (4) $B^2=\begin{bmatrix}1 & 0\\0 & 1\end{bmatrix}$

(5) $\frac{1}{2}(B^2-A^2)=\begin{bmatrix}-3 & -\frac{3}{2}\\-\frac{9}{2} & -\frac{3}{2}\end{bmatrix}$ (6) $(A+B)(A-B)=\begin{bmatrix}4 & 1\\17 & 5\end{bmatrix}$

14-4 (1) $\begin{bmatrix}1 & 0\\0 & 1\end{bmatrix}\begin{bmatrix}1 & 2\\3 & 4\end{bmatrix}=\begin{bmatrix}1 & 2\\3 & 4\end{bmatrix}$ (2) $\begin{bmatrix}0 & 0\\0 & 0\end{bmatrix}\begin{bmatrix}1 & 2\\3 & 4\end{bmatrix}=\begin{bmatrix}0 & 0\\0 & 0\end{bmatrix}$

(3) $\begin{bmatrix}-5 & 2\\3 & -1\end{bmatrix}\begin{bmatrix}1 & 2\\3 & 5\end{bmatrix}=\begin{bmatrix}1 & 0\\0 & 1\end{bmatrix}$

14-5 (1) $\begin{bmatrix}1 & 2\\2 & 4\end{bmatrix}$ (2) $\begin{bmatrix}1 & 2\\0 & 4\\2 & 8\end{bmatrix}$ (3) $\begin{bmatrix}1 & 2 & 3\\2 & 3 & 4\end{bmatrix}$ (4) $\begin{bmatrix}0 & -2 & 3\\2 & 0 & -4\\-3 & 4 & 0\end{bmatrix}$

14-6 (1) $\begin{bmatrix}7 & 2\\-2 & 2\\1 & 2\end{bmatrix}$ (2) $\begin{bmatrix}10 & 6\\16 & 10\end{bmatrix}$

14-7 (1) $\begin{vmatrix}1 & 0\\0 & 1\end{vmatrix}=1$ (2) $\begin{vmatrix}2 & 7\\1 & 4\end{vmatrix}=1$ (3) $\begin{vmatrix}3 & -4\\9 & -12\end{vmatrix}=0$ (4) $\begin{vmatrix}a & b\\2 & 3\end{vmatrix}=3a-2b$

14-8 (1) $x=\dfrac{\begin{vmatrix}-2 & 4\\1 & 3\end{vmatrix}}{\begin{vmatrix}3 & 4\\2 & 3\end{vmatrix}}=-10,\ y=\dfrac{\begin{vmatrix}3 & -2\\2 & 1\end{vmatrix}}{\begin{vmatrix}3 & 4\\2 & 3\end{vmatrix}}=7$

(2) $x=\dfrac{\begin{vmatrix}-5 & 2\\7 & -3\end{vmatrix}}{\begin{vmatrix}-1 & 2\\2 & -3\end{vmatrix}}=-1,\ y=\dfrac{\begin{vmatrix}-1 & -5\\2 & 7\end{vmatrix}}{\begin{vmatrix}-1 & 2\\2 & -3\end{vmatrix}}=-3$

14-9 (1) $\begin{bmatrix}2 & 7\\1 & 4\end{bmatrix}^{-1}=\begin{bmatrix}4 & -7\\-1 & 2\end{bmatrix}$ (2) $\begin{bmatrix}a & b\\2 & 3\end{bmatrix}^{-1}=\dfrac{1}{3a-2b}\begin{bmatrix}3 & -b\\-2 & a\end{bmatrix}$

계산기 활용 문제

14-1 (1) $2(2A+B)-3(5A-3B)=\begin{bmatrix}-33 & -88\\-22 & -132\end{bmatrix}$

(2) $-5(2A-3B)+4(5A+2B)=\begin{bmatrix}63 & 80\\119 & 87\end{bmatrix}$

14-2 (1) $AB=\begin{bmatrix}28 & -8\\38 & -11\end{bmatrix}$ (2) $BA=\begin{bmatrix}4 & 8\\7 & 13\end{bmatrix}$

(3) $A^2=\begin{bmatrix}56 & 120\\75 & 161\end{bmatrix}$ (4) $B^2=\begin{bmatrix}1 & 0\\0 & 1\end{bmatrix}$

(5) $\frac{1}{2}(B^2-A^2)=\begin{bmatrix}-\frac{55}{2} & -60\\-\frac{75}{2} & -80\end{bmatrix}$ (6) $(A+B)(A-B)=\begin{bmatrix}31 & 136\\44 & 184\end{bmatrix}$

14-3 (1) $A^2+AB+B^2=\begin{bmatrix}85 & 112\\113 & 151\end{bmatrix}$ (2) $A^3-B^3=\begin{bmatrix}823 & 1768\\1102 & 2372\end{bmatrix}$

14-4 (1) $2(2A+B)-3(5A-3B)=\begin{bmatrix}11 & 33 & 11\\-11 & 11 & -22\\44 & -11 & -44\end{bmatrix}$

(2) $-5(2A-3B)+4(5A+2B)=\begin{bmatrix}-10 & 66 & 62\\58 & -10 & -4\\32 & 58 & 40\end{bmatrix}$

14-5 (1) $AB=\begin{bmatrix}8 & 0 & -4\\1 & 14 & 10\\18 & 4 & -6\end{bmatrix}$ (2) $BA=\begin{bmatrix}9 & 5 & 16\\-1 & -1 & 0\\3 & 1 & 8\end{bmatrix}$

(3) $A^2=\begin{bmatrix}2 & 4 & 7\\-7 & 7 & 9\\8 & 8 & 17\end{bmatrix}$ (4) $B^2=\begin{bmatrix}17 & 6 & -4\\-3 & 6 & 6\\4 & 12 & 7\end{bmatrix}$

(5) $\frac{1}{2}(B^2-A^2)=\begin{bmatrix}7.5 & 1 & -5.5\\2 & -0.5 & -1.5\\-1 & 2 & -5\end{bmatrix}$ (6) $(A+B)(A-B)=\begin{bmatrix}-14 & 3 & 31\\-6 & -14 & -7\\-13 & -7 & 24\end{bmatrix}$

14-6 (1) $A^2+AB+B^2=\begin{bmatrix}27 & 10 & -1\\-9 & 27 & 25\\28 & 24 & 18\end{bmatrix}$ (2) $A^3-B^3=\begin{bmatrix}3 & -41 & -9\\-11 & 13 & 44\\-44 & 19 & 88\end{bmatrix}$

(3) $A^TB-AB^T=\begin{bmatrix}-7 & -2 & -5\\8 & 5 & -3\\-10 & 22 & 2\end{bmatrix}$ (4) $ABA^T=\begin{bmatrix}-16 & 20 & -24\\33 & -1 & 81\\-26 & 44 & -30\end{bmatrix}$

14-7 (1) 4 (2) -1 (3) -4 (4) 10

(5) 0 (6) 0

14-8 (1) $\begin{bmatrix}\frac{11}{4} & -2\\-\frac{5}{4} & 1\end{bmatrix}$ (2) $\begin{bmatrix}1 & 0\\3 & -1\end{bmatrix}$

(3) $\begin{bmatrix}\frac{11}{4} & -2\\\frac{19}{2} & -7\end{bmatrix}$ (4) $\begin{bmatrix}-\frac{7}{10} & \frac{1}{5} & \frac{3}{10}\\-\frac{13}{10} & -\frac{1}{5} & \frac{7}{10}\\\frac{4}{5} & \frac{1}{5} & -\frac{1}{5}\end{bmatrix}$

(5) $\begin{bmatrix}-\frac{1}{4} & -\frac{1}{4} & \frac{1}{2}\\\frac{5}{8} & \frac{9}{8} & -\frac{3}{4}\\-\frac{1}{2} & -\frac{3}{2} & 1\end{bmatrix}$ (6) $\begin{bmatrix}\frac{9}{10} & \frac{1}{10} & -\frac{7}{20}\\-\frac{5}{2} & -\frac{1}{4} & \frac{9}{8}\\\frac{31}{10} & \frac{2}{5} & -\frac{7}{5}\end{bmatrix}$

14-9 (1) $x=\frac{19}{7}$, $y=\frac{3}{7}$ (2) $x=1$, $y=2$, $z=0$

(3) $x=\frac{10}{3}$, $y=\frac{10}{3}$, $z=-\frac{2}{3}$

부록 : 공학용 계산기 사용법

학습 목표

(1) 공학용 계산기의 모드와 설정 변경을 할 수 있다.
(2) 식을 입력하고 계산할 수 있다.
(3) 변수를 활용하여 문자식의 값을 계산할 수 있다.

A-1 계산기 시작

- 계산기 모델 : fx-570 또는 fx-991 기준
- 전원 켜기 : [ON]
- 전원 끄기 : [SHIFT] [AC](OFF)
- 전체 초기화 : [SHIFT] [9](CLR) [3] [=] [AC]

Clear? 1:Setup 2:Memory 3:All	Reset All? [=] :Yes [AC] :Cancel	Reset All Press [AC] key

- 계산 모드 : [MODE]

1:COMP 2:CMPLX 3:STAT 4:BASE-N 5:EQN 6:MATRIX 7:TABLE 8:VECTOR	
입력 방법	계산 모드
[MODE] [1](COMP)	**표준 계산(초기모드)**
[MODE] [2](CMPLX)	복소수 계산
[MODE] [3](STAT)	통계 및 회귀 계산
[MODE] [4](BASE-N)	진법 계산
[MODE] [5](EQN)	방정식 계산
[MODE] [6](MATRIX)	행렬 계산
[MODE] [7](TABLE)	함수 표작성
[MODE] [8](VECTOR)	벡터 계산

- 계산 시행 : 식 입력 후 [=]
- 화면 초기화 : [AC]

보기 A-1 다음을 계산하여라. 계산 후 화면을 초기화하여라.

$$122 \times 56 + 42 \times (-57)$$

1 2 2 × 5 6 + 4 2 × ((−) 5 7) = [식 입력 후 =을 눌러 계산]	122×56+42×(-57) 4438
AC [화면 초기화]	Math

A-2 수식 입력 기본 규칙 및 표시 전환

- 계산 순서 : 괄호 > 함수 > 거듭제곱 > 분수 > 곱셈 > 나눗셈
- 괄호 계산 순서 : 가장 안쪽에 있는 괄호부터 (별도의 괄호 구분이 없음)
- 공학용 계산기는 사칙연산 및 괄호 계산 순서를 자동으로 판단
- 함수 입력 마침 : 오른쪽 괄호)
- 소수 표현과 수식 표현 상호 전환 : S⇔D

0.15 $\frac{3}{20}$	0.15 0.15	0.15 $\frac{3}{20}$
0 · 1 5 =	[소수 전환] S⇔D	[수식 전환] S⇔D

보기 A-2 다음을 계산하고 소수로 나타내어라.

$$4 \times \sin 60$$

4 × sin 6 0) =	4×sin(60) $2\sqrt{3}$
S⇔D [소수 전환]	4×sin(60) 3.464101615

A-3 기본 수식 입력

• 기본 수식 입력 방법

계산식	입력 방법
$\frac{2}{3}$	[2] [⊟] [3] 또는 [⊟] [2] [▼] [3]
3^2	[3] [x^2]
4^3	[4] [x^3] ([SHIFT] [x^2])
2^8	[2] [$x^■$] [8]
$\sqrt{2}$	[√■] [2]
$\sqrt[3]{2}$	[SHIFT] [√■] (^{3}√■) [2]
$\sqrt[5]{4}$	([SHIFT] [$x^■$]) (■√□) [5] [▶] [4]
7^{-1}	[7] [x^{-1}]
$10^{2.7}$	[SHIFT] [log] ($10^■$) [2] [•] [7]
π, e	[SHIFT] [×10^x], [ALPHA] [×10^x]
e^5	[SHIFT] [ln] ($e^■$) [5]
-5	[(−)] [5] 또는 [−] [5]
$\lvert -2 \rvert$	[SHIFT] [hyp] [−] [2]
$\lvert \pi - 3.14 \rvert$	[SHIFT] [hyp] [SHIFT] [×10^x] [−] [3] [•] [1] [4]

보기 A-3 계산기를 초기화하고 다음을 계산하여라.

(1) $\dfrac{1+\sqrt{2}}{2+\sqrt{2}}$

(2) $\dfrac{1}{2}\times(-1)+4\times(-1)^3-3$

(3) $-2^2\times\left[-2\div 6+\dfrac{5}{2}\times(-2-(-4)^2)\right]$

(4) $\lvert\sqrt{5}-1\rvert+\lvert\sqrt{5}-2\rvert+\lvert\sqrt{5}-3\rvert+\lvert\sqrt{5}-4\rvert$

키 입력	화면
[SHIFT] [9] [3] [=] [AC] [초기화] [▭/▭] [1] [+] [√■] [2] [▶] [▼] [2] [+] [√■] [2] [=]	$\frac{1+\sqrt{2}}{2+\sqrt{2}}$ → $\frac{\sqrt{2}}{2}$
[1] [▭/▭] [2] [▶] [×] [(] [(−)] [1] [)] [+] [4] [×] [(] [(−)] [1] [)] [$x^■$] [3] [▶] [−] [3] [=]	$\frac{1}{2}\times(-1)+4\times(-1)^3$-▷ → $-\frac{15}{2}$
[−] [2] [x^2] [×] [(] [−] [2] [÷] [6] [+] [5] [▭/▭] [2] [▶] [×] [(] [(−)] [2] [−] [(] [(−)] [4] [)] [x^2] [▶] [)] [)] [=]	$-2^2\times(-2\div6+\frac{5}{2}\times(-$▷ → $\frac{544}{3}$
[SHIFT] [hyp] [√■] [5] [▶] [−] [1] [▶] [+] [SHIFT] [hyp] [√■] [5] [▶] [−] [2] [▶] [+] [SHIFT] [hyp] [√■] [5] [▶] [−] [3] [▶] [+] [SHIFT] [hyp] [√■] [5] [▶] [−] [4] [▶] [=]	$\lvert\sqrt{5}-1\rvert+\lvert\sqrt{5}-2\rvert+\lvert$▷ → 4

A-4 분수의 입력과 계산

• $\frac{2}{3}+\frac{1}{2}$, $4-3\frac{1}{2}$, $\frac{1}{2+3}+4$의 입력 예

$\frac{2}{3}+\frac{1}{2}$ → $\frac{7}{6}$	$4-3\frac{1}{2}$ → $\frac{1}{2}$	$\frac{1}{2+3}+4$ → $\frac{21}{5}$
[2] [▭/▭] [3] [▶] [+] [1] [▭/▭] [2] [=]	[4] [−] [SHIFT] [▭/▭] (■븜) [3] [▶] [1] [▼] [2] [=]	[1] [▭/▭] [2] [+] [3] [▶] [+] [4] [=]

• 분수의 대분수 변환 : [SHIFT] [S⇔D]

보기 A-4 다음을 풀어라.

(1) $\frac{30}{8}$를 약분하고 그 결과를 대분수로 바꾸어라.

(2) $\left(2-\frac{7}{3}\right)-\frac{5}{4}\div\frac{9}{7}$을 계산하여 소수로 나타내어라.

[3] [0] [분수] [8] [=]	$\frac{30}{8}$ → $\frac{15}{4}$
[SHIFT] [S⇔D] [대분수 전환]	$\frac{30}{8}$ → $3\frac{3}{4}$
[(] [2] [−] [7] [분수] [3] [▶] [)] [−] [5] [분수] [4] [▶] [÷] [9] [분수] [7] [=] [S⇔D]	$\left(2-\frac{7}{3}\right)-\frac{5}{4}\div\frac{9}{7}$ → -1.305555556

A-5 제곱근의 입력

• 제곱근 입력 방법

계산식	입력 방법
$\sqrt{2}$	[√■] [2]
$\sqrt[3]{2}$	[SHIFT] [√■] ($^3\sqrt{■}$) [2]
$\sqrt[5]{4}$	([SHIFT] [$x^■$])($^■\sqrt{□}$) [5] [▶] [4]

보기 A-5 다음을 계산하여라.

(1) $3\sqrt{2}+5\sqrt{8}$

(2) $\dfrac{\sqrt{5}-\sqrt{2}}{\sqrt{5}+\sqrt{2}}$

(3) $\dfrac{\frac{1}{\sqrt{2}}}{\frac{2}{\sqrt{3}}}$

[3] [√■] [2] [▶] [+] [5] [√■] [8] [=]	$3\sqrt{2}+5\sqrt{8}$ → $13\sqrt{2}$

키 입력	화면
[□/□] [√■] [5] [▶] [−] [√■] [2] [▼] [√■] [5] [▶] [+] [√■] [2] [=]	Math ▲ $\frac{\sqrt{5}-\sqrt{2}}{\sqrt{5}+\sqrt{2}}$ $\frac{7-2\sqrt{10}}{3}$
[□/□] [□/□] [1] [▼] [√■] [2] [▼] [□/□] [2] [▼] [√■] [3] [=]	Math ▲ $\frac{\frac{\sqrt{2}}{2}}{\sqrt{3}}$ $\frac{\sqrt{6}}{4}$

A-6 수식의 수정

- 삭제 : [DEL] (삭제하고자 하는 문자 바로 오른쪽으로 이동 후)
- 삽입 : 입력하고자 하는 위치로 커서를 이동시킨 후 입력
- 이미 입력한 값 또는 식을 함수의 일부로 사용 : [SHIFT] [DEL] (INS)

[예] $\frac{7}{6}$을 입력 후 이것을 이용해 $\sqrt{\frac{7}{6}}$ 계산하기.

Math ▲ $\frac{7}{6}$	Math ▲ $\frac{7}{6}$	Math ▲ $\sqrt{\frac{7}{6}}$
[□/□] [7] [▼] [6]	[◀] [◀] [◀] [◀]	[SHIFT] [DEL] (INS) [√■]

보기 A-6 $\frac{1}{2}+\frac{3}{5}$와 $\sqrt{\frac{1}{2}}+\sqrt{\frac{3}{5}}$을 계산하고 $\sqrt{\frac{1}{2}}+\sqrt{\frac{3}{5}}$을 소수로 나타내어라.

키 입력	화면
[1] [□/□] [2] [▶] [+] [3] [□/□] [5] [=]	Math ▲ $\frac{1}{2}+\frac{3}{5}$ $\frac{11}{10}$
[◀] [◀] [◀] [◀] [◀] [◀] [◀] [◀] [◀] [◀] [◀] [◀]	Math ▲ $\frac{1}{2}+\frac{3}{5}$
[SHIFT] [DEL] (INS)	Math ▲ $\frac{1}{2}+\frac{3}{5}$

[√■]	Math ▲ $\sqrt{\frac{1}{2}}+\frac{3}{5}$
[▶][▶][▶][▶][▶][▶][▶]	Math ▲ $\sqrt{\frac{1}{2}}+\frac{3}{5}$
[SHIFT] [DEL](INS) [√■] [=]	Math ▲ $\sqrt{\frac{1}{2}}+\sqrt{\frac{3}{5}}$ $\frac{2\sqrt{15}+5\sqrt{2}}{10}$
[S⇔D]	Math ▲ $\sqrt{\frac{1}{2}}+\sqrt{\frac{3}{5}}$ 1.48170345

A-7 백분율 계산

- 백분율 : 비율에 100을 곱한 수로 전체가 100인 비율
- 나눗셈 입력 후 [SHIFT] [(](%)를 누르면 해당 비율의 백분율을 계산

150의 20%	780에 대한 540의 백분율
$150\times20\%$	$540\div780\times100$
[1] [5] [0] [×] [2] [0] [SHIFT] [(] [=]	[5] [4] [0] [÷] [7] [8] [0] [SHIFT] [(] [=] [S⇔D]
Math ▲ 150×20% 30	Math ▲ 540÷780% 69.23076923
	Math ▲ $\frac{540}{780}\times100$ 69.23076923

보기 A-7 2700에서 15%가 증가된 총 양을 구하여라.

[2] [7] [0] [0] [+] [2] [7] [0] [0] [×] [1] [5] [SHIFT] [(] [=]	Math ▲ 2700+2700×15% 3105

A-8 수의 대소 비교

• 실수의 대소 비교 :

$A-B>0 \Leftrightarrow A>B, \quad A-B<0 \Leftrightarrow A<B, \quad A-B=0 \Leftrightarrow A=B$

보기 A-8 다음 두 수의 대소를 비교하여라.

(1) $1+\sqrt{2}$, $\sqrt{5}$ (2) $\sqrt{2}-1$, $2-\sqrt{2}$

키 입력	계산기 화면
[1] [+] [√■] [2] [▶] [−] [√■] [5] [=] [$1+\sqrt{2}-\sqrt{5}$ 를 계산, 양수이므로 $1+\sqrt{2}>\sqrt{5}$]	D Math ▲ 1+√2-√5 0.1781455849
[√■] [2] [▶] [−] [1] [−] [(] [2] [−] [√■] [2] [▶] [)] [=] [S⇔D] [$\sqrt{2}-1-(2-\sqrt{2})$를 계산, 음수이므로 $\sqrt{2}-1<2-\sqrt{2}$]	D Math ▲ √2-1-(2-√2) -0.1715728753

A-9 주요 상수

• 자연대수 e : $\lim_{n\to\infty}\left(1+\frac{1}{n}\right)^n$ 로 정의되는 수

입력 [ALPHA] [×10^x] (e), 밑이 e인 지수의 경우 [SHIFT] [ln] ($e^{■}$)

• 원주율 π : 원에서 $\frac{(\text{둘레})}{(\text{지름})}$로 정의되는 수

입력 [SHIFT] [×10^x] (π)

$\pi(0.5)^2$	$e^{\frac{1}{2}}$
[SHIFT] [×10^x] [×] [(] [0] [·] [5] [)] [x^2]	[SHIFT] [ln] [1] [▭/▭] [2]
D Math ▲ π×(0.5)² $\frac{1}{4}\pi$	D Math ▲ $e^{\frac{1}{2}}$ 1.648721271

보기 A-9 다음을 계산하여라.

(1) $\frac{1}{2}\pi \cdot 5^2$ (2) $\frac{e^2 - e^{-2}}{2}$

[1] [□/□] [2] [▶] [SHIFT] [×10ˣ] [×] [5] [x■] [2] [=]	$\frac{1}{2}\pi\times5^2$ $\frac{25}{2}\pi$
[□/□] [ALPHA] [×10ˣ] [x■] [2] [▶] [−] [ALPHA] [×10ˣ] [x■] [(−)] [2] [▼] [2]	$\frac{e^2-e^{-2}}{2}$ 3.626860408

A-10 변수에 값을 저장하여 식의 값 계산하기

- 계산기 변수의 종류 : $X,\ Y,\ A,\ B,\ C,\ D,\ E,\ F$
- 변수 명 : 대체 기능의 (녹색 괄호 안)에 빨간색으로 표기됨
- 변수에 값 저장하기 : 값 입력 > [SHIFT] [RCL](STO) > 변수 지정

변수 명	입력 방법	
	값을 변수에 저장	변수 사용
X	값 [SHIFT] [RCL] [)]	[ALPHA] [)]
Y	값 [SHIFT] [RCL] [S⇔D]	[ALPHA] [S⇔D]
A	값 [SHIFT] [RCL] [(−)]	[ALPHA] [(−)]
B	값 [SHIFT] [RCL] [°′″]	[ALPHA] [°′″]
C	값 [SHIFT] [RCL] [hyp]	[ALPHA] [hyp]
D	값 [SHIFT] [RCL] [sin]	[ALPHA] [sin]
E	값 [SHIFT] [RCL] [cos]	[ALPHA] [cos]
F	값 [SHIFT] [RCL] [tan]	[ALPHA] [tan]

• 변수 값 저장, 확인, 및 삭제

기능	입력 방법
7을 변수 A에 입력	[7] [SHIFT] [RCL] [)]
3+5를 변수 A에 입력	[3] [+] [5] [SHIFT] [RCL] [)]
변수 A의 값을 10배	[ALPHA] [)] [×] [1] [0] [=]
변수 A의 값 확인	[RCL] [(−)]
변수 A의 내용 삭제(0을 A에 입력)	[0] [SHIFT] [RCL] [(−)]

• 변수 값 특징 : 전원을 꺼도 변수에 저장된 값은 보관됨

보기 A-10 $x=2$, $y=-3$일 때 식 $x^3-3x^2y-2xy^3$의 값을 구하여라.

입력	화면
[2] [SHIFT] [RCL] [)] [2를 변수 X에 입력]	Math ▲ 2→X 2
[(−)] [3] [SHIFT] [RCL] [S⇔D] [−3을 Y에 저장]	Math ▲ -3→Y -3
[ALPHA] [)] [$x^■$] [3] [▶] [−] [Abs] [x^2] [ALPHA] [S⇔D] [−] [2] [ALPHA] [)] [ALPHA] [S⇔D] [$x^■$] [3] [=]	Math ▲ X³-3²Y-2XY³ 143

A-11 식을 입력하고 변수에 값을 입력하여 식의 값 계산

• CALC([CALC]) : 식을 먼저 입력하고 변수 값을 나중에 입력하여 계산
• [CALC]사용 가능모드 : COMP(계산) ([MODE] [1])모드 또는 복소수 ([MODE] [2])모드
• 계산 방법 : 식을 입력 > [CALC] > 사용된 문자에 값을 입력 > [=]

보기 A-11 $3A^2B+2BA^2-A^3$를 입력 후 $(A, B)=(5, 10)$, $(7, 20)$의 경우의 값을 구하여라.

3 ALPHA (−) SHIFT x^2 ALPHA °′″ + 2 ALPHA °′″ ALPHA (−) x^2 − ALPHA (−) SHIFT x^2 [식 $3A^2B+2BA^2-A^3$ 입력]	3A³B+2BA²-A³
CALC [CALC를 누르면 변수 A값 입력 대기, 아래 0은 현재 A의 값을 의미, 이전 계산과정에 따라 다르게 표시될 수 있음]	A? 0
5 = [5 =를 누르면 변수 B의 값 입력 대기, 아래 0은 현재 B의 값을 의미, 이전 계산과정에 따라 다르게 표시될 수 있음]	B? 0
1 0 = [1 0 =를 누르면 $3A^2B+2BA^2-A^3$의 값 출력]	3A³B+2BA²-A³ 4125
CALC [다시 CALC를 누르면 변수 A값 입력 대기, 아래 5는 현재 A의 값을 의미]	A? 5
7 = [7 =를 누르면 변수 B의 값 입력 대기, 아래 10은 현재 B의 값을 의미]	B? 10
2 0 = [2 0 =를 누르면 $3A+B$의 값 출력]	3A³B+2BA²-A³ 22197

A-12 결과 메모리

- 결과 메모리 : 마지막 계산 결과는 결과 메모리 Ans(Ans)에 저장됨
- 독립 메모리 특징 : 최근에 얻은 결과 값으로 업데이트됨. 전원을 끄면 가장 마지막 계산 결과를 저장함.
- 결과 메모리 활용 방법(예)

기능	입력 방법
3×4의 결과를 30으로 나눔	[3] [×] [4] [=] (이어서) [÷] [3] [0]
123에서 최근 결과를 빼기	[1] [2] [3] [−] [Ans] [=]
결과 메모리 값 호출	[Ans] [=]
결과 메모리 내용 삭제(0을 Ans에 입력)	[0] [=]

보기 A-12 다음을 계산하여라.

(1) $\frac{1}{10}+\frac{1}{5}+\frac{1}{4}$를 구하여라.

(2) (1)의 역수를 구하여라. 즉 $\frac{1}{((1)\text{의 결과})}$를 구하여라.

(이 식의 결과는 $\frac{1}{\frac{1}{10}+\frac{1}{5}+\frac{1}{4}}$와 같다.)

[1] [분수] [1] [0] [▶] [+] [1] [분수] [5] [▶] [+] [1] [분수] [4] [=]	D Math ▲ $\frac{1}{10}+\frac{1}{5}+\frac{1}{4}$ $\frac{11}{20}$
[1] [분수] [Ans] [=]	D Math ▲ $\frac{1}{\text{Ans}}$ $\frac{20}{11}$

A-13 다중 계산

- 다중 계산 : 수식을 여러 개 입력하여 연속하여 계산 가능하며, 결과 메모리 활용 가능
- 식의 구분은 : 으로 하며 [ALPHA] [∫□] (:)로 입력
- 입력 후 [=]을 누르면 입력된 식의 결과가 순차적으로 표시

5+8:5-8:5×8:5÷8	5+8 13	5-8 -3
입력	[=]	[=]
5×8 40	5÷8 $\frac{5}{8}$	5÷8 0.625
[=]	[=]	[S⇔D]

보기 A-13 세 변의 길이가 a, b, c인 삼각형의 넓이는 $S=\sqrt{s(s-a)(s-b)(s-c)}$ 이다. 단, $s=\frac{1}{2}(a+b+c)$. 다음 세 변의 길이를 갖는 삼각형의 넓이를 구하여라.

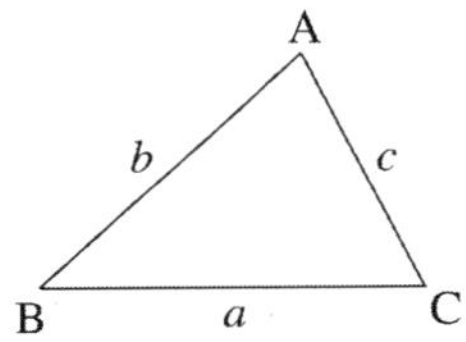

(1) $a=1,\ b=2,\ c=2$

(2) $a=4,\ b=5,\ c=6$

입력	화면
[▭/▭] [ALPHA] [(−)] [+] [ALPHA] [°′″] [+] [ALPHA] [hyp] [▼] [2] [▶] [ALPHA] [∫▭] [√▭] [Ans] [(] [Ans] [−] [ALPHA] [(−)] [)] [(] [Ans] [−] [ALPHA] [°′″] [)] [(] [Ans] [−] [ALPHA] [hyp] [)] [$\frac{A+B+C}{2}$: $\sqrt{Ans(Ans-A)(Ans-B)(Ans-C)}$ 입력]	$\frac{A+B+C}{2}$:√Ans(Ans-▶ ◀Ans-B)(Ans-C)
[CALC] [1] [=] [2] [=] [2] [=] [CALC를 누르고 $A=1$, $B=2$, $C=2$ 입력 후 s 계산]	$\frac{A+B+C}{2}$ $\frac{5}{2}$
[=] [S 계산]	√Ans(Ans-A)(Ans▶ $\frac{\sqrt{15}}{4}$
[CALC] [4] [=] [5] [=] [6] [=] [CALC를 누르고 $A=4$, $B=5$, $C=6$ 입력 후 s 계산]	$\frac{A+B+C}{2}$ $\frac{15}{2}$
[=] [S 계산]	√Ans(Ans-A)(Ans▶ $\frac{15\sqrt{7}}{4}$

A-14 방정식의 풀이

- 방정식의 계산 : SOLVE([SHIFT] [CALC]), 방정식의 근사해법으로 뉴턴의 방법을 이용
- 일차방정식 계산 절차

(1) 방정식 입력 : 변수를 사용하여 방정식 입력

의미	화면
X에 관해 방정식을 푼다는 의미로 아래의 0은 현재 X에 저장된 초기값을 말한다.	Solve for X 0

(2) SOLVE 선택 : [SHIFT] [CALC] (SOLVE)

입력 규칙	입력 방법
방정식에서의 등호	[ALPHA] [CALC] (=)
방정식 입력 식$=0$ 또는 식	$2X+5=0$, $2X=-5$ 또는 $2X+5$
2X+5=0	[2] [ALPHA] [)] [+] [5] [ALPHA] [CALC] [0]

(3) 초기값 설정 및 방정식 풀이: 초기값(보통 0)을 입력 후 [=]

(4) 주의사항 : COMP 계산 모드([MODE] [1])에서만 계산 가능

- L-R의 의미 : 방정식의 해를 대입하였을 때, 방정식의 좌변과 우변의 차이, 즉 오차이며 0에 가까울수록 정확한 해임

의미	화면
$2X+5=0$을 푼다 해가 $X=-2.5$임 좌변과 우변의 차이가 0으로 오차는 0임	2X+5=0 X= -2.5 L-R= 0

보기 A-14 다음 방정식을 풀어라.

(1) $2(x+1)=x+1$

(2) $\dfrac{v-50}{5}+\dfrac{v}{10}+\dfrac{v}{40}-3=0$

[2] [(] [ALPHA] [)] [+] [1] [)] [ALPHA] [CALC] [ALPHA] [)] [+] [1]	2(X+1)=X+1
[SHIFT] [CALC](SOLVE) [−2.5는 현재 X에 저장된 값으로 경우에 따라 값이 달라짐]	Solve for X -2.5
[0] [=] [초기값을 0으로 두면 해는 $X=-1$이며 오차가 없으므로 정확한 해임]	2(X+1)=X+1 X= -1 L-R= 0
[분수] [ALPHA] [)] [−] [5] [0] [▼] [5] [▶] [+] [분수] [ALPHA] [)] [▼] [1] [0] [▶] [+] [분수] [ALPHA] [)] [▼] [4] [0] [▶] [−] [3] [ALPHA] [CALC] [0]	$\frac{X-50}{5}+\frac{X}{10}+\frac{X}{40}-3=0$
[SHIFT] [CALC] [−1은 현재 X에 저장된 값으로 초기값으로 사용하며 경우에 따라 다른 값이 표시될 수 있음]	Solve for X -1
[=] [해는 $v=40$]	$\frac{X-50}{5}+\frac{X}{10}+\frac{X}{40}-3=0$ X= 40 L-R= 0

A-15 이차방정식 풀이

- 이차방정식 풀이: 방정식(EQN) 모드([MODE] [5])

1:COMP 2:CMPLX 3:STAT 4:BASE-N 5:EQN 6:MATRIX 7:TABLE 8:VECTOR	1:anX+bnY=cn 2:anX+bnY+cnZ=dn 3:aX²+bX+c=0 4:aX³+bX²+cX+d=0	[a b c [0 0 0] 0
[MODE] [5]	[3]	

(1) 방정식 종류 선택 : 3:$aX^2+bX+c=0$ (이차방정식)

(2) 계수입력 : 화면에 표시되는 계수 a, b, c를 차례로 입력하며 값 입력 후 [=]

(참고) 하단의 0은 현재 a에 입력된 값을 의미

(참고) [AC]를 누르면 모든 계수가 0으로 초기화됨

(참고) 입력 값 변경 시 커서로 해당 계수를 선택하고 수정 값을 입력

(4) 방정식 풀이 : 모든 계수 입력 후 [=]

(5) 주의사항 : COMP 계산 모드([MODE] [1])에서만 가능

- 계수 입력 시 간단한 계산값의 입력이 가능하며 입력은 선형 입력방식임

계수 입력 예	화면
[1] [▭/▭] [(] [2] [×] [3] [)] [+] [4] [a=2, b=3, c= $\frac{1}{2\times 3}+4$]	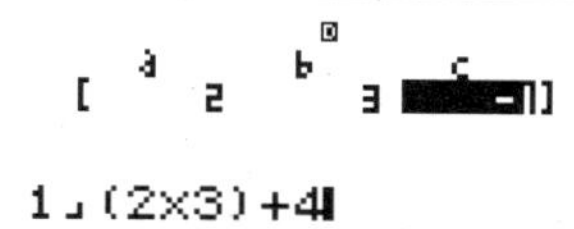
[=] [선형 출력임에 유의, $\frac{25}{6}$]	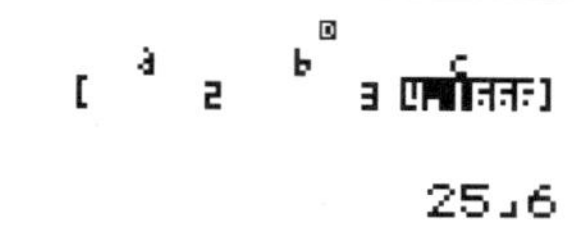

- 방정식 계산모드 종료 : 다른 모드, 예를 들어 COMP(계산) 모드 선택
- 해의 개수 : 근이 중근인 경우 1개만 나옴, 허근인 경우 복소수 근이 2개 나옴

보기 A-15 다음 이차방정식의 해를 구하여라.

$$x^2 - x - 1 = 0$$

[MODE] [5] [3]	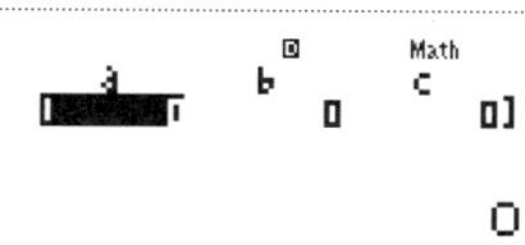
[1] [=] [−] [1] [=] [−] [1] [=]	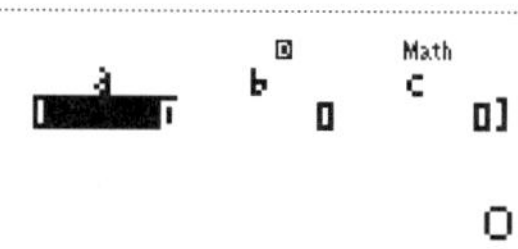
[=]	
[=]	

A-16 삼차방정식 풀이

- 삼차방정식 풀이: 방정식(EQN) 모드(MODE 5)

1:COMP 2:CMPLX 3:STAT 4:BASE-N 5:EQN 6:MATRIX 7:TABLE 8:VECTOR	1:anX+bnY=cn 2:anX+bnY+cnZ=dn 3:aX2+bX+c=0 4:aX3+bX2+cX+d=0	Math a b c d
MODE 5	4	

방정식 종류 선택만 $4{:}aX^3 + bX^2 + cX + d = 0$ (삼차방정식)로 다르고 이차방정식과 같은 방법으로 계산

- (참고) d 입력창은 c 입력 후 나타남
- (근의 개수) 삼차방정식의 해는 1개, 2개, 3개일 수 있으며 중근은 마지막에 출력

보기 A-16 다음 방정식을 풀어라.

(1) $2x^3 - 1 = x^2 - 2x$　　　　(2) $x^3 - 3x^2 + 1 = 0$

MODE 5 4	Math a b c d 0
2 = (-) 1 = 2 = (-) 1 = [계수 입력]	Math 2 -1 2 -1 -1
=	Math▼ X1= $\frac{1}{2}$
=	Math▼▲ X2= i
=	Math ▲ X3= -i

AC AC [계수 입력창 초기화]	Math a b c 0
1 = (−) 3 = 0 = 1 = [계수 입력]	Math 1 b -3 c 0 d 1
=	Math▼ X1= 2.879385242
=	Math▼▲ X2= 0.6527036447
=	Math ▲ X3= -0.5320888862

A-17 미지수가 2개인 연립 일차방정식의 풀이

- 연립방정식 풀이: 방정식(EQN) 모드(MODE 5)

1:COMP 2:CMPLX 3:STAT 4:BASE-N 5:EQN 6:MATRIX 7:TABLE 8:VECTOR	1:anX+bnY=cn 2:anX+bnY+cnZ=dn 3:aX²+bX+c=0 4:aX³+bX²+cX+d=0	Math a b c 0
MODE 5	1	

(1) 방정식 종류 선택 : 1:anX + bnY = cn (미지수가 2개인 연립 일차방정식)

(2) 계수 입력 : 화면에 표시되는 계수 a, b, c를 차례로 입력하며 값 입력 후 =

(3) 방정식 풀이 : 모든 계수 입력 후 =

- (참고) 근이 없거나 무수히 많으면 에러가 표시됨.

Math ERROR [AC] :Cancel [◀][▶]:Goto

보기 A-17 x, y에 관한 연립 일차방정식 $\begin{cases} y = 2x + 1 \\ x + 3y = 10 \end{cases}$을 풀어라.

(참고: 계수는 $\begin{cases} -2x + \ \ y = 1 \\ \ \ \ \ x + 3y = 10 \end{cases}$의 형태로 정리하여 입력)

입력	화면
MODE 5 1	a b c / 1[0 0 0] / 2[0 0 0] / 0
(−) 2 = 1 = 1 = 1 = 3 = 1 0	a b c / 1[−2 1 1] / 2[1 3 10] / 10
=	X= 1
=	Y= 3

A-18 미지수가 3개인 연립 일차방정식의 풀이

- 연립방정식 풀이: 방정식(EQN) 모드(MODE 5)사용

1:COMP 2:CMPLX 3:STAT 4:BASE-N 5:EQN 6:MATRIX 7:TABLE 8:VECTOR	1:anX+bnY=cn 2:anX+bnY+cnZ=dn 3:aX²+bX+c=0 4:aX³+bX²+cX+d=0	a b c 1[0 0 0 2[0 0 0 3[0 0 0 0
MODE 5	4	

방정식 종류 선택만 $2{:}a_nX + b_nY + c_nZ = d_n$ (미지수가 3개인 연립 일차방정식)로 다르고 미지수가 2개인 연립 일차방정식과 같은 방법으로 계산한다.

- (참고) d 입력창은 c 입력 후 나타난다.

보기 A-18 연립 일차방정식의 해를 구하여라.

(1) $\begin{cases} x+3y-2z=5 \\ 3x+5y+6z=7 \\ 2x+4y+3z=8 \end{cases}$

(2) $\begin{cases} T+C+R=141.0 \\ T+0.9C+4R=424.4 \\ \left(\dfrac{3}{5}+\dfrac{3}{4}-\dfrac{11}{20}\right)T+\dfrac{7}{10}C+\left(\dfrac{8}{54}-\dfrac{5}{12}+\dfrac{83}{108}\right)R=82.7 \end{cases}$

키 조작	화면
[MODE] [5] [2] [1] [=] [3] [=] [−] [2] [=] [5] [=] [3] [=] [5] [=] [6] [=] [7] [=] [2] [=] [4] [=] [3] [=] [8] [=]	8
[=]	X= -15
[=]	Y= 8
[=]	Z= 2
[MODE] [5] [2] [(1), (2) 계수 입력 생략] [3] [▭/▭] [5] [+] [3] [▭/▭] [4] [−] [1] [1] [▭/▭] [2] [0]	3⌟5+3⌟4−11⌟20
[=] [7] [▭/▭] [1] [0] [=]	0
[8] [▭/▭] [5] [4] [−] [5] [▭/▭] [1] [2] [+] [8] [3] [▭/▭] [1] [0] [8]	◀4−5⌟12+83⌟108
[=] [8] [2] [·] [7]	82.7
[=]	X= 30
[=]	Y= 16

[=]	Z= 95

A-19 함숫값 표 작성

- 함숫값 표 작성 : 함수 표 작성 모드([MODE] [7])
  (1) 함수 입력: 변수 X를 사용하여 f(X)에 함수식 입력
  (참고) 변수 X는 [ALPHA])(X)로 입력하며 입력 후 [=]
  (2) X의 시작값, 끝값, 늘어나는 값(증분) 입력 : 단계별로 입력하며 다음 단계는 [=]

입력 내용	화면
X의 시작값 입력 (초기값=1)	Start? 1
X의 끝값 입력 (초기값=5)	End? 5
X의 증분 입력 (초기값=1)	Step? 1

예 $f(x)=x^3+2x-1$의 경우 시작값 1, 끝값 3, 증분 0.5로 설정하면 다음 표가 작성됨

작성된 표(전체)			화면
	X	F(X)	
1	1	2	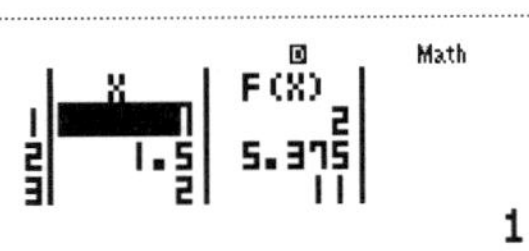
2	1.5	5.375	
3	2	11	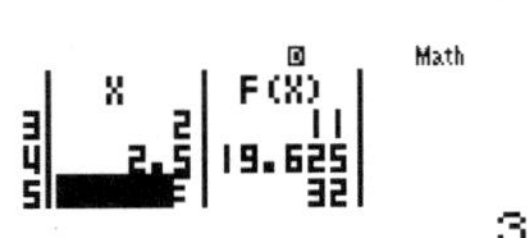
4	2.5	19.625	
5	3	32	

- (참고) 계산 후 [AC]를 누르면 함수 입력 상태로 변경

보기 A-19 함수 $f(x) = x^2 - 2x + 5$의 다음 표를 채워라.

x	0	0.2	0.4	0.6	0.8	1	1.2	1.4	1.6	1.8	2
$f(x)$											

입력	화면
[MODE] [7] [ALPHA] [ )] [x^2] [−] [2] [ALPHA] [ )] [+] [5]	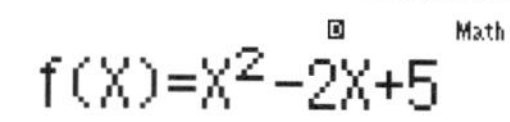
[0] [=] [1] [=] [0] [·] [2] [=] [Start? 0, End? 2, Step? 0.2 입력]	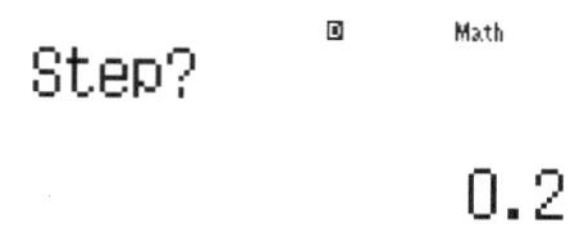
[=]	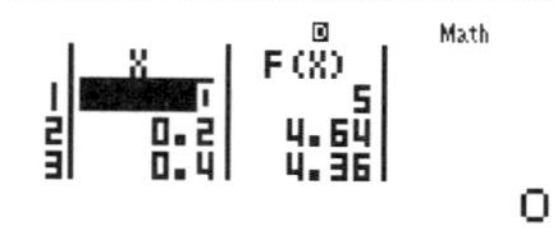
[▼] [▼] [▼]	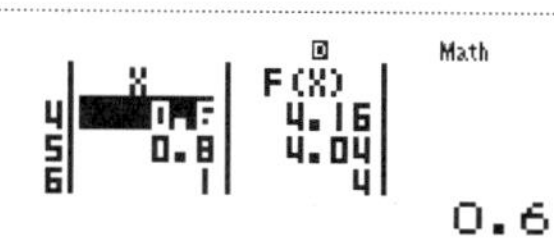
[▼] [▼] [▼]	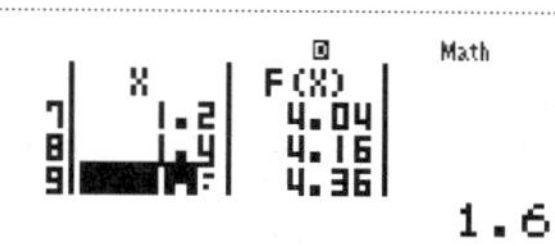
[▼] [▼] [▼]	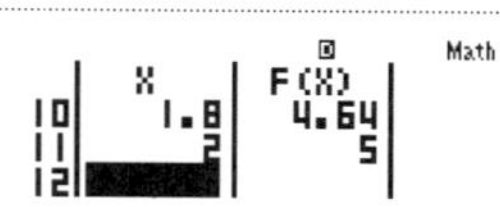

A-20 지수, 로그의 입력과 계산

- 지수, 제곱근, 로그의 입력 방법

계산식	입력 방법
$2^{\frac{3}{4}}$	[2] [$x^\blacksquare$] [分数] [3] [▼] [4]
7^{-1}	[7] [x^{-1}]

$\sqrt[5]{4^3}$	[SHIFT] [$x^{■}$] ($^{■}\sqrt{□}$) [5] [▶] [4] [$x^{■}$] [3]
log100	[log] [1] [0] [0] [)]
$\log_2 8$	[$\log_■□$] [2] [▶] [8] [)]
$\ln e^2$	[ln] [ALPHA] [×10^x] [x^2] [)]

보기 A-20 $\log_2\frac{2}{3}-\log_2\frac{4}{3}+\log_2 32$을 계산하여라.

[$\log_■□$] [2] [▶] [$\frac{■}{□}$] [2] [▼] [3] [▶] [▶] [−] [$\log_■□$] [2] [▶] [$\frac{■}{□}$] [4] [▼] [3] [▶] [▶] [+] [$\log_■□$] [2] [▶] [3] [2] [=]	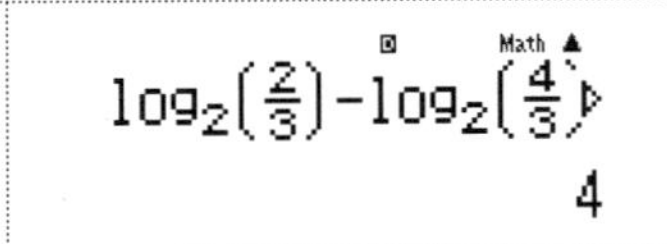

A-21 지수, 로그방정식의 풀이

- 지수방정식의 계산 : SOLVE([SHIFT] [CALC]) 사용
  (1) 방정식 입력 : 변수를 사용하여 방정식 입력
  (2) SOLVE 선택 : [SHIFT] [CALC] (SOLVE)
  (4) 방정식 풀이 : [=]
  (5) 주의사항 : COMP모드([MODE] [1])에서만 가능, 초기값에 따라서 정확한 해를 구할 수 없는 경우도 발생
- 로그방정식의 계산 : SOLVE([SHIFT] [CALC]) 사용
  (1) 방정식 입력 : 변수를 사용하여 방정식 입력
  (2) SOLVE 선택 : [SHIFT] [CALC] (SOLVE)
  (4) 방정식 선택 : [=]
  (5) 주의사항 : 로그방정식에서는 진수가 양수이어야 하므로 초기값을 설정할 때에는 진수가 양수가 되도록 설정

보기 A-21 방정식 $\log_3(3x-2)=\log_3 2+\log_3(x+2)$을 풀어라.

[log■□] [3] [▶] [3] [ALPHA] [)] [−] [2] [▶] [ALPHA] [CALC] [log■□] [3] [▶] [2] [▶] [+] [log■□] [3] [▶] [SHIFT] [)] [+] [2] [방정식 입력]	◀3(2)+log3(X+2)
[SHIFT] [CALC] [SOLVE사용, X의 초기값이 0으로 설정되어 있음]	Solve for X 0
[1] [0] [=] [초기값을 10으로 바꾸고 계산, 해는 X=6]	log3(3X−2)=log3▶ X= 6 L−R= 0

A-22 삼각함수의 입력과 계산

- 각의 입출력 초기 설정 : 60분법(도)
- 삼각함수의 각도 입력 시 닫는 괄호를 반드시 입력, 단 식의 마지막에서는 생략 가능

함수식	입력 방법
$\sin(30)$	[sin] [3] [0] [)]
$\cos(45)$	[cos] [4] [5] [)]
$\tan(60)$	[tan] [6] [0] [)]
$\sec(120)$	[cos] [1] [2] [0] [)] [x^{-1}]
$\csc(135)$	[sin] [1] [3] [5] [)] [x^{-1}]
$\cot(150)$	[tan] [1] [5] [0] [)] [x^{-1}]

- 시컨트, 코시컨트, 코탄젠트 함수의 경우 각각 코사인, 사인, 탄젠트 함수의 역수로 입력

cos(45)$^{-1}$ $\sqrt{2}$	sin(30)$^{-1}$ 2	tan(60)$^{-1}$ $\frac{\sqrt{3}}{3}$

보기 A-22 $12 \times \dfrac{\sin(58)}{\cos(51)}$를 계산하여라.

입력	화면
[1] [2] [×] [▭/▭] [sin] [5] [8] [)] [▼] [cos] [5] [1] [)] [=]	Math ▲ $12\times\frac{\sin(58)}{\cos(51)}$ 16.17074117

A-23 도, 분, 초 입력 및 표시 전환

- 도, 분, 초 입력 : [°'"]
- 도, 분, 초의 구분은 따로 하지 않으며 비어 있는 단위는 0을 입력

내용	입력 방법	화면
42도 17분 35초	[4] [2] [°'"] [1] [7] [°'"] [3] [5] [°'"] [=]	Math ▲ 42°17°35° 42°17'35"
51도 59초	[5] [1] [°'"] [0] [°'"] [5] [9] [°'"] [=]	Math ▲ 51°0°59° 51°0'59"
42도 17분 35초+ 51도 59초	[4] [2] [°'"] [1] [7] [°'"] [3] [5] [°'"] [+] [5] [1] [°'"] [0] [°'"] [5] [9] [°'"] [=]	Math ▲ 42°17°35°+51°0°▷ 93°18'34"

- 60분법은 시간 계산 시 사용하면 편리

예 1시간 25분 43초와 2시간 45분 52초를 더하면 4시간 11분 35초

Math ▲ 1°25°43°+2°45°5▷ 4°11'35"

보기 A-23 $35°17'45'' - 12°55'13''$를 계산하여라.

입력	화면
[3] [5] [°'"] [1] [7] [°'"] [4] [5] [°'"] [−] [1] [2] [°'"] [5] [5] [°'"] [1] [3] [°'"] [=]	Math ▲ 35°17°45°−12°55▷ 22°22'32"

A-24 호도법과 각도의 단위 설정

• 각의 입출력 단위 설정 : SHIFT MODE (SETUP)에서 3~4를 선택

1:MthIO 2:LineIO 3:Deg 4:Rad 5:Gra 6:Fix 7:Sci 8:Norm	D Math ▲	R Math ▲
SHIFT MODE (SETUP)	3: Deg (도)	4: Rad (라디안)

D Math ▲ sin(45) $\frac{\sqrt{2}}{2}$	R Math ▲ $\sin(\frac{\pi}{4})$ $\frac{\sqrt{2}}{2}$

• 각도가 60분법(도, Degree)으로 설정되어 있으면 인디케이터에 D가 표시됨

• 각도가 호도법(라디안, Radian)으로 설정되어 있으면 인디케이터에 R이 표시됨

보기 A-24 $\sin\left(\frac{\pi}{4}\right)+\cos\left(\frac{\pi}{3}\right)$를 계산하여라. 단, 각의 단위는 라디안이다.

SHIFT MODE 4 [라디안 입출력]	R Math
sin SHIFT x10ˣ ▭/▭ 4 ▶) + cos SHIFT x10ˣ ▭/▭ 3 ▶) =	R Math ▲ $\sin(\frac{\pi}{4})+\cos(\frac{\pi}{3})$ $\frac{1+\sqrt{2}}{2}$

A-25 다른 단위의 각도 입력과 전환

• 각의 입출력 설정과 다른 단위의 각도 입력 : SHIFT Ans (DRG▶)

1:° 2:ʳ 3:ᵍ	1:° → 60분법(도) 2:ʳ → 호도법(라디안) 3:ᵍ → 100분법(그레이드)
SHIFT Ans (DRG▶)	

- 입력하고자 각도를 입력하고 SHIFT Ans (DRG▶)을 누른 후 각도의 종류를 선택

sin(2	1:° 2:r 3:g	sin(2r) 0.9092974268
sin 2	SHIFT Ans (DRG▶)	2) =

- 다른 단위의 각도로 전환 : 전환을 원하는 각도의 단위로 입출력을 선택한 다음 전환하고자 하는 각을 입력

1:MthIO 2:LineIO 3:Deg 4:Rad 5:Gra 6:Fix 7:Sci 8:Norm		225° $\frac{5}{4}\pi$
SHIFT MODE	4	2 2 5 SHIFT Ans 1 =

1:MthIO 2:LineIO 3:Deg 4:Rad 5:Gra 6:Fix 7:Sci 8:Norm		$\frac{5\pi}{4}$r 225
SHIFT MODE	3	5 SHIFT x10ˣ ▭ 4 ▶ SHIFT Ans 2 =

보기 A-25 다음 60분법의 각은 호도법으로, 호도법의 각은 60분법으로 전환하여라.

(1) $60°$ (2) $315°$ (3) $720°$ (4) $\frac{\pi}{4}\mathrm{r}$ (5) $\frac{5\pi}{3}\mathrm{r}$ (6) $2\mathrm{r}$

SHIFT MODE 4 [라디안 입출력]	
6 0 SHIFT Ans 1 =	60° $\frac{1}{3}\pi$
AC 3 1 5 SHIFT Ans 1 =	315° $\frac{7}{4}\pi$
AC 7 2 0 SHIFT Ans 1 =	720° 4π

SHIFT MODE 3 AC [도 입출력]	
SHIFT x10ˣ ▭ 4 ▶ SHIFT Ans 2 =	$\frac{\pi}{4}$r 45
AC 5 SHIFT x10ˣ ▭ 3 ▶ SHIFT Ans 2 =	$\frac{5\pi}{3}$r 300
AC 2 SHIFT Ans 2 =	2ʳ 114.591559

A-26 수열의 항과 일반항

- 등차수열, 등비수열 등의 특정한 항은 일반항을 입력한 후 CALC로 계산

A+(X-1)D	AF^(X-1)
초항 A, 공차 D, X번째 항	초항 A, 공비 F, X번째 항

- 수열의 연속된 특정 항들은 표작성 모드(TABLE, MODE 7)에서 계산

보기 A-26 다음을 구하여라.

(1) 일반항이 $a_n = 2n^2 - 3n + 5$인 수열의 제1항부터 제6항까지의 항

(2) 초항이 5이고 공비가 3인 등비수열의 제11항

MODE 7 [표작성 모드 선택]	f(X)=
2 ALPHA) x^2 − 3 ALPHA) + 5 [n=X로 하여 함수식 f(X) 입력]	f(X)=2X²-3X+5

[=] [시작 항 번호 입력]	Start? 1
[=] [1이 입력되어 있으므로 마지막 항 번호 입력으로 이동]	End? 5
[6] [=] [제6항까지 구하기 위해 6을 입력하고 증분 입력으로 이동]	Step? 1
[=] [증분을 1로 유지하고 표 작성]	X: 1, 2, 3 / F(X): 4, 7, 14 1
[▼] [▼] [▼] [▼] [▼] [표의 나머지 부분 확인]	X: 4, 5, 6 / F(X): 25, 40, 59 6
[ALPHA] [(−)] [ALPHA] [1] [$x^{■}$] [ALPHA] [)] [−] [1] [등비수열의 일반항 공식 입력]	AF^{X-1}
[CALC] [5] [=] [3] [=] [1] [1] [=] [CALC를 누르고 A에 5, F에 3, X에 11 입력후 계산]	AF^{X-1} 295245

A-27 수열의 극한 추정

- 극한 추정 : 수열의 일반항을 n 대신 X를 사용하여 입력한 후 $n=10^{10}$번째 항을 [CALC]로 계산하여 추정
- 등비수열의 극한 추정 : 등비수열이나 지수에 n이 포함된 경우, $n=10^{2}$번째 항을 [CALC]로 계산하여 추정

보기 A-27 다음 수열의 극한을 추정하여라.

(1) $a_n = \dfrac{2n^2 - 3n + 8}{-3n^2 + 5}$ (2) $a_n = \dfrac{5^n}{5^n + 3^n}$

[분수] [2] [ALPHA] [)] [x^2] [−] [3] [ALPHA] [)] [+] [8] [▼] [−] [3] [ALPHA] [)] [x^2] [+] [5] [일반항 입력]	$\dfrac{2X^2-3X+8}{-3X^2+5}$
[CALC] [1] [0] [0] [0] [0] [0] [0] [0] [0] [0] [0] [=] [CALC를 누르고 X에 10^{10} 입력]	$\dfrac{2X^2-3X+8}{-3X^2+5}$ -0.6666666666
[AC] [분수] [5] [$x^■$] [ALPHA] [)] [▼] [5] [$x^■$] [ALPHA] [)] [▶] [+] [3] [$x^■$] [ALPHA] [)] [화면을 지우고 일반항 입력]	$\dfrac{5^X}{5^X+3^X}$
[CALC] [1] [0] [0] [=] [CALC를 누르고 X에 10^2 입력]	$\dfrac{5^X}{5^X+3^X}$ 1

A-28 수열의 합

• 등차수열, 등비수열 등의 특정한 수열의 합은 합의 공식을 입력한 후 [CALC]로 계산, n 대신 X 사용

$\dfrac{X(2A+(X-1)D)}{2}$	$\dfrac{A(1-F^X)}{1-F}$
초항 A, 공차 D, X번째 항	초항 A, 공비 F, X번째 항

• 합의 기호 입력 순서 : $\sum$의 입력은 [SHIFT] [$\log_■□$] (Σ■) 으로 입력하며 $\sum\limits_{(2)}^{(3)}(1)$의 순서로 입력

$\sum\limits_{x=□}^{□}(□)$

식	입력방법	화면
$\sum_{i=1}^{100}(i^2)$	[SHIFT] [log■□] [ALPHA] [)] [x^2] [▼] [1] [▲] [1] [0] [0] [▶]	$\sum_{x=1}^{100}(X^2)$ 338350
$\sum_{k=3}^{15}\left(\frac{1}{k}+k^2\right)$	[SHIFT] [log■□] [1] [■/□] [ALPHA] [)] [▶] [ALPHA] [+] [)] [x^2] [▼] [3] [▲] [1] [5] [▶]	$\sum_{x=3}^{15}\left(\frac{1}{X}+X^2\right)$ 1236.818229
$\sum_{k=1}^{30}\left(\frac{1}{k}\right)+\sum_{k=1}^{30}(k^2)$	[SHIFT] [log■□] [1] [■/□] [ALPHA] [)] [▼] [1] [▲] [3] [0] [▶] [+] [SHIFT] [log■□] [ALPHA] [)] [x^2] [▼] [1] [▲] [3] [0] [▶]	$\sum_{x=1}^{30}\left(\frac{1}{X}\right)+\sum_{x=1}^{30}(X^2)$ 9458.994987

보기 A-28 다음을 구하여라.

(1) 초항이 5이고 공비가 3인 등차수열의 제50항까지의 합

(2) $\frac{3}{1 \cdot 2}+\frac{4}{2 \cdot 3}+\frac{5}{3 \cdot 4}+\frac{6}{4 \cdot 5}+\cdots+\frac{12}{10 \cdot 11}$

입력	화면
[■/□] [ALPHA] [)] [(] [2] [ALPHA] [(−)] [+] [(] [ALPHA] [)] [−] [1] [)] [ALPHA] [sin] [)] [▼] [2] [등차수열 합 공식 입력]	$\frac{X(2A+(X-1)D)}{2}$
[CALC] [5] [0] [=] [5] [=] [3] [=] [X에 50, A에 5, D에 3 입력 후 계산]	$\frac{X(2A+(X-1)D)}{2}$ 3925
[SHIFT] [log■□] [■/□] [ALPHA] [)] [+] [2] [▼] [ALPHA] [)] [(] [ALPHA] [)] [+] [1] [)] [▼] [1] [▲] [1] [0] [수열의 합의 변수를 X로 하여 입력]	$\sum_{x=1}^{10}\left(\frac{X+2}{X(X+1)}\right)$
[=]	$\sum_{x=1}^{10}\left(\frac{X+2}{X(X+1)}\right)$ 3.838059163

A-29 무한급수의 합 추정

- 무한급수의 합 추정 : n 대신 X를 사용하여 급수의 부분합 S_n을 입력한 후 S_{100}, S_{200}을 각각 구해보고 수렴하는 경우 무한급수의 합을 S_{400}으로 추정
- 무한등비급수 또는 부분합의 지수에 n이 포함된 경우 : S_{20}, S_{30}을 각각 구하고 수렴하는 경우 무한급수의 합을 S_{50}으로 추정
- 무한급수의 합을 S_n으로 추정할 때, 계산 시간이 다소 길어질 수 있음

보기 A-29 다음 무한급수의 합을 추정하여라.

(1) $\displaystyle\sum_{k=1}^{\infty}\frac{1}{k(k+2)}$ (2) $\displaystyle\sum_{n=1}^{\infty}\left(\frac{2}{3}\right)^n$

키 입력	계산기 화면
[SHIFT] [log■□] [1] [■/□] [ALPHA] [)] [(] [ALPHA] [)] [+] [2] [)] [▼] [1] [▲] [1] [0] [0] [=] [S⇔D] [S_{100} 계산]	$\sum_{x=1}^{100}\left(\frac{1}{X(X+2)}\right)$ 0.7401475442
[◀] [◀] [◀] [◀] [DEL] [2] [=] [S_{200} 계산]	$\sum_{x=1}^{200}\left(\frac{1}{X(X+2)}\right)$ 0.7450371903
[◀] [◀] [◀] [◀] [DEL] [4] [=] [S_{400}으로 급수의 합 추정]	$\sum_{x=1}^{400}\left(\frac{1}{X(X+2)}\right)$ 0.7475093361
[AC] [SHIFT] [log■□] [(] [2] [■/□] [3] [▶] [)] [$x^■$] [ALPHA] [)] [▼] [1] [▲] [2] [0] [=] [S_{20} 계산]	$\sum_{x=1}^{20}\left(\left(\frac{2}{3}\right)^X\right)$ 1.999398543
[◀] [◀] [◀] [DEL] [3] [=] [S_{30} 계산]	$\sum_{x=1}^{30}\left(\left(\frac{2}{3}\right)^X\right)$ 1.99998957
[◀] [◀] [◀] [DEL] [5] [=] [S_{50}으로 급수의 합 추정]	$\sum_{x=1}^{50}\left(\left(\frac{2}{3}\right)^X\right)$ 1.999999997

A-30 함수의 극한 추정

- $\lim_{x\to a} f(x)$ 추정 : $f(x)$가 $x=a$에서 연속이 아닌 경우 $a\pm 0.0000000001$에서의 함숫값을 [CALC]로 계산하여 극한값을 추정

  예 $x=1$에서의 좌극한은 $x=0.9999999999$, x=1에서의 우극한은 $x=1.0000000001$에서의 함숫값을 [CALC]로 계산하여 추정
- 삼각함수의 극한 추정시 각의 단위는 라디안으로 설정
- 무한대에서의 함수의 극한은 수열의 극한과 동일하게 추정

보기 A-30 다음 함수의 극한을 추정하여라.

(1) $\lim_{x\to1}\frac{1-x^2}{1-x}$　　(2) $\lim_{x\to0}\frac{\sin3x}{2x}$

입력	화면
[분수] [1] [−] [ALPHA] [)] [x^2] [▼] [1] [−] [ALPHA] [)] [함수식 입력]	$\frac{1-X^2}{1-X}$
[CALC] [1] [.] [0] [0] [0] [0] [0] [0] [0] [0] [0] [1] [X= 1.0000000001에서의 함숫값으로 $x=1$에서의 우극한 추정]	1.0000000001 0
[=] [우극한은 2로 추정]	$\frac{1-X^2}{1-X}$ 2
[CALC] [0] [.] [9] [9] [9] [9] [9] [9] [9] [9] [9] [9] [X= 0.9999999999에서의 함숫값으로 $x=1$에서의 좌극한 추정]	0.9999999999 1
[=] [좌극한, 우극한 모두 2이므로 함수의 극한은 2]	$\frac{1-X^2}{1-X}$ 2
[AC] [SHIFT] [MODE] [각도의 단위를 라디안으로 전환]	1:MthIO 2:LineIO 3:Deg 4:Rad 5:Gra 6:Fix 7:Sci 8:Norm

입력	화면
[4] [□/□] [sin] [Abs] [ALPHA] [)] [)] [▼] [2] [ALPHA] [)] [함수식 입력]	$\frac{\sin(3X)}{2X}$
[CALC] [0] [·] [0] [0] [0] [0] [0] [0] [0] [0] [0] [1] [X= 0.0000000001에서의 함숫값으로 $x=0$에서의 우극한 추정]	0.0000000001 0.9999999999
[=] [우극한은 3/2로 추정]	$\frac{\sin(3X)}{2X}$ $\frac{3}{2}$
[CALC] [(−)] [0] [·] [0] [0] [0] [0] [0] [0] [0] [0] [0] [1] [X=− 0.0000000001에서의 함숫값으로 $x=0$에서의 좌극한 추정]	-0.0000000001 1×10^{-10}
[=] [좌극한, 우극한 모두 3/2므로 함수의 극한은 3/2]	$\frac{\sin(3X)}{2X}$ $\frac{3}{2}$

A-31 미분계수의 입력과 계산

• $f'(a)=\left.\frac{d}{dx}f(x)\right|_{x=a}$ 의 계산 : COMP(계산) 모드 [MODE] [1](COMP)에서 [SHIFT] [∫□] ($\frac{d}{dx}$▪) 을 이용

1:COMP 2:CMPLX 3:STAT 4:BASE-N 5:EQN 6:MATRIX 7:TABLE 8:VECTOR	$\left.\frac{d}{dx}(\square)\right\|_{x=\square}$

• $\left.\frac{d}{dx}f(x)\right|_{x=a}$ 의 입력 방법 : 먼저 [SHIFT] [∫□] ($\frac{d}{dx}$▪)을 누른 다음 $\left.\frac{d}{dx}((1))\right|_{x=(2)}$ 과 같이 먼저 (1)에 함수식을 입력하고 [▶]를 눌러 미분계수를 구하는 x의 값을 (2)에 입력

식	입력방법	화면
$f(x)=x^2+2x$, $f'(3)$	SHIFT [∫□] ALPHA) x^2 + 2 ALPHA) ▶ 3	$\frac{d}{dx}(X^2+2X)\|_{x=3}$ 8
$f(x)=x^2+3x$ $g(x)=\ln(x)$ $f'(3)-g'(2)$	SHIFT [∫□] ALPHA) x^2 + 3 ALPHA) ▶ 3 ▶ − SHIFT [∫□] ln ALPHA)) ▶ 2	$\frac{d}{dx}(X^2+3X)\|_{x=3}-\frac{d}{d}$ $\frac{17}{2}$

- 선형 입력모드에서 미분계수의 입력 : SHIFT [∫□] ($\frac{d}{dx}$■)을 사용하며 $\frac{d}{dx}(f(x))\Big|_{x=a}$ 는 d/dx$(f(x),\ a,\ \mathrm{tol})$의 형식으로 입력 (tol[1]은 중심 차분(central difference)법[2]으로 계산할 때의 최대 허용 오차로 아무 것도 입력하지 않으면 1×10^{-10}로 지정되어 있고, 식의 마지막의 괄호는 생략할 수 있음)
- 삼각함수의 미분계수 계산 시 각의 단위는 라디안으로 설정

보기 A-31 다음 함수의 $x=5$에서의 미분계수를 구하여라. 삼각함수의 경우 각을 라디안으로 설정하여라.

(1) $f(x)=x^3-3x^2-8$　　　(2) $f(x)=\sqrt{x^2+2x}$

(3) $f(x)=x\sin x$

$\frac{d}{dx}(X^3-3X^2-8)\|_{x=}$ 45	$\frac{d}{dx}(\sqrt{X^2+2X})\|_{x=5}$ 1.014185106	$\frac{d}{dx}(X\sin(X))\|_{x=5}$ 0.4593866527
$f'(5)=45$	$f'(5)=1.0414$	$f'(5)=0.459$

1) tol(tolerance) 값이 작으면 계산의 오차는 줄어들지만 계산 시간이 증가할 수 있다.

2) 중심 차분(central difference)이란 $f\left(x+\frac{1}{2}h\right)-f\left(x-\frac{1}{2}h\right)$의 형태를 말하며 중심 차분 근사란 $f'(x)=\lim_{h\to0}\frac{f\left(x+\frac{1}{2}h\right)-f\left(x-\frac{1}{2}h\right)}{h}$임을 이용하여 작은 h에 대해 $f'(x)\approx\frac{f\left(x+\frac{1}{2}h\right)-f\left(x-\frac{1}{2}h\right)}{h}$로 근사하여 계산하는 방법이다.

A-31 정적분의 입력과 계산

• $\int_a^b f(x)dx$의 입력 : [∫□] 을 사용하며 $\int_{(2)}^{(3)}(1)$의 순서로 입력, 변수는 X를 사용하므로 (1)에 입력하는 함수의 식은 X에 관한 식으로 입력

```
                Math ▲
∫□□ □dx
```

식	입력방법	화면
$\int_1^3 \lvert x^2-2x\rvert dx$	[∫□] [SHIFT] [hyp] [ALPHA] [)] [x²] [−] [2] [ALPHA] [)] [▼] [1] [▲] [3]	∫₁³|X²-2X|dx 2
$\int_1^5 \ln(x)dx$	[∫□] [ln] [ALPHA] [)] [)] [▼] [1] [▲] [5]	∫₁⁵ln(X)dx 4.047189562
$\int_0^1 e^x dx+\int_1^2 e^{2x}dx$	[∫□] [ALPHA] [×10ˣ] [x■] [ALPHA] [)] [▼] [0] [▲] [1] [▶] [+] [∫□] [ALPHA] [×10ˣ] [x■] [2] [ALPHA] [)] [▼] [1] [▲] [2]	∫₀¹eˣdx+∫₁²e²ˣdx 25.3228288

• 선형 입력모드에서 $\int_a^b f(x)dx$의 입력 : [∫□] 을 사용하며 $\int_a^b f(x)dx$를 $\int(f(x),\ a,\ b,$ tol)의 형식으로 입력한다. 이때, tol[3]은 가우스-크론로드(Gauss-Kronrod)의 수치적분법[4]으로 계산할 때의 최대 허용 오차로, 아무 것도 입력하지 않으면 1×10^{-5}로 지정되어 있고, 식의 마지막의 괄호는 생략할 수 있음

∫(X²+2X,2,5) 60	∫(ln(X),1,5) 4.047189562	∫₀^π sin(X)dx 2
$\int_2^3 (x^2+2x)dx\,60$	$\int_1^5 \ln x dx = 4.047$	$\int_0^{\frac{\pi}{2}} \sin x dx = 2$

• 삼각함수의 정적분 계산 시, 각의 단위는 라디안으로 설정

3) tol 값이 작으면 계산의 오차는 줄어들지만 계산 시간이 증가할 수 있다.

4) $\int_a^b f(x)dx \approx \sum_{i=1}^{n} w_i f(x_i)$로 계산하는 방법으로 x_i는 구간 $[a,\ b]$의 점이고 w_i는 $f(x)$로부터 계산되는 가중값이다.

보기 A-32 다음 정적분을 구하여라. 삼각함수의 경우 각을 라디안으로 설정하여라.

(1) $\displaystyle\int_{-2}^{5}(x^3-5x-7)dx$ (2) $\displaystyle\int_{1}^{3}|x^2-x-2|dx$

(3) $\displaystyle\int_{0}^{2\pi}|\sin x|dx$

∫₋₂⁵ X³-5X-7dx 50.75	∫₁³ |X²-X-2|dx 3	∫₀²π |sin(X)|dx 4
$\displaystyle\int_{-2}^{5}(x^3-5x-7)dx=50.75$	$\displaystyle\int_{1}^{3}\|x^2-x-2\|dx=3$	$\displaystyle\int_{0}^{2\pi}\|\sin x\|dx=4$

A-33 복소수의 입력과 계산

- 복소수 계산모드 : [MODE] [2] (CMPLX)
- i 입력 : 복소수 계산모드에서 [ENG] (i)로 입력

수식	입력방법	화면
$\sqrt{-1}$	[√■] [(−)] [1]	√-1 i
i^2	[ENG] [x²]	i²
$(2-3i)^3$	[(] [2] [−] [3] [ENG] [)] [SHIFT] [x²]	(2-3i)³ -46-9i

- 켤레복소수의 계산 : [SHIFT] [2] [CMPLX]에서 2:Conjg를 선택

1:arg 2:Conjg 3:▶r∠θ 4:▶a+bi	Conjg(	Conjg(2-3i) 2+3i
[SHIFT] [2]	[2]	[2] [−] [3] [ENG] [)] [=]

보기 A-33 다음을 계산하여라.

(1) $(5+6i)-(3-4i)$ (2) $(4+2i)(3-i)$

(3) $\dfrac{3+7i}{2+i}$

키 입력	화면
MODE 2 [복소수 계산 모드]	CMPLX D Math
AC (5 + 6 ENG) − (3 − 4 ENG) = [(1) 계산]	(5+6i)-(3-4i) 2+10i
AC (4 + 2 ENG) (3 − ENG) = [(2) 계산]	(4+2i)(3-i) 14+2i
AC ▭ 3 + 7 ENG ▼ 2 + ENG = [(3) 계산]	$\frac{3+7i}{2+i}$ $\frac{13}{5}+\frac{11}{5}i$

A-34 복소수의 극형식

- 복소수의 편각 계산 : SHIFT 2 [CMPLX]에서 1:arg를 선택

1:arg 2:Conjg 3:▸r∠θ 4:▸a+bi	arg(	arg(2-3i) -56.30993247
SHIFT 2	1	2 − 3 ENG) =

- 복소수의 크기 계산 : 절댓값 SHIFT hyp 이용

|▯|	|2-3i| √13
SHIFT hyp	2 − 3 ENG) =

- 극형식의 입력 : 크기가 r이고 편각이 θ인 복소수는 $r\angle\theta$로 입력, $\angle$은 [SHIFT] [(−)] 로 입력

수식	입력 방법	화면
$2\angle 45$	[2] [SHIFT] [(−)] [4] [5]	CMPLX Math ▲ 2∠45 $\sqrt{2}+\sqrt{2}i$
$2\angle 45+3\angle 30$	[2] [SHIFT] [(−)] [4] [5] [+] [3] [SHIFT] [(−)] [3] [0]	CMPLX Math ▲ 2∠45+3∠30 $\frac{3\sqrt{3}+2\sqrt{2}}{2}+\frac{3+2\sqrt{2}}{2}i$

보기 A-34 다음 복소수의 직교좌표형식을 구하여라.

(1) $2\angle 45°$ (2) $\sqrt{2}\angle 120°$ (3) $5\angle -30°$

[2] [SHIFT] [(−)] [4] [5] [$2\angle 45$입력]	CMPLX Math ▲ 2∠45
[=] [$2\angle 45$의 직교좌표형식]	CMPLX Math ▲ 2∠45 $\sqrt{2}+\sqrt{2}i$
[√■] [2] [▶] [SHIFT] [(−)] [1] [2] [0] [=] [$\sqrt{2}\angle 120°$의 직교좌표형식]	CMPLX Math ▲ √2∠120 $-\frac{\sqrt{2}}{2}+\frac{\sqrt{6}}{2}i$
[5] [SHIFT] [(−)] [(−)] [3] [0] [=] [$5\angle -30°$의 직교좌표형식]	CMPLX Math ▲ 5∠-30 $\frac{5\sqrt{3}}{2}-\frac{5}{2}i$

A-35 복소수의 직교좌표형식과 극형식 상호 전환

- 복소수의 표시형식 전환 : [SHIFT] [2] [CMPLX]에서 3: ▸$r\angle\theta$ 또는 4: ▸$a+bi$

```
1:arg    2:Conjg
3:▸r∠θ   4:▸a+bi
```

메뉴	기능	메뉴	기능
1:arg	편각을 구함	2:Conjg	켤레복소수를 구함
3: ▸ $r\angle\theta$	입력한 복소수 또는 계산결과를 극형식으로 전환	4: ▸ $a+bi$	입력한 복소수 또는 계산결과를 직교좌표형식으로 전환

참고 복소수 모드에서 계산 결과는 결과 메모리(Ans)에 저장됨

보기 A-35 다음 복소수의 극형식을 구하여라.

(1) $\sqrt{3}+i$ (2) $1+\sqrt{3}i$

ALPHA (−) + ALPHA °,,, ENG SHIFT 2 3 [$A+Bi$를 $r\angle\theta$로 바꾸는 식 입력]	CMPLX Math A+Bi▸r∠θ
CALC √■ 3) = 1 = [A에 $\sqrt{3}$, B에 1 입력 후 계산, 선형표기이므로) 입력 주의]	CMPLX Math ▲ A+Bi▸r∠θ 2∠30
CALC 1 = √■ 3) = [A에 1, B에 $\sqrt{3}$ 입력]	CMPLX Math ▲ A+Bi▸r∠θ 2∠60

A-36 복소수의 거듭제곱

- 복소수의 거듭제곱은 제곱과 세제곱만 입력 가능
- 다른 거듭제곱은 제곱과 세제곱, 및 복소수의 곱셈을 이용하여 계산

CMPLX Math ▲ (1+2i)² -3+4i	CMPLX Math▼▲ ((1+2i)²)³ 117+44i	CMPLX Math▼▲ (((1+2i)²)³)³ 922077+1721764i

예 $(1+3i)^5$의 계산

내용	입력 방법	화면
$1+3i$를 변수 A에 저장	1 + 3 ENG SHIFT RCL (−)	CMPLX Math ▲ 1+3i→A 1+3i
$A^2 \times A^3$으로 $(1+3i)^5$계산	ALPHA (−) x^2 × ALPHA (−) SHIFT x^2 =	CMPLX Math ▲ A²×A³ 316−12i

보기 A-36 $(2i)^{-5}$을 계산하여라.

(1 ⊟ ALPHA (−) ▶) x^2 (1 ⊟ ALPHA (−) ▶) SHIFT x^2 $[(2i)^{-5} = \frac{1}{(2i)^5}$이므로 $\frac{1}{A^5}$를 제곱과 세제곱으로 입력]	CMPLX Math ▲ $\left(\frac{1}{A}\right)^2\left(\frac{1}{A}\right)^3$
CALC 2 ENG = [CALC로 A에 $2i$를 입력하고 계산]	CMPLX Math ▲ $\left(\frac{1}{A}\right)^2\left(\frac{1}{A}\right)^3$ $-\frac{1}{32}i$

A-37 벡터의 입력과 계산

- 벡터의 입력과 계산 모드 : 벡터 모드 MODE 8(VECTOR), 벡터 모드가 선택되면 인디케이터에 VCT가 표시

1:COMP 2:CMPLX 3:STAT 4:BASE-N 5:EQN 6:MATRIX 7:TABLE 8:VECTOR	Vector? 1:VctA 2:VctB 3:VctC

- 입력 벡터의 개수 : 3개까지 입력 가능, Vct는 벡터(Vector)를 의미하며 VctA, VctB, VctC를 선택하고 성분을 입력
- 벡터 성분 입력 : 벡터를 선택하게 되면 벡터의 차원(m)을 선택하는 화면이 나타나며 평면벡터는 2, 공간벡터는 3으로 선택, 이후 벡터의 첫 번째 성분을 입력하고 =을 누르면 다음 성분 입력

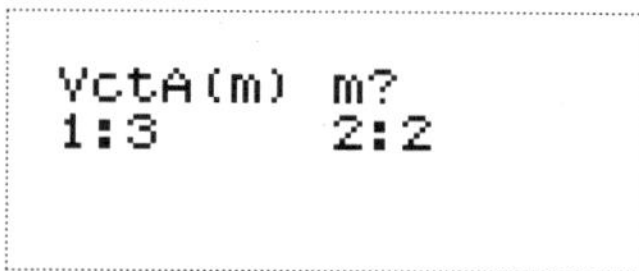

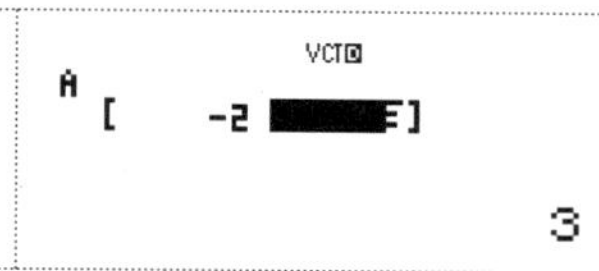

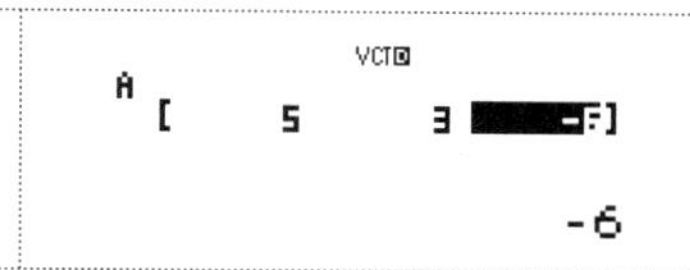

- 입력된 벡터의 호출, 계산, 수정, 추가 입력 : 벡터 부가메뉴 [SHIFT] [5] [VECTOR] (5)

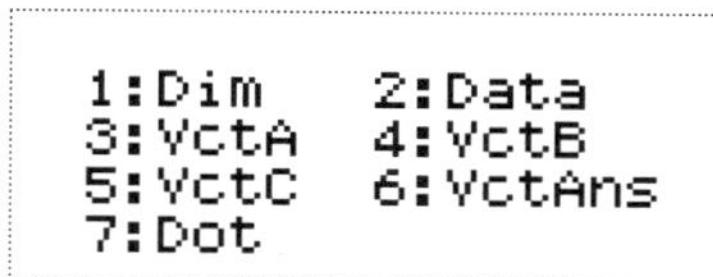

메뉴	기능	메뉴	기능
1:Dim	벡터의 추가 입력 시 차원을 선택하거나 이미 입력된 벡터의 차원을 변경	2:Data	VctA, VctB, VctC의 성분을 추가로 입력하거나 이미 입력된 벡터를 수정
3:VctA	계산식에 VctA 입력	4:VctB	계산식에 VctB 입력
5:VctC	계산식에 VctC 입력	6:VctAns	벡터 결과 메모리
7:Dot	벡터의 내적 연산	**참고** 벡터의 크기는 [SHIFT] [hyp] (Abs)로, 벡터의 외적은 [×]로 입력	

- 벡터의 연산 결과 : AnS로 표시

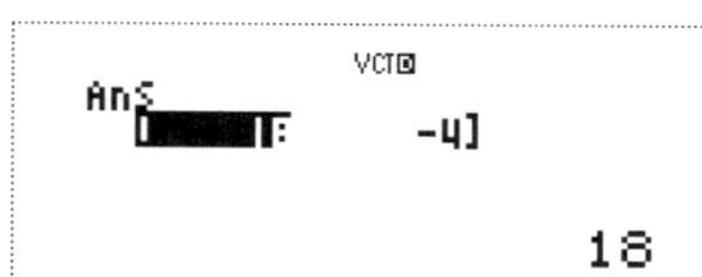

보기 A-37 $A=(5,\ -1,\ -2)$, $B=(-2,\ 4,\ -3)$일 때 다음을 계산하여라.

(1) $3A-2B$

(2) $A \cdot B$

(3) $A \times B$

(4) $|A \times B|$

[MODE] [8] [1] [1] [5] [=] [(–)] [1] [=] [(–)] [2] [=] [벡터 계산모드를 선택하고 VctA의 차원을 3으로 선택 후 성분 입력]	
[SHIFT] [5] [1] [2] [1] [VctB의 차원을 3으로 하기 위해 VECTOR에서 1:Dim, 2:VctB, 1:3 선택]	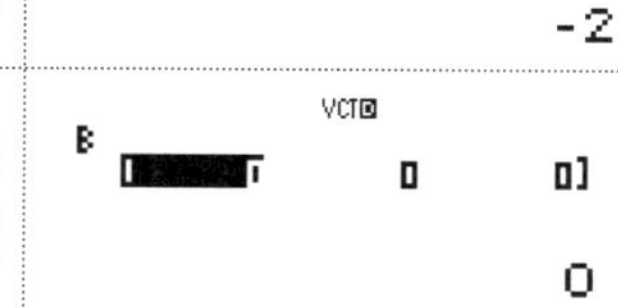

[(−)] [2] [=] [4] [=] [(−)] [3] [=] [VctB의 성분 입력]	B [-2 4] -3
[AC] [3] [SHIFT] [5] [3] [−] [2] [SHIFT] [5] [4] [=] [화면을 초기화 하고 3VctA−2VctB계산]	Ans [-11 0] 19
[SHIFT] [5] [3] [SHIFT] [5] [7] [SHIFT] [5] [4] [VctA와 VctB의 내적 계산]	VctA·VctB -8
[◀] [◀] [DEL] [×] [=] [VctA와 VctB의 외적 계산]	Ans [19 18] 11
[SHIFT] [hyp] [SHIFT] [5] [6] [)] [=] [VctA와 VctB의 외적의 크기 계산]	Abs(VctAns) 28.39013913

A-38 두 벡터의 내적과 사이각 계산

- 벡터의 내적 : [SHIFT] [5] [VECTOR]에서 7:Dot으로 계산, 내적은 · 으로 표시
- 두 벡터의 사이각의 코사인 : $\cos\theta = \dfrac{A \cdot B}{|A||B|}$이므로 $\dfrac{(\text{VctA} \cdot \text{VctB})}{(\text{Abs}(\text{VctA}) \times \text{Abs}(\text{VctB}))}$로 구함

예 공간벡터 (5, −5, 3)과 (−2, 3, −4)가 이루는 각의 코사인

A [5 -5] 3	B [-2 3] -4	(VctA·VctB)⌟(Ab▸ -0.8944925325

- 두 벡터의 사이각 구하기 : $\theta = \cos^{-1}\left(\dfrac{A \cdot B}{|A||B|}\right)$이므로 $\dfrac{A \cdot B}{|A||B|}$를 먼저 계산, $\dfrac{A \cdot B}{|A||B|}$의 결과는 수이므로 결과 메모리(Ans)에 저장되고 이를 사용하여 $\cos^{-1}$(Ans)로 계산

예 공간벡터 (5, −5, 3)과 (−2, 3, −4)가 이루는 각

VctA	VctB	
A [5 -5] 3	B [-2 3] -4	cos⁻¹(Ans 153.4433214

보기 A-38 두 평면 벡터 $A=(1, -1)$, $B=(0, 2)$에 대해 내적 $A \cdot B$와 두 벡터가 이루는 각의 크기를 구하여라.

키 입력	화면
[AC] [SHIFT] [5] [1] [1] [2] [1] [=] [(−)] [1] [=] [VctA의 차원을 2로 하기 위해 VECTOR에서 1:Dim, 1:VctA, 2:2 선택하고 성분 입력]	A [1] -1
[AC] [SHIFT] [5] [1] [2] [2] [0] [=] [2] [=] [VctB의 차원을 2로 하기 위해 VECTOR에서 1:Dim, 2:VctB, 2:2 선택하고 성분 입력]	B [0] 2
[AC] [SHIFT] [5] [3] [SHIFT] [5] [7] [SHIFT] [5] [4] [=] [VctA와 VctB의 내적 계산]	VctA·VctB -2
[(] [SHIFT] [5] [3] [SHIFT] [5] [7] [SHIFT] [5] [4] [)] [분자 $A \cdot B$를 ( )안에 입력]	(VctA·VctB) 0
[÷] [(] [SHIFT] [hyp] [SHIFT] [5] [3] [)] [SHIFT] [hyp] [SHIFT] [5] [4] [)] [)] [분모를 ( )안에 입력, 마지막)를 반드시 입력]	◀Abs(VctB)) 0
[=] [$\frac{(\text{VctA} \cdot \text{VctB})}{(\text{Abs}(\text{VctA}) \times \text{Abs}(\text{VctB}))}$ 입력 결과]	(VctA·VctB)⌟(Ab▶ -0.7071067812
[SHIFT] [cos] [Ans] [)] [=] [$\cos^{-1}(\text{Ans})$ 계산, 135도]	cos⁻¹(Ans) 135

A-39 두 벡터의 외적

- 벡터의 외적 : [×]

  예 공간벡터 $(5,\ -5,\ 3)$과 $(-2,\ 3,\ -4)$의 외적 $(5,\ -5,\ 3)\times(-2,\ 3,\ -4)$

VCT A [5 -5] 3	VCT B [-2 3] -4	VCT Ans [14 5] 11

- 두 벡터가 이루는 평행사변형의 넓이 : 두 벡터의 외적의 크기이므로 외적을 계산한 다음 벡터 결과 메모리(VctAns)의 크기 |VctAns|를 Abs(VctAns)로 계산

```
VCT
Abs(VctAns)
        18.49324201
```

보기 A-39 두 벡터 $A=(1,\ -2,\ 4)$, $B=(2,\ -5,\ -1)$일 때, 두 벡터의 외적 $A\times B$과 $|A\times B|$를 구하여라.

계산기 조작	화면
[AC] [SHIFT] [5] [1] [1] [1] [1] [=] [(−)] [2] [=] [4] [=] [VctA의 차원을 3으로 하기 위해 VECTOR에서 1:Dim, 1:VctA, 1:3 선택하고 성분 입력]	VCT A [1 -2] 4
[AC] [SHIFT] [5] [1] [2] [1] [2] [=] [(−)] [5] [=] [(−)] [1] [=] [VctB의 차원을 3으로 하기 위해 VECTOR에서 1:Dim, 2:VctB, 1:3 선택하고 성분 입력]	VCT B [2 -5] -1
[AC] [SHIFT] [5] [3] [×] [SHIFT] [5] [4] [$A\times B$ 입력]	VCT VctA×VctB_ 0
[=] [$A\times B$ 계산]	VCT Ans [9 -1] 22
[SHIFT] [hyp] [SHIFT] [5] [6] [)] [$\|A\times B\|$를 Abs(VctAns)로 계산]	VCT Abs(VctAns) 23.79075451

A-40 직교좌표와 극좌표

- 직교좌표와 극좌표 변환 : COMP(계산) 모드 [MODE] [1](COMP)에서 직교좌표와 극좌표를 서로 전환할 수 있으며 다음 대체기능을 이용

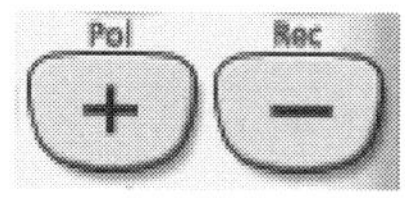

- 직교과표를 극좌표로 전환 : Pol([SHIFT] [+] [Pol +]), 입력 방식은 Pol(a, b)로 입력하며 결과는 (a, b)의 직교좌표의 r과 θ이며 각의 설정에 따라 θ는 60분법 또는 호도법의 각도로 표시되며 극좌표 전환 시 결과 메모리에는 r의 값이 저장

Pol(1,1)	Pol(1,1)	Ans
r=1.414213562,θ▶	◀414213562,θ=45	√2

- 극좌표를 직교좌표로 전환 : Rec([SHIFT] [−] [Rec −]), 입력방식은 Rec(r, θ)로 입력하며 결과는 (r, θ)의 x좌표와 y좌표, 직교좌표 전환 시 결과 메모리(Ans)에는 x좌표의 값이 저장

Rec(√2,30)	Rec(√2,30)	Ans
X=1.224744871,Y▶	◀,Y=0.7071067812	√6/2

보기 A-40 다음 직교좌표는 극좌표로, 극좌표는 직교좌표로 변환하여라.

(1) (1, 1)　　(2) $(-3,\ \sqrt{2})$

(3) (4, 30°)　　(4) $(\sqrt{3},\ -130°)$

[SHIFT] [+] [1] [SHIFT] [)] [1] [)] [=] [(1, 1)의 극좌표 변환, θ는 [▶]로 확인]	Pol(1,1) r=1.414213562,θ▶
[SHIFT] [+] [(−)] [3] [SHIFT] [)] [√■] [2] [▶] [)] [=] [$(-3,\ \sqrt{2})$의 극좌표 변환, θ는 [▶]로 확인]	Pol(-3,√2) r=3.31662479,θ=▶

SHIFT − 4 SHIFT) 3 0) = [(4, 30°)의 직교좌표 변환, y 좌표는 ▶로 확인]	Rec(4,30) X=3.464101615,Y▶
SHIFT − √■ 3 ▶ SHIFT) − 1 3 0) = [($\sqrt{3}$, −130°)의 직교좌표 변환, y 좌표는 ▶로 확인]	Rec(√3,-130) X=-1.113340798,▶

A-41 행렬의 입력과 계산

- 행렬 계산 모드 : MODE 6 (MATRIX), 행렬 모드가 선택되면 인디케이터에 MAT가 표시

1:COMP 2:CMPLX 3:STAT 4:BASE-N 5:EQN 6:MATRIX 7:TABLE 8:VECTOR	Matrix? 1:MatA 2:MatB 3:MatC

- 입력 행렬의 개수 : 3개까지 입력 가능, Mat는 행렬(Matrix)를 의미하며 MatA, MatB, 행MatC를 선택하고 성분 입력
- 행렬 성분 입력 : 행렬을 선택하게 되면 행렬의 차원(m×n)을 선택하는 화면이 나타나며 ▼▲를 이용하여 총 8가지 행렬의 차원을 선택, 이후 행렬의 한 성분을 입력하고 = 을 눌러 다음 성분 입력

MatA(mxn) mxn? ▼ 1:3x3 2:3x2 3:3x1 4:2x3 5:2x2 6:2x1	MatA(mxn) mxn? ▲ 1:1x3 2:1x2 3:1x1	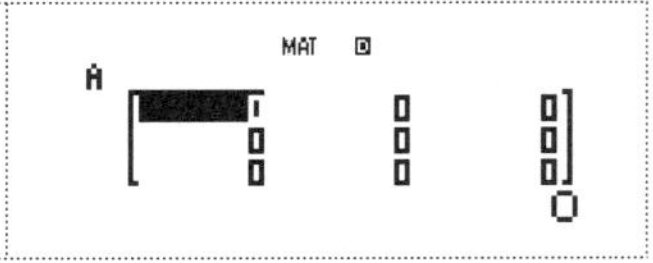

- 행렬의 호출, 계산, 수정, 추가 입력 : 행렬 부가메뉴 SHIFT 4 [MATRIX] (MATRIX 4)

1:Dim 2:Data 3:MatA 4:MatB 5:MatC 6:MatAns 7:det 8:Trn

메뉴	기능	메뉴	기능
1:Dim	행렬을 추가로 입력 시 차원을 선택하거나 이미 입력된 행렬의 차원을 변경	2:Data	MatA, MatB, MatC의 성분을 추가로 입력하거나 이미 입력된 행렬을 수정
3:MatA	계산식에 MatA 입력	4:MatB	계산식에 MatB 입력
5:MatC	계산식에 MatC 입력	6:MatAns	행렬 결과 메모리
7:det	행렬의 행렬식 계산	8:Trn	전치행렬 계산

- 행렬의 덧셈, 상수배, 곱셈 : 수의 연산과 같은 기호 사용

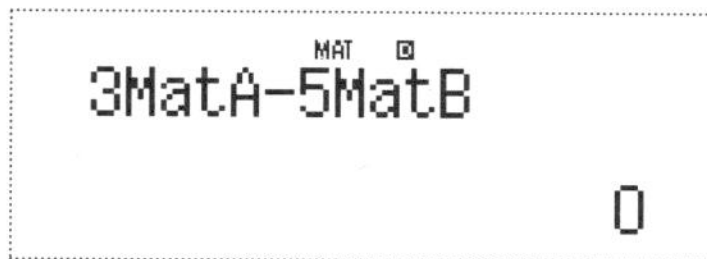

- 행렬의 연산 결과는 AnS로 표시

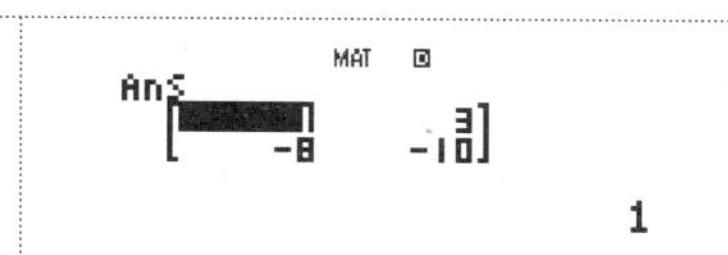

보기 A-41 $A=\begin{bmatrix} 2 & 1 \\ -1 & 0 \end{bmatrix}$, $B=\begin{bmatrix} 1 & 0 \\ 1 & 2 \end{bmatrix}$일 때, $2A-3B$를 계산하여라.

[MODE] [6] [1] [5] [행렬 모드에서 MatA와 2×2차원 선택]	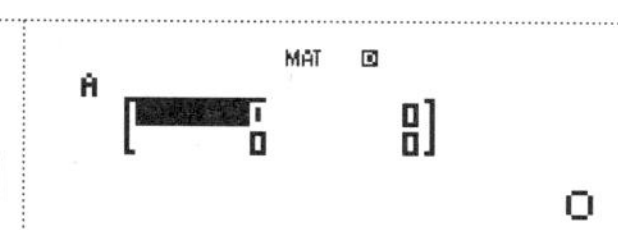
[2][=] [1][=] [−][1][=] [0][=] [MatA의 성분 입력]	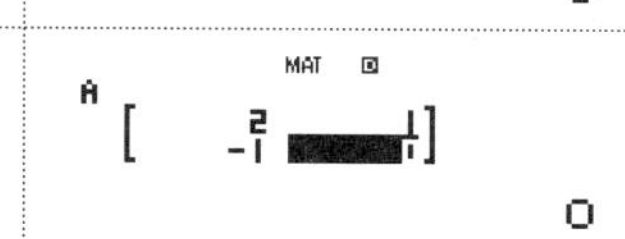
[SHIFT] [4] [MatB를 입력하기 위해 4의 대체기능 [MATRIX]선택]	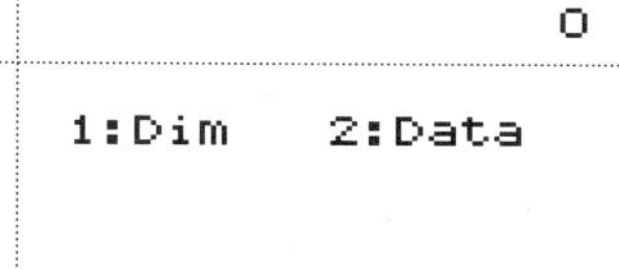
[2] [MatB를 입력하기 위해 2:DATA 선택]	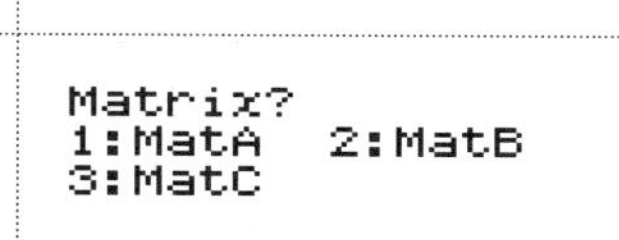
[2] [5] [MatB와 2×2차원 선택]	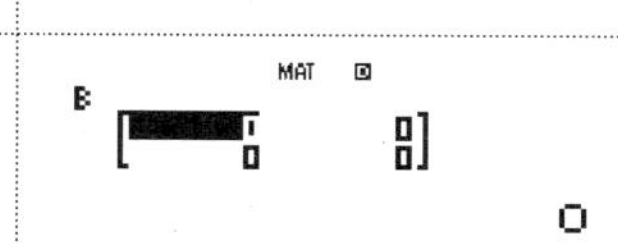

입력	화면
[1] [=] [0] [=] [1] [=] [2] [=] [MatB의 성분 입력]	
[AC] [행렬 계산을 위해 계산창을 초기화]	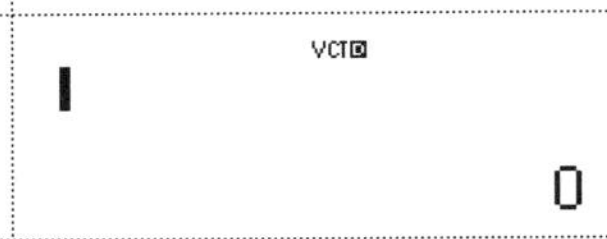
[2] [SHIFT] [4] [3] [−] [3] [SHIFT] [4] [4] [$2A-3B$를 입력하기 위해 2를 먼저 누르고 입력된 행렬 호출을 위해 [5] 로 2MatA−3MatB를 입력]	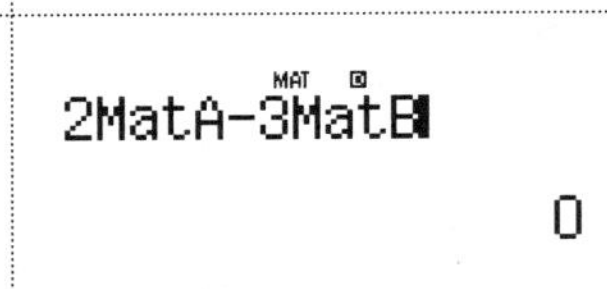
[=] [$2A-3B$ 계산 결과]	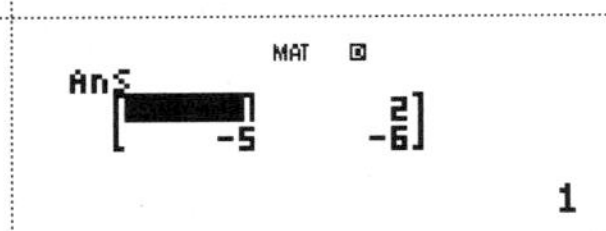

A-42 행렬 결과 메모리

- 행렬 결과 메모리 : 행렬 모드에서 계산 결과가 행렬 형태이면 행렬 결과 메모리(MatAns)에 저장됨
- 행렬 결과 메모리(MatAns)의 행렬 호출 : [SHIFT] [4] [MATRIX]에서 6:MatAns를 선

```
1:Dim    2:Data
3:MatA   4:MatB
5:MatC   6:MatAns
7:det    8:Trn
```

(참고) 행렬 모드에서 최근 계산결과가 수이면 결과 메모리(Ans)에 저장됨

보기 A-42 $A=\begin{bmatrix} 2 & 1 \\ -1 & 0 \end{bmatrix}$, $B=\begin{bmatrix} 1 & 0 \\ 1 & 2 \end{bmatrix}$일 때, $5A-3B$와 $(5A-3B)-(2A-3B)$를 계산하여라.

입력	화면
[AC] [5] [SHIFT] [4] [3] [−] [3] [SHIFT] [4] [4] [5MatA−3MatB를 입력]	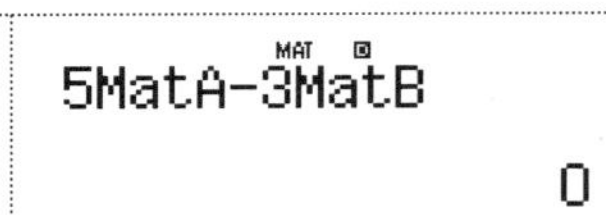

[=] [5MatA−3MatB 계산 결과]	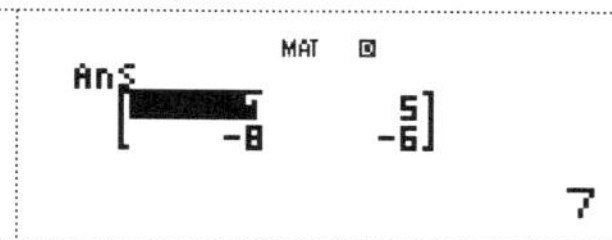
[AC] [SHIFT] [4] [6] [−] [(] [2] [SHIFT] [4] [3] [−] [3] [SHIFT] [4] [4] [)] [화면을 초기화하고 5A − 3B−(2MatA−3MatB)를 계산하기 위해 MatAns−(2MatA−3MatB)입력]	MAT ◀(2MatA−3MatB) 0
[=] [$(5A-3B)-(2A-3B)$ 계산결과]	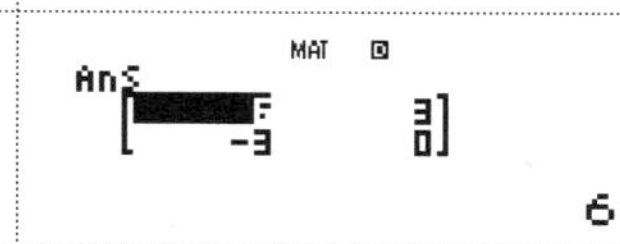

A-43 행렬의 곱셈과 거듭제곱

• 행렬의 곱셈 계산 : 행렬 모드에서 계산기의 [×]를 사용

MAT MatA×MatB 0	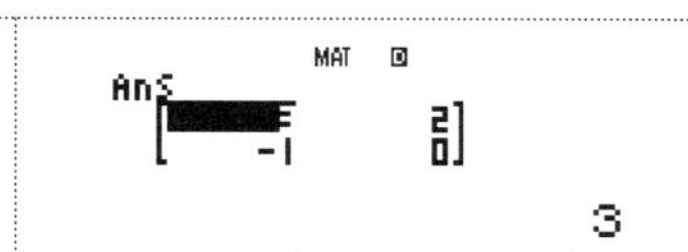

• 행렬의 거듭제곱의 입력 : 제곱, 세제곱만 가능

식	입력 방법	화면
A^2 (MatA ^{2})	[SHIFT] [4] [3] [x^2]	MAT MatA² 0
B^3 (MatB ^{3})	[SHIFT] [4] [4] [SHIFT] [x^2] ([x^3])	MAT MatB³ 0

• 5제곱 이상의 행렬의 거듭제곱 : 지수법칙을 사용하면 네제곱 이상도 계산 가능, 예를 들어 $A^4=A^2\times A^2$, $A^5=A^2\times A^3$, $A^6=A^3\times A^3$ 등으로 계산하며, 행렬 결과 메모리(VecAns)를 활용하여 더 높은 지수의 거듭제곱도 계산 가능

예 행렬 $\begin{bmatrix}1 & 2\\8 & 9\end{bmatrix}$의 5제곱

MAT A [1 8 ■ 2 6] 9	MAT MatA²×MatA³ 0	MAT Ans [■20129 24298] [97192 117321] 20129

보기 A-43 $\begin{bmatrix} 1 & 2 \\ 3 & 0 \end{bmatrix}\begin{bmatrix} 1 & 1 & 1 \\ 2 & -1 & 0 \end{bmatrix}$을 계산하여라.

[AC] [SHIFT] [4] [1] [1] [5] [1] [=] [2] [=] [3] [=] [0] [=] [[SHIFT] [4][MATRIX]에서 1:Dim, 1:MatA, 5:2×2를 선택하고 성분 입력]	MAT A [1 3 ■ 2 0] 0
[AC] [SHIFT] [4] [1] [2] [4] [1] [=] [1] [=] [1] [=] [2] [=] [(−)] [1] [=] [0] [=] [[SHIFT] [4][MATRIX]에서 1:Dim, 2:MatB, 4:2×3을 선택하고 성분 입력]	MAT B [1 2 -1 ■ 1 0] 0
[AC] [SHIFT] [4] [3] [X] [SHIFT] [4] [4] [=] [MatA×MatB 계산결과]	MAT Ans [■ 5 3 -1 3 1 3] 5

A-44 전치행렬

• 전치행렬의 계산 : [SHIFT] [4] [MATRIX]에서 8:Trn

```
1:Dim    2:Data
3:MatA   4:MatB
5:MatC   6:MatAns
7:det    8:Trn
```

식	입력 방법	화면
A^T (Trn(MatA))	[SHIFT] [4] [8] [SHIFT] [4] [3] [)]	MAT Trn(MatA) 0

보기 A-44 $A=\begin{bmatrix} 2 & 1 \\ -1 & 0 \end{bmatrix}$, $B=\begin{bmatrix} 1 & 0 \\ 1 & 2 \end{bmatrix}$일 때 $3A^T-B^3$을 계산하여라.

입력	화면
[SHIFT] [4] [1] [1] [5] [2] [=] [1] [=] [(−)] [1] [=] [0] [=] [[SHIFT] [4][MATRIX]에서 MatA와 2×2차원 선택, MatA의 성분 입력]	MAT A [2 / -1] 0
[AC] [SHIFT] [4] [1] [2] [5] [1] [=] [0] [=] [1] [=] [2] [=] [화면 초기화 후 [SHIFT] [4][MATRIX]에서 MatB와 2×2차원 선택, MatB의 성분 입력]	MAT B [1 / 1] 2
[AC] [3] [SHIFT] [4] [8] [SHIFT] [4] [3] [)] [−] [SHIFT] [4] [4] [SHIFT] [x^2] [3Trn(MatA)−MatB^{3}입력]	MAT ◂atA)-MatB³ 0
[=] [$3A^T-B^3$ 계산 결과]	MAT Ans [5 -3 / -4 -8] 5

A-45 행렬식과 역행렬

• 행렬식의 계산 : [SHIFT] [4][MATRIX]에서 [7] 7:det

```
1:Dim     2:Data
3:MatA    4:MatB
5:MatC    6:MatAns
7:det     8:Trn
```

식	입력 방법	화면
$\lvert A\rvert$ (det(MatA))	[SHIFT] [4] [7] [SHIFT] [4] [3] [)]	MAT det(MatA) 0

• 역행렬의 계산 : 역수 [x^{-1}]를 이용

식	입력 방법	화면
A^{-1} (MatA^{-1})	[SHIFT] [4] [3] [x^{-1}]	MAT MatA⁻¹ 0

보기 A-45 $A=\begin{bmatrix}3 & -2 & 1\\ 5 & 6 & 2\\ 1 & 0 & -3\end{bmatrix}$의 행렬식과 역행렬을 구하여라.

[SHIFT] [4] [1] [1] [1] [3] [=] [(−)] [2] [=] [1] [=] [5] [=] [6] [=] [2] [=] [1] [=] [0] [=] [(−)] [3] [=] [[SHIFT] [4] [MATRIX]에서 MatA와 3×3차원 선택, MatA의 성분 입력]	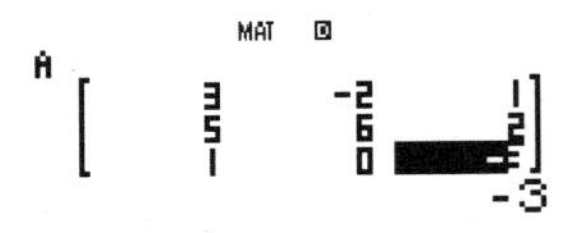
[AC] [SHIFT] [4] [7] [SHIFT] [4] [3] [=] [det(MatA)입력]	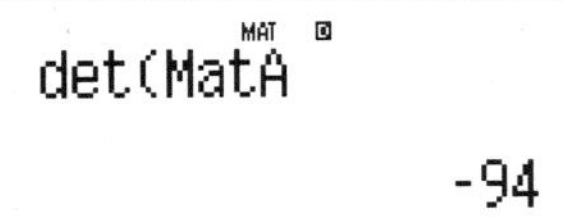
[=] [역행렬 계산, 참고로 (1,1)성분은 $\frac{9}{47}$]	

■ **전춘배**
대덕대학교 교양과 부교수

계산기 활용
기초미적분학

지은이 전춘배
펴낸이 조경희
펴낸곳 경문사
펴낸날 2017년 9월 1일 1판 1쇄
2018년 9월 1일 1판 2쇄
등 록 1979년 11월 9일 제313-1979-23호
주 소 04057, 서울특별시 마포구 와우산로 174
전 화 (02)332-2004 팩스 (02)336-5193
이메일 kyungmoon@kyungmoon.com
facebook facebook.com/kyungmoonsa

값 15,000원

ISBN 979-11-6073-057-9